# Windows Server 2012

## 活动目录企业应用案例详解

### 视频版

唐柱斌／著

清华大学出版社

北 京

# 内 容 简 介

本书以目前被广泛应用的 Windows Server 2012 R2 为例,采用教、学、做相结合的模式,着眼于实际应用,以企业真实案例为基础,全面系统地介绍了活动目录在企业中的完全应用。全书共分三部分:构建 AD DS 环境、配置与管理组策略、管理与维护 AD DS。

本书结构合理,知识全面且实例丰富,语言通俗易懂。本书采用"任务驱动、项目导向"的方式,注重知识的实用性和可操作性,强调职业技能训练。随书光盘中含有所有项目的知识点、技能点的录像和项目实训操作录像,采用"微课+慕课"的形式,可以随时随地进行视频学习。

本书是培养网络工程师必备的学习工具书。适合 Windows Server 2012 R2 初、中级用户,网络系统管理工程师,网络系统运维工程师,大中专院校的学生,社会培训人员等。

**图书在版编目(CIP)数据**

Windows Server 2012 活动目录企业应用案例详解:视频版/唐柱斌著. —北京:清华大学出版社,2018

　　ISBN 978-7-302-50024-7

　　Ⅰ. ①W… Ⅱ. ①唐… Ⅲ. ①Windows 操作系统—网络服务器 Ⅳ. ①TP316.86

中国版本图书馆 CIP 数据核字(2018)第 081268 号

责任编辑:张龙卿
封面设计:墨创文化
责任校对:赵琳爽
责任印制:丛怀宇

出版发行:清华大学出版社
　　　网　　　址:http://www.tup.com.cn,http://www.wqbook.com
　　　地　　　址:北京清华大学学研大厦 A 座　　　　　　　邮　　编:100084
　　　社 总 机:010-62770175　　　　　　　　　　　　　　邮　　购:010-62786544
　　　投稿与读者服务:010-62776969,c-service@tup.tsinghua.edu.cn
　　　质量反馈:010-62772015,zhiliang@tup.tsinghua.edu.cn
　　　课件下载:http://www.tup.com.cn,010-62770175-4278
印 装 者:北京泽宇印刷有限公司
经　　销:全国新华书店
开　　本:185mm×260mm　印　张:22.5　　　　　　字　　数:545 千字
　　　　　(附光盘 1 张)
版　　次:2018 年 6 月第 1 版　　　　　　　　　　　　　印　　次:2018 年 6 月第 1 次印刷
定　　价:59.80 元

产品编号:078603-01

## 一、编写背景

活动目录服务是微软 Windows 操作系统最重要的服务,而 Windows Server 2012 是 Windows 操作系统最新的版本,经过五六年的市场检验,目前已经成为业界的主流操作系统。

活动目录的配置与管理是网络系统管理工程师、网络系统运维工程师的典型工作任务,是计算机网络技术高技能人才必须具备的核心技能,也是应用型本科和高职计算机网络类专业的一门重要专业核心课程。本书以培养读者活动目录的构建、应用、维护与管理技能为目标,详细介绍构建 AD DS 环境、配置与管理组策略、管理与维护 AD DS 等内容。

本书通过实际的企业应用案例为读者展现强大的活动目录功能,通过每一个工作任务的训练,让读者快速掌握活动目录的操作技能,并通过举一反三的方式,让读者快速地将 Windows Server 2012 R2 活动目录的知识和技能与自身工作联系起来。

## 二、本书特点

本书有以下特点。

(1) 零基础教程,入门门槛低,很容易上手。微课＋慕课,可以随时随地进行视频学习。

(2) 基于工作过程导向的"教、学、做"一体化的编写方式。

(3) 每个项目都以企业应用真实案例为基础。由于本书涉及很多具体操作,所以作者专门录制了大量视频进行讲解和实际操作,读者可以按照视频讲解很直观地学习、练习和应用,易教易学,学习效果好。

(4) 提供了大量企业真实案例,适用性、实践性强。全书列举的所有实例,读者都可以在自己的实验环境中完整实现。

(5) 涵盖活动目录企业应用的各个方面。

## 三、本书的章节安排

全书共分三部分:第一部分包括项目 1 到项目 4,第二部分包括项目 5 到项目 7,第三部分包括项目 8 到项目 12。

第一部分主要介绍如何构建 AD DS 环境。主要内容包括构建活动目录实训环境,部署与管理 Active Directory 域服务,建立域树和林,管理域用户账户和组。

第二部分主要介绍如何配置与管理组策略。主要内容包括使用组策略管理用户工作环境,利用组策略部署软件与限制软件运行,管理组策略。

第三部分主要介绍如何管理与维护 AD DS。主要内容包括配置活动目录的对象和信任，配置 Active Directory 域服务站点和复制，管理操作主机，维护 AD DS，在 AD DS 中发布资源。

## 四、本书适合的读者

- 应用活动目录的初、中级用户。
- 网络系统管理工程师。
- 网络系统运维工程师。
- 大中专院校的学生。
- 社会培训人员。

## 五、其他

本书由唐柱斌著。其他作者还有杨云、姜庆玲、张晖、刁琦、张志强、任仲佩、李宪伟、马立新、徐莉、郭娟、王春身、张亦辉等。

由于作者水平有限，书中难免存在错误和不妥之处，恳请广大读者批评指正。

作 者

2018 年 2 月 1 日

# 目　　录

## 第一部分　构建 AD DS 环境

**项目 1　构建活动目录实训环境** ································································· **3**

1.1　相关知识 ················································································· 3

   1.1.1　认识 Hyper-V ································································· 4

   1.1.2　Hyper-V 的硬件需求 ····················································· 4

1.2　项目设计及准备 ········································································ 5

1.3　项目实施 ················································································· 5

   1.3.1　任务 1　安装和卸载 Hyper-V 角色 ··································· 5

   1.3.2　任务 2　配置 Hyper-V 服务器 ········································· 8

   1.3.3　任务 3　创建与删除虚拟网络 ········································· 12

   1.3.4　任务 4　创建一台虚拟机 ··············································· 15

   1.3.5　任务 5　安装虚拟机操作系统 ········································· 19

   1.3.6　任务 6　创建更多的虚拟机 ··········································· 20

   1.3.7　任务 7　利用 ping 命令测试虚拟机 ·································· 29

   1.3.8　任务 8　通过 Hyper-V 主机连接 Internet ························ 31

1.4　企业案例 利用 VMWare 构建活动目录实训环境 ····················· 33

   1.4.1　认识 VMWare Workstation ·············································· 33

   1.4.2　案例项目描述及网络拓扑 ·············································· 34

   1.4.3　案例项目拓扑分析 ······················································· 34

   1.4.4　实施步骤 ··································································· 35

1.5　习题 ························································································ 42

  实训项目　安装与配置 Hyper-V 服务器 ··································· 42

**项目 2　部署与管理 Active Directory 域服务** ································· **44**

2.1　相关知识 ················································································· 44

   2.1.1　认识活动目录及其意义 ················································· 44

   2.1.2　名称空间 ····································································· 45

   2.1.3　对象和属性 ·································································· 46

   2.1.4　容器 ··········································································· 46

   2.1.5　可重新启动的 AD DS ···················································· 46

   2.1.6　Active Directory 回收站 ················································· 46

   2.1.7　AD DS 的复制模式 ······················································· 47

2.1.8　认识活动目录的逻辑结构 ················································· 47

2.1.9　认识活动目录的物理结构 ················································· 50

2.2　项目设计及准备 ································································· 52

2.2.1　项目设计 ····································································· 52

2.2.2　项目准备 ····································································· 53

2.3　项目实施 ··········································································· 54

2.3.1　任务 1　创建第一个域（目录林根级域）····························· 54

2.3.2　任务 2　加入 long.com 域 ··············································· 63

2.3.3　任务 3　利用已加入域的计算机登录 ································· 64

2.3.4　任务 4　安装额外的域控制器与 RODC ······························· 65

2.3.5　任务 5　转换服务器角色 ··············································· 77

2.4　习题 ··············································································· 81

实训项目　部署与管理活动目录 ················································· 82

项目 3　建立域树和林 ································································· **83**

3.1　相关知识 ··········································································· 83

3.2　项目设计及准备 ································································· 84

3.3　项目实施 ··········································································· 85

3.3.1　任务 1　创建子域及验证 ··············································· 85

3.3.2　任务 2　创建林中的第二棵域目录树 ································· 91

3.3.3　任务 3　删除子域与域目录树 ········································· 100

3.3.4　任务 4　更改域控制器的计算机名称 ································· 104

3.4　习题 ··············································································· 108

项目 4　管理域用户账户和组 ······················································· **110**

4.1　相关知识 ··········································································· 110

4.1.1　规划新的用户账户 ······················································· 112

4.1.2　创建组织单位与域用户账户 ··········································· 112

4.1.3　用户登录账户 ····························································· 113

4.1.4　创建 UPN 的后缀 ························································· 115

4.1.5　域用户账户的一般管理 ················································· 116

4.1.6　设置域用户账户的属性 ················································· 118

4.1.7　在域控制器间进行数据复制 ··········································· 120

4.1.8　域组账户 ··································································· 121

4.1.9　建立与管理域组账户 ··················································· 123

4.1.10　掌握组的使用原则 ····················································· 126

4.2　项目设计及准备 ································································· 128

4.3　项目实施 ··········································································· 128

4.3.1　任务 1　使用 csvde 命令批量创建用户 ······························· 128

4.3.2　任务 2　管理将计算机加入域的权限 ································· 132

4.3.3　任务 3　使用 A、G、U、DL、P 原则管理域组 ····················· 138

4.4　习题 ………………………………………………………………………… 143

4.5　实践训练 ……………………………………………………………………… 145

# 第二部分　配置与管理组策略

**项目 5　使用组策略管理用户工作环境** ……………………………………… **149**

　5.1　相关知识 …………………………………………………………………… 149

　　5.1.1　组策略 ………………………………………………………………… 149

　　5.1.2　组策略的功能 ………………………………………………………… 151

　　5.1.3　组策略对象 …………………………………………………………… 151

　　5.1.4　组策略设置 …………………………………………………………… 154

　　5.1.5　首选项设置 …………………………………………………………… 155

　　5.1.6　组策略的应用时机 …………………………………………………… 157

　　5.1.7　组策略处理顺序 ……………………………………………………… 157

　5.2　项目设计及准备 …………………………………………………………… 158

　5.3　项目实施 …………………………………………………………………… 159

　　5.3.1　任务 1　管理"计算机配置的管理模板策略" ……………………… 159

　　5.3.2　任务 2　管理"用户配置的管理模板策略" ………………………… 162

　　5.3.3　任务 3　配置账户策略 ……………………………………………… 165

　　5.3.4　任务 4　配置用户权限分配策略 …………………………………… 168

　　5.3.5　任务 5　配置安全选项策略 ………………………………………… 172

　　5.3.6　任务 6　登录/注销、启动/关机脚本 ……………………………… 173

　　5.3.7　任务 7　文件夹重定向 ……………………………………………… 176

　　5.3.8　任务 8　使用组策略限制访问可移动存储设备 …………………… 181

　　5.3.9　任务 9　使用组策略的首选项管理用户环境 ……………………… 183

　5.4　习题 ………………………………………………………………………… 188

　5.5　实践习题 …………………………………………………………………… 189

**项目 6　利用组策略部署软件与限制软件运行** ………………………………… **191**

　6.1　相关知识 …………………………………………………………………… 191

　　6.1.1　将软件分配给用户 …………………………………………………… 191

　　6.1.2　将软件分配给计算机 ………………………………………………… 192

　　6.1.3　将软件发布给用户 …………………………………………………… 192

　　6.1.4　自动修复软件 ………………………………………………………… 192

　　6.1.5　删除软件 ……………………………………………………………… 192

　　6.1.6　软件限制策略概述 …………………………………………………… 192

　6.2　项目设计及准备 …………………………………………………………… 194

　6.3　项目实施 …………………………………………………………………… 194

　　6.3.1　任务 1　计算机分配软件部署 ……………………………………… 194

　　6.3.2　任务 2　用户分配软件部署 ………………………………………… 196

6.3.3  任务 3  用户发布软件部署 ································· 199

6.3.4  任务 4  对软件进行升级和重新部署 ··················· 201

6.3.5  任务 5  部署 Microsoft Office ······················ 205

6.3.6  任务 6  对特定软件启用软件限制策略 ············· 211

6.4  习题 ················································· 218

项目 7  管理组策略 ·············································· **220**

7.1  相关知识 ············································· 220

7.1.1  一般的继承与处理规则 ························· 220

7.1.2  例外的继承设置 ······························· 221

7.1.3  特殊处理设置 ································· 223

7.1.4  更改管理 GPO 的域控制器 ··················· 228

7.1.5  更改组策略的应用间隔时间 ··················· 229

7.2  项目设计及准备 ······································· 231

7.3  项目实施 ············································· 232

7.3.1  任务 1  组策略的备份、还原与查看组策略 ······· 232

7.3.2  任务 2  使用 WMI 筛选器 ····················· 235

7.3.3  任务 3  管理组策略的委派 ··················· 239

7.3.4  任务 4  设置和使用 Starter GPO ··············· 241

7.4  习题 ················································· 243

# 第三部分  管理与维护 AD DS

项目 8  配置活动目录的对象和信任 ······························· **249**

8.1  相关知识 ············································· 249

8.1.1  委派对 AD DS 对象的管理访问权 ············· 249

8.1.2  配置 AD DS 信任 ··························· 252

8.1.3  选择性身份验证设置 ························· 257

8.2  项目设计及准备 ······································· 258

8.3  项目实施 ············································· 259

8.3.1  任务 1  委派 AD DS 对象的控制权 ············· 259

8.3.2  任务 2  配置 AD DS 信任 ··················· 269

8.4  习题 ················································· 277

项目 9  配置 Active Directory 域服务站点和复制 ················ **279**

9.1  相关知识 ············································· 279

9.1.1  同一个站点之间的复制 ······················· 280

9.1.2  不同站点之间的复制 ························· 282

9.1.3  目录分区与复制拓扑 ························· 282

9.1.4  复制协议 ··································· 283

9.1.5  站点链接桥接 ······························· 283

9.2　项目设计及准备 ················································· 284

9.2.1　项目设计 ················································· 284

9.2.2　项目准备 ················································· 286

9.3　项目实施 ··························································· 286

9.3.1　任务 1　配置 AD DS 站点和子网 ················· 286

9.3.2　任务 2　配置 AD DS 复制 ··························· 290

9.3.3　任务 3　监视 AD DS 复制 ··························· 296

9.4　习题 ································································· 302

实训项目　配置 AD DS 站点与复制 ································· 303

**项目 10　管理操作主机** ···················································· **305**

10.1　相关知识 ·························································· 305

10.1.1　架构操作主机 ········································· 306

10.1.2　域命名操作主机 ······································· 306

10.1.3　RID 操作主机 ········································· 306

10.1.4　PDC 模拟器操作主机 ································· 306

10.1.5　基础结构操作主机 ····································· 308

10.1.6　操作主机的放置建议 ·································· 308

10.2　项目设计及准备 ················································· 309

10.2.1　项目设计 ·············································· 309

10.2.2　项目准备 ·············································· 309

10.3　项目实施 ·························································· 310

10.3.1　任务 1　使用图形界面转移操作主机角色 ······ 310

10.3.2　任务 2　使用 ntdsutil 命令转移操作主机角色 ··· 316

10.3.3　任务 3　使用 ntdsutil 命令强占操作主机角色 ··· 319

10.4　习题 ································································ 321

实训项目　管理操作主机 ············································· 321

**项目 11　维护 AD DS** ························································· **322**

11.1　相关知识 ·························································· 322

11.1.1　系统状态概述 ········································· 322

11.1.2　AD DS 数据库 ········································· 323

11.1.3　SYSVOL 文件夹 ······································ 323

11.1.4　非授权还原 ············································ 324

11.1.5　授权还原 ·············································· 324

11.2　项目设计及准备 ················································· 326

11.2.1　项目设计 ·············································· 326

11.2.2　项目准备 ·············································· 326

11.3　项目实施 ·························································· 327

11.3.1　任务 1　备份 AD DS(dc1.long.com) ············· 327

11.3.2　任务 2　非授权还原(恢复 DC1 系统状态) ······ 329

　　　　11.3.3　任务3　授权还原 ············································································· 332

　　　　11.3.4　任务4　移动 AD DS 数据库 ································································ 334

　　　　11.3.5　任务5　重组 AD DS 数据库 ································································ 336

　　　　11.3.6　任务6　重置"目录服务还原模式"的系统管理员密码 ················· 338

　　11.4　习题 ·············································································································· 338

　　实训项目　维护 AD DS ·························································································· 339

**项目 12　在 AD DS 中发布资源** ······························································· **340**

　　12.1　相关知识 ········································································································ 340

　　12.2　项目设计及准备 ······························································································ 341

　　12.3　项目实施 ········································································································ 341

　　　　12.3.1　任务1　将共享文件夹发布到 AD DS 中 ··········································· 341

　　　　12.3.2　任务2　查找 AD DS 内的资源 ·························································· 344

　　　　12.3.3　任务3　将共享打印机发布到 AD DS 中 ··········································· 345

　　　　12.3.4　任务4　查看发布到 AD DS 的共享打印机 ········································ 346

　　12.4　习题 ·············································································································· 347

　　实训项目　在 AD DS 中发布资源 ············································································ 348

**参考文献** ···························································································································· **349**

# 第一部分

# 构建 AD DS 环境

- 项目 1　构建活动目录实训环境
- 项目 2　部署与管理 Active Directory 域服务
- 项目 3　建立域树和林
- 项目 4　管理域用户账户和组

# 项目 1
# 构建活动目录实训环境

**项目背景**

　　英国 17 世纪著名化学家罗伯特·波义耳说过："实验是最好的老师。"实验是从理论学习到实践应用必不可少的一步,尤其是在计算机、计算机网络、计算机网络应用这种实践性很强的学科领域,实验与实训更是重中之重。

　　选择一个好的虚拟机软件是顺利完成各类虚拟实验的基本保障。本项目主要介绍虚拟机的基础知识与如何使用 Hyper-V、VMWare Workstation 建立虚拟网络环境的方法和技巧。

　　以 Hyper-V 和 VMWare 为基础,搭建多台虚拟机来实现不同的网络服务是本项目重点要实现的目标,也将会为后续项目的正常学习和扩展奠定坚实的基础。

**项目目标**

- 了解 Hyper-V 的基本概念、优点。
- 掌握 Hyper-V 的系统需求。
- 掌握安装与卸载 Hyper-V 角色的方法。
- 掌握创建虚拟机和安装虚拟操作系统的方法。
- 掌握在 Hyper-V 中配置服务器和虚拟机的方法。
- 掌握创建虚拟网络和虚拟硬盘的方法与技巧。
- 掌握利用 VMWare Workstation 构建活动目录实训环境的方法和技巧。

## 1.1　相关知识

　　Hyper-V 是微软的一款虚拟化产品,是微软第一个采用类似 VMWare 和 Citrix 开源 Xen 一样的基于 Hypervisor 的虚拟化技术。Hyper-V 角色可让你利用内置于 Windows Server 2012 R2 中的虚拟化技术创建和管理虚拟化的计算环境。通过 Hyper-V 功能,利用已购买的 Windows 服务器部署 Hyper-V 角色,无须购买第三方软件即可享有服务器虚拟化的灵活性和安全性。

运行 Hyper-V 的物理计算机使用的操作系统和虚拟机使用的操作系统运行在底层的 Hypervisor 之上,物理计算机使用的操作系统实际上相当于一个特殊的虚拟机操作系统,和真正的虚拟机操作系统平级。物理计算机和虚拟机都要通过 Hypervisor 层使用和管理硬件资源,因此 Hyper-V 创建的虚拟机不是传统意义上的虚拟机,可以认为是一台与物理计算机平级的独立的计算机。

### 1.1.1　认识 Hyper-V

Hyper-V 是一个底层的虚拟机程序,可以让多个操作系统共享一个硬件。它位于操作系统和硬件之间,是一个很薄的软件层,里面不包含底层硬件驱动。Hyper-V 直接接管虚拟机管理工作,把系统资源划分为多个分区,其中主操作系统所在的分区叫作父分区,虚拟机所在的分区叫作子分区,这样可以确保虚拟机的性能最大化,几乎可以接近物理计算机的性能,并且高于 Virtual PC/Virtual Server 基于模拟器创建的虚拟机。

在 Windows Server 2012 R2 中,Hyper-V 功能仅添加了一个角色,和添加 DNS 角色、DHCP 角色、IIS 角色完全相同。Hyper-V 在操作系统和硬件层之间添加一层 Hyper-V 层,Hyper-V 是一种基于 Hypervisor 的虚拟化技术。

### 1.1.2　Hyper-V 的硬件需求

(1) 安装 Windows Server 2012 R2 Hyper-V 的基本硬件需求如下。
- CPU:最少 1GHz,建议 2GHz,或选择速度更快的 CPU。
- 内存:最少 512 MB,建议 1GB。

完整安装 Windows Server 2012 R2 建议至少有 2GB 内存。

安装 64 位标准版或者数据中心版,最多支持 2TB 内存。
- 磁盘:完整安装 Windows Server 2012 R2 建议至少保留 40GB 磁盘空间,安装 Server Core 建议保留 10GB 以上磁盘空间。如果硬件条件许可,建议将 Windows Server 2012 R2 安装在 Raid 5 磁盘阵列或者具备冗余功能的磁盘设备中。
- 其他基本硬件:DVD-ROM、键盘、鼠标、Super VGA 显示器等。

(2) Hyper-V 对 CPU 的特殊要求。
- CPU 必须支持硬件虚拟化功能,如 Intel VT 技术或者 AMD-V 技术。也就是说,处理器必须具备硬件辅助虚拟化技术。
- CPU 必须支持 X64 位技术。
- CPU 必须支持硬件 DEP(Date Execution Prevention,数据执行保护)技术,即 CPU 防病毒技术。

系统的 BIOS 设置必须开启硬件虚拟化等设置,系统默认为关闭 CPU 的硬件虚拟化功能。请在 BIOS 中设置(一般通过 Config→CPU 设置)。

目前,主流的服务器 CPU 均支持以上要求,只要支持硬件虚拟化功能,其他两个要求基本都能够满足。为了安全起见,在购置硬件设备之前,最好事先到 CPU 厂商的网站上确认 CPU 的型号是否满足以上要求。

## 1.2　项目设计及准备

（1）安装好 Windows Server 2012 R2，并利用【服务器管理器】添加 Hyper-V 角色。

（2）对 Hyper-V 服务器进行配置。

（3）利用【Hyper-V 管理器】建立虚拟机。

本项目的参数配置及网络拓扑图如图 1-1 所示。

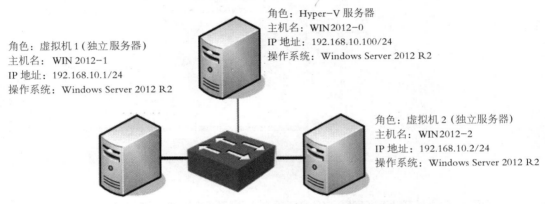

角色：Hyper-V 服务器
主机名：WIN2012-0
IP 地址：192.168.10.100/24
操作系统：Windows Server 2012 R2

角色：虚拟机 1（独立服务器）
主机名：WIN2012-1
IP 地址：192.168.10.1/24
操作系统：Windows Server 2012 R2

角色：虚拟机 2（独立服务器）
主机名：WIN2012-2
IP 地址：192.168.10.2/24
操作系统：Windows Server 2012 R2

图 1-1　安装与配置 Hyper-V 服务器的网络拓扑图

## 1.3　项目实施

Windows Server 2012 R2 安装完成后，默认没有安装 Hyper-V 角色，需要单独安装 Hyper-V 角色。安装 Hyper-V 角色可通过"添加角色向导"完成。

### 1.3.1　任务 1　安装和卸载 Hyper-V 角色

完成 Windows Server 2012 R2 安装后，接着在这台计算机上通过【添加角色和功能】的方式来安装 Hyper-V。我们将这台安装 Hyper-V 的物理计算机称为主机（Host），也称为 Hyper-V 服务器，其操作系统称为主机操作系统（Host Operation System），而虚拟机内安装的操作系统称为来宾操作系统（Guest Operation System）。

**STEP 1** 依次选择【开始】→【管理工具】→【服务器管理器】命令，再打开【仪表板】选项的【添加角色和功能向导】对话框，持续单击【下一步】按钮，直到出现如图 1-2 所示的【选择服务器角色】对话框，在其中选中 Hyper-V 复选框，单击【添加功能】按钮。

提示　依次选择【本地服务器】→【角色和功能】→【任务】→【添加角色和功能】命令，同样可以打开【添加角色和功能向导】。

**STEP 2** 持续单击【下一步】按钮，直到显示如图 1-3 所示的【创建虚拟交换机】对话框。在【网络适配器】列表中选择需要用于虚拟网络的物理网卡，建议至少为物理计算机

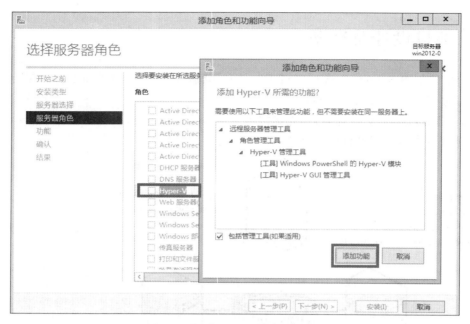

图 1-2 【选择服务器角色】对话框

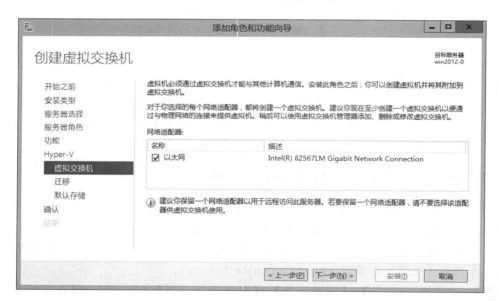

图 1-3 【创建虚拟交换机】对话框

保留一块物理网卡。界面中的设置会在后面介绍 Hyper-V 虚拟交换机类型时再进行说明。

**STEP 3** 持续单击【下一步】按钮,直到显示如图 1-4 所示的【默认存储】对话框。此界面用来设置虚拟硬盘文件与虚拟机配置文件的存储位置。

**STEP 4** 单击【下一步】按钮,出现【确认安装所选内容】对话框。

**STEP 5** 单击【安装】按钮,开始安装 Hyper-V 角色。安装过程中可以关闭对话框,依次单击命令栏中的【通知】和【任务详细信息】按钮,可以查看任务进度或再次打开此

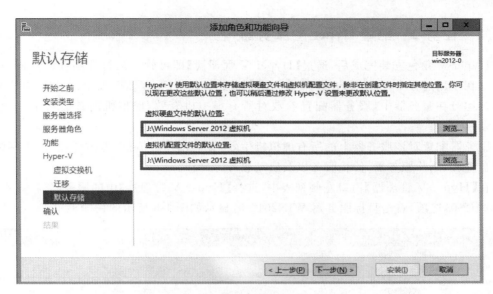

图 1-4 【默认存储】对话框

页面。

**STEP 6** 安装完成,单击【关闭】按钮,重新启动服务器完成安装,这时服务器管理器中增加 Hyper-V 选项,如图 1-5 所示。

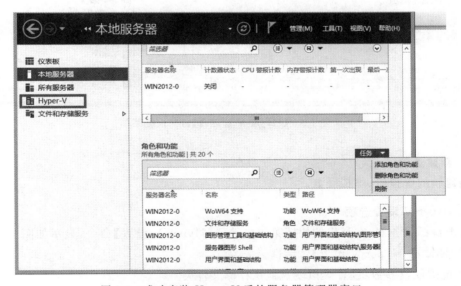

图 1-5 成功安装 Hyper-V 后的服务器管理器窗口

卸载 Hyper-V 角色通过【删除角色和功能】完成,删除 Hyper-V 角色之后,建议手动清理默认检查点路径以及虚拟机配置文件路径下的文件。依次选择【开始】→【管理工具】→【服务器管理器】→【本地服务器】→【角色和功能】→【任务】→【删除角色和功能】命令,启动【删除角色和功能】对话框。最终完成卸载 Hyper-V 角色。

### 1.3.2　任务 2　配置 Hyper-V 服务器

Hyper-V 角色安装完成后，通过【Hyper-V 管理器】即可管理运行在物理计算机中的虚拟机。在使用过程中，配置 Hyper-V 分为两部分：服务器（物理计算机）配置和虚拟机配置。虚拟机运行在服务器中，服务器配置参数对所有虚拟机有效，虚拟机配置适用于选择的虚拟机。

服务器配置对该服务器上的所有虚拟机生效，提供创建虚拟机、虚拟硬盘、虚拟网络、虚拟硬盘整理、删除服务器、停止服务以及启动服务等操作。

在【Hyper-V 管理器】窗口左侧列表中，选择【Hyper-V 管理器】中的服务器名称（本例为 WIN2012-0）选项，右击目标服务器 WIN2012-0，显示如图 1-6 所示的快捷菜单。

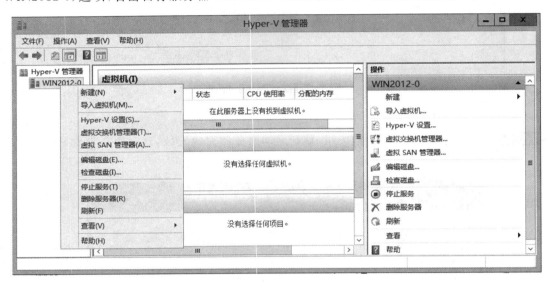

图 1-6　【Hyper-V 管理器】窗口快捷菜单

**1. 新建选项**

创建新的虚拟机、虚拟硬盘。

**2. Hyper-V 设置选项**

右击目标服务器，在弹出的快捷菜单中选择【Hyper-V 设置】命令，显示如图 1-7 所示的【WIN2012-0 的 Hyper-V 设置】对话框。

1）虚拟硬盘参数（设置虚拟硬盘默认存储文件夹）

**STEP 1**　在图 1-7 中选择【服务器】→【虚拟硬盘】选项，默认存储虚拟硬盘文件夹的位置为"％sytemroot％\Users\Public\Documents \Hyper-V\Virtual Hard Disk"。

**STEP 2**　单击【浏览】按钮，显示【选择文件夹】对话框。本例设置默认存储虚拟硬盘文件的文件夹的位置为"J:\Windows Server 2012 虚拟机\Virtual Hard Disk\"。

**STEP 3**　选择目标文件夹后，单击【选择文件夹】按钮，关闭【选择文件夹】对话框，返回如图 1-7 所示的【WIN2012-0 的 Hyper-V 设置】对话框。

**STEP 4**　单击【确定】按钮，完成虚拟硬盘存储位置的设置。

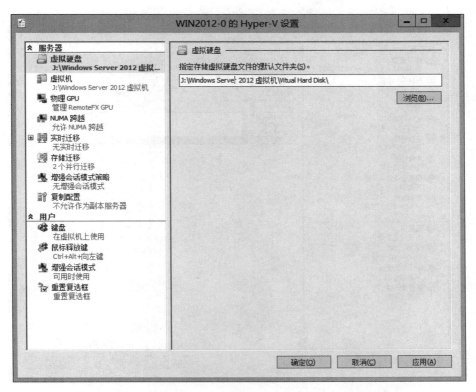

图 1-7　【WIN2012-0 的 Hyper-V 设置】对话框

2）VirtualMachines 参数（设置虚拟机默认存储文件夹）

选择【服务器】→【虚拟机】选项，显示【虚拟机配置】对话框，默认虚拟机配置文件存储文件夹的位置为％sytemroot％\ProgramData\Microsoft\Windows\Hyper-V。设置方法类似虚拟硬盘参数的设置情况。

3）鼠标释放键参数

选择【用户】→【鼠标释放键】选项，显示如图 1-8 所示的对话框。设置鼠标在虚拟机中使用时，切换到物理计算机使用的快捷键，默认组合键为"Ctrl＋Alt＋向左键"。这里提供了4 个选项，根据需要选择即可。

**3. 虚拟交换机管理器**

右击目标服务器，在弹出的快捷菜单中选择【虚拟交换机管理器】命令，显示如图 1-9 所示的对话框，可设置虚拟环境使用的网络参数。

通过 Hyper-V 可以创建以下 3 种类型的虚拟交换机（参见图 1-10）。

- 外部虚拟交换机：此虚拟交换机所在网络就是主机物理网卡所连接的网络，因此你所创建的虚拟机的网卡如果被连接到这个外部虚拟交换机，则它们可以通过此交换机与主机通信，也可以与连接在这台交换机上的其他计算机通信，甚至可以连接到Internet。如果主机有多块物理网卡，则可以针对每块网卡创建一台外部虚拟交换机。

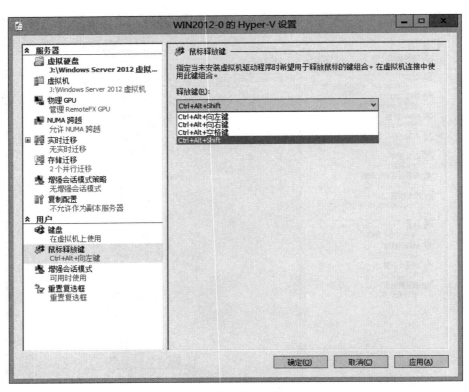

图 1-8　设置鼠标释放键

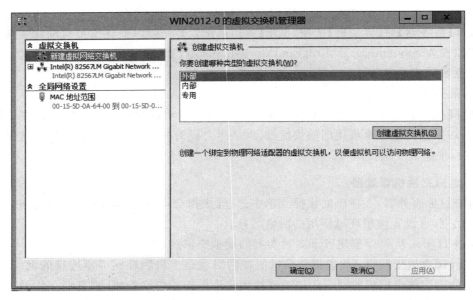

图 1-9　【WIN2012-0 的虚拟交换机管理器】对话框

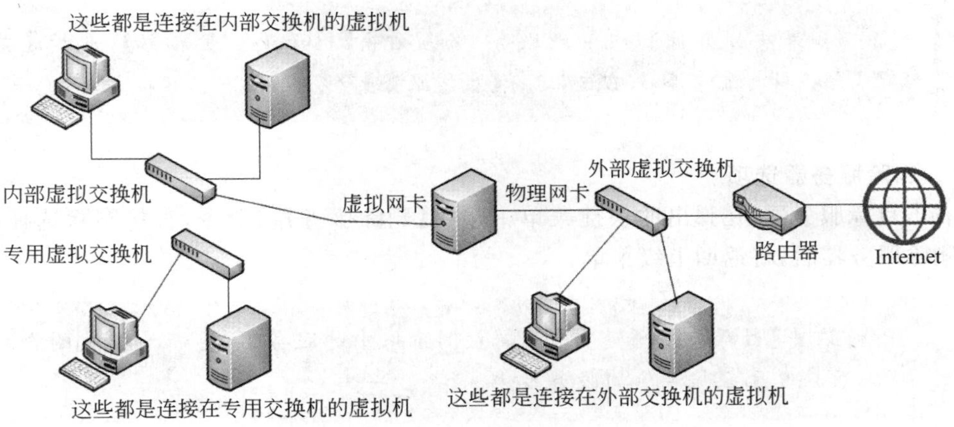

这些都是连接在内部交换机的虚拟机

内部虚拟交换机

专用虚拟交换机

虚拟网卡　物理网卡

外部虚拟交换机

路由器

Internet

这些都是连接在专用交换机的虚拟机

这些都是连接在外部交换机的虚拟机

图 1-10　3 种类型的虚拟交换机

- 内部虚拟交换机：连接在这台虚拟交换机上的计算机之间可以相互通信，也可以与主机通信，但是无法与其他网络内的计算机通信，同时它们也无法连接到 Internet。除非在主机上启用 NAT 或路由，如启用 Internet 连接共享（ICS），可以创建多台内部虚拟交换机。

- 专用虚拟交换机：连接在这台虚拟交换机上的计算机之间可以相互通信，但是并不能与主机通信，也无法与其他网络内的计算机通信（如图 1-10 所示的主机并没有网卡连接在这台虚拟交换机上）。可以创建多台专用虚拟交换机。

**4. 编辑磁盘选项（压缩、合并及扩容虚拟硬盘）**

右击目标服务器，在弹出的快捷菜单中选择【编辑磁盘】命令，启动虚拟硬盘整理向导，向导根据虚拟硬盘的设置整合不同的功能。

**5. 检查磁盘选项**

检查选择的虚拟硬盘的类型。如果是差异虚拟硬盘，则逐级检查关联的虚拟硬盘。

**6. 停止服务选项**

**STEP 1**　右击目标服务器，在弹出的快捷菜单中选择【停止服务】命令，显示如图 1-11 示的【停止虚拟机管理服务】对话框。

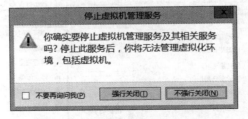

图 1-11　【停止虚拟机管理服务】对话框

**STEP 2**　单击【强行关闭】按钮，停止虚拟机管理服务，管理窗口中将不显示该物理计算机中安装的任何虚拟机。

注意
　　　如果要恢复虚拟机管理服务,必须右击【Hyper-V 管理器】,重新连接服务器,再在目标服务器上右击,选择【启用服务】命令即可。

### 7. 删除服务器选项

右击目标服务器,在弹出的快捷菜单中选择【删除服务器】命令,直接删除选择的服务器。删除服务器后,将返回上级菜单。

提示
　　　右击【Hyper-V 管理器】窗口左侧窗格中的服务器,重新连接被删除的服务器,可恢复已经被删除的服务器。

## 1.3.3　任务 3　创建与删除虚拟网络

Hyper-V 支持“虚拟网络”功能,提供多种网络模式,设置的虚拟网络将影响宿主操作系统的网络设置。对 Hyper-V 进行初始配置时需要为虚拟环境提供一块用于通信的物理网卡,当完成配置后,会为当前的宿主操作系统添加一块虚拟网卡,用于宿主操作系统与网络的通信。而此时的物理网卡除了作为网络的物理连接外,还兼作虚拟交换机,为宿主操作系统及虚拟机操作系统提供网络通信。

### 1. 创建虚拟网络

**STEP 1**　打开【Hyper-V 管理器】窗口,单击【操作】菜单并选择【虚拟交换机管理器】命令,或者在窗口右侧的【操作】面板中,单击【虚拟交换机管理器】超链接,如图 1-12 所示。

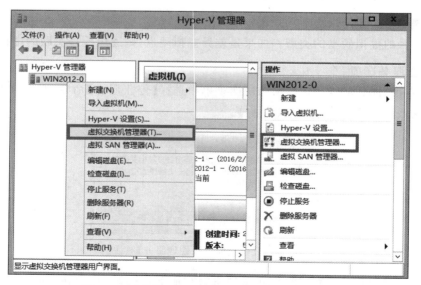

图 1-12　选择【操作】→【虚拟交换机管理器】命令

**STEP 2**　接下来会显示如图 1-13 所示的对话框,并选择虚拟交换机的类型为“内部”。

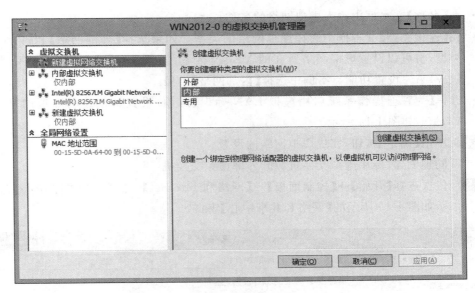

图 1-13　创建内部的虚拟交换机

STEP 3　单击【创建虚拟交换机】按钮,显示如图 1-14 所示的虚拟交换机属性设置界面。

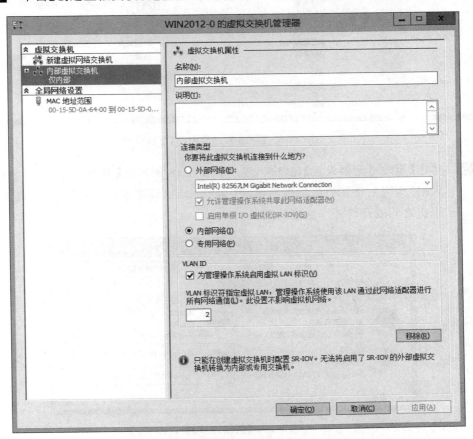

图 1-14　虚拟交换机属性设置界面

- 在【名称】文本框中输入虚拟网络的名称。
- 在【连接类型】文本框中选择虚拟网络的类型。如果选择【外部网络】和【内部网络】类型,将可以设置虚拟网络所在的 VLAN 区域;如果选择【专用网络】类型,则不提供 VLAN 设置功能。本例中选择【内部网络】类型。
- 选择【为管理操作系统启用虚拟 LAN 标识】选项,设置新创建的虚拟网络所处的 VLAN,如图 1-14 所示。

**STEP 4** 单击【确定】按钮,完成虚拟网络的设置。

同理创建"专用虚拟交换机"和"外部虚拟交换机"。

**STEP 5** 依次选择【开始】→【控制面板】→【网络和 Internet】→【网络和共享中心】命令,显示如图 1-15 所示的【网络和共享中心】窗口。

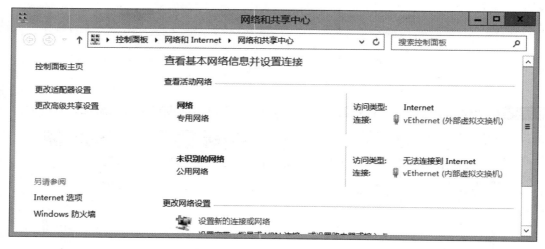

图 1-15 【网络和共享中心】窗口

**STEP 6** 单击【更改适配器设置】超链接,显示如图 1-16 所示的【网络连接】窗口。尽管"以太网"为宿主计算机的物理网卡,但 vEthernet(外部虚拟交换机)才是真正用于虚拟机之间以及与外部连接的网卡。

图 1-16 【网络连接】窗口

如果利用这台主机来连接 Internet，或让这台主机与连接在此虚拟交换机的其他计算机通信，请设置这个 vEthernet 的 TCP/IP 值，而不是更改物理网卡连接（图中的"以太网"）的 TCP/IP 设置，因为此连接已经被设置为虚拟交换机（可以查看"以太网"连接的属性，如图 1-17 所示）。

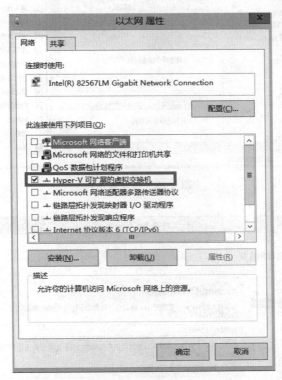

图 1-17　【以太网 属性】对话框

### 2. 删除虚拟网络

当已经创建的虚拟网络不能满足环境需求时，可以删除已经存在的虚拟网络。

**STEP 1**　在打开的【WIN2012-0 的虚拟交换机管理器】对话框中选择需要删除的虚拟网络。

**STEP 2**　单击【移除】按钮，删除虚拟网络。

**STEP 3**　单击【确定】按钮，完成虚拟网络配置的更改。

## 1.3.4　任务 4　创建一台虚拟机

在 Windows Server 2012 R2 的 Hyper-V 管理器中提供了虚拟机创建向导，根据向导即可轻松创建虚拟机。

**STEP 1**　打开【Hyper-V 管理器】窗口，选择【操作】→【新建】→【虚拟机】命令；或者右击当前计算机名称并在弹出的快捷菜单中选择【新建】→【虚拟机】命令，如图 1-18 所示。

**STEP 2**　启动创建虚拟机向导，显示【新建虚拟机向导】对话框。

**STEP 3**　单击【下一步】按钮，显示如图 1-19 所示的【指定名称和位置】对话框。在【名称】文

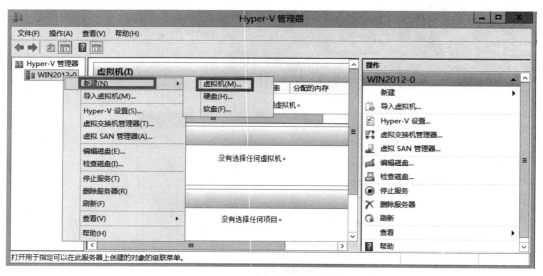

图 1-18　新建虚拟机

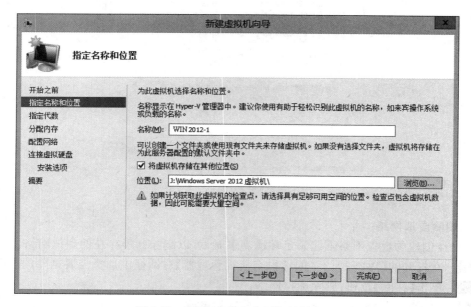

图 1-19　【指定名称和位置】对话框(1)

本框中输入虚拟机的名称，虚拟机配置文件默认保存在安装 Hyper-V 角色时设定的存储位置（参见图 1-4）。此处可以根据需要修改虚拟机存储的位置。

**STEP 4**　单击【下一步】按钮，显示如图 1-20 所示的【指定代数】对话框，设置虚拟机的代数。若选择【第二代】选项，则表示用户的操作系统至少运行 Windows Server 2012 或 64 位版本的 Windows 8。

**STEP 5**　单击【下一步】按钮，显示【分配内存】对话框，设置虚拟机内存，至少应该是 512MB。

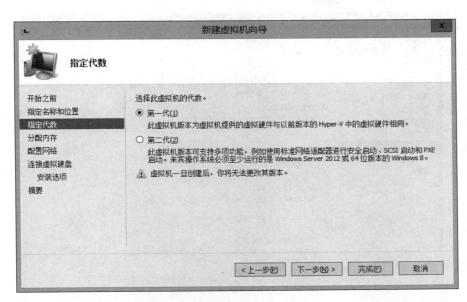

图 1-20  【指定代数】对话框

**STEP 6**  单击【下一步】按钮,显示如图 1-21 所示的【配置网络】对话框,配置虚拟网络。本例中以创建的"内部虚拟交换机网络"为例说明。

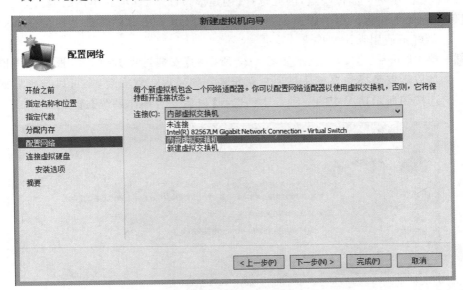

图 1-21  【配置网络】对话框(1)

  如果没有创建虚拟交换机,则此处显示"未连接",也就是没有可用的虚拟交换机。

**STEP 7**  单击【下一步】按钮,显示如图 1-22 所示的【连接虚拟硬盘】对话框。在其中设置虚拟机使用的虚拟硬盘,可以创建一个新的虚拟硬盘,也可以使用已经存在的虚拟硬盘。

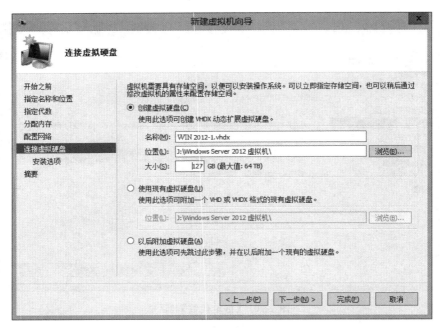

图 1-22  【连接虚拟硬盘】对话框（1）

　　本例中为新建一个虚拟硬盘，因此选择【创建虚拟硬盘】选项。单击【浏览】按钮，可以改变虚拟硬盘存储的位置。由于虚拟硬盘比较大，建议事先在目标磁盘上建立存放虚拟硬盘的文件夹，最好不使用默认文件夹。

**STEP 8**　　单击【下一步】按钮，显示如图 1-23 所示的【安装选项】对话框，根据具体情况选择是以后安装操作系统还是现在就安装。如果现在就安装，则可以选择后面 3 个单选按钮所示情况中的一种。本例选择【以后安装操作系统】选项。

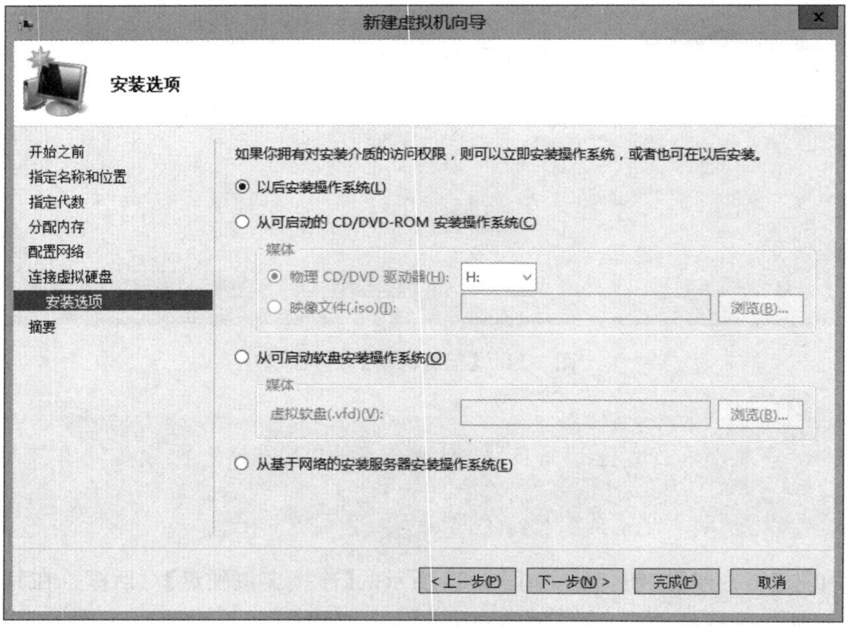

图 1-23  【安装选项】对话框

**STEP 9** 单击【下一步】按钮,再单击【完成】按钮,完成创建虚拟机的操作,结果如图 1-24 所示。

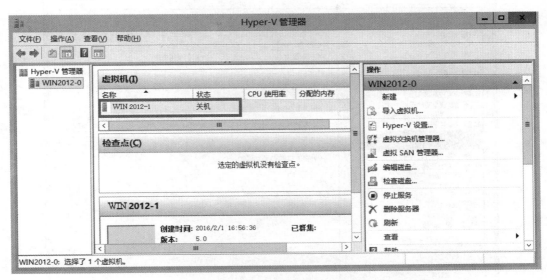

图 1-24 完成创建虚拟机的操作

## 1.3.5 任务 5 安装虚拟机操作系统

下面以 Windows Server 2012 R2 为例说明如何在 Windows Server 虚拟化环境中安装操作系统。

**STEP 1** 在【Hyper-V 管理器】窗口的【虚拟机】面板中,选择目标虚拟机 WIN2012-1,在右侧的操作面板中单击【设置】超链接,显示【WIN2012-0 上 WIN2012-1 的设置】对话框。

**STEP 2** 展开【硬件】列表下的【IDE 控制器 1】节点,选中【DVD 驱动器】选项,显示如图 1-25 所示。

**STEP 3** 在【DVD 驱动器】选项区中选择【映像文件】选项。

**STEP 4** 单击【浏览】按钮,选择 Windows Server 2012 R2 操作系统的映像光盘,完成后返回【WIN2012-0 上 WIN2012-1 的设置】对话框,这时,DVD 驱动器下已经有了 Windows Server 2012 R2 的系统安装映像文件。单击【确定】按钮,再次打开【Hyper-V 管理器】窗口。

**STEP 5** 在【Hyper-V 管理器】窗口中选中目标虚拟机,即 WIN2012-1,在右侧的操作面板中单击【启动】超链接,启动虚拟机;或者直接在目标虚拟机上右击,选择【启动】命令,启动虚拟机。虚拟机开始以光盘启动模式引导。

后面的安装过程请读者参考《Windows Server 2012 网络操作系统项目教程(第 4 版)》(ISBN:978-7-115-42210-1)一书,此处不再赘述。

图 1-25　WIN2012-1 的设置界面

（1）安装完成后,启动安装的虚拟机,出现将要登录的提示界面。这时启动登录的组合键由原来的 Ctrl＋Alt＋Del 变成了 Ctrl＋Alt＋End。

（2）Windows Server 2012 R2 的 Hyper-V 在将虚拟机的状态保存起来后可以关闭虚拟机,下一次要使用此虚拟机时,就可以直接将其恢复成关闭之前的状态。保存状态的方法为选择虚拟机窗口菜单栏中的【操作】→【保存】命令。

## 1.3.6　任务6　创建更多的虚拟机

我们可以重复利用前一小节叙述的步骤创建更多虚拟机,不过采用这种方法,每台虚拟机占用的硬盘空间比较大,而且也比较浪费时间。本节将介绍另一种省时又节省硬盘空间的方法。

### 1. 创建差异虚拟硬盘

此方法是将之前创建的虚拟机 WIN2012-1 的虚拟机硬盘当作母盘(parent disk),并以此母盘为基准创建差异虚拟硬盘(differencing virtual disk),然后将此差异虚拟硬盘分配给新的虚拟机使用。当启动其他虚拟机时,它仍然会使用 WIN2012-1 的母盘,但是之后在此系统内进行的任何改动都只会被存储到差异硬盘中,并不会改动 WIN2012-1 的母盘内容。

如果使用母盘的 WIN2012-1 虚拟机被启动,则其他使用差异虚拟硬盘的虚拟机将无法启动。如果母盘文件发生故障或丢失,则其他使用差异虚拟硬盘的虚拟机也将无法启动。

虚拟硬盘可以单独创建,也可以在创建虚拟机时创建。如果要使用差异虚拟硬盘,则建议使用【虚拟硬盘创建向导】完成虚拟硬盘的创建。

**STEP 1** 打开【Hyper-V 管理器】窗口,选择菜单栏中的【操作】→【新建】→【硬盘】命令,或者在【Hyper-V 管理器】窗口右侧的操作面板中单击【新建】超链接,在弹出的快捷菜单中选择【硬盘】命令,如图 1-26 所示。

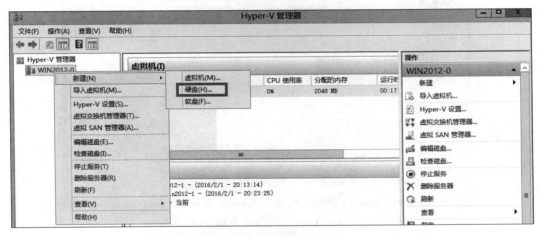

图 1-26   选择【硬盘】命令

**STEP 2** 启动虚拟硬盘向导,创建新的虚拟硬盘,显示【新建虚拟硬盘向导】对话框。

**STEP 3** 单击【下一步】按钮,显示【选择磁盘格式】对话框,选择默认的新格式(VHD 或 VHDX)后单击【下一步】按钮;显示如图 1-27 所示的【选择磁盘类型】对话框,选择虚拟硬盘的类型,Hyper-V 支持 3 种类型的虚拟硬盘,本例选择【差异】选项。

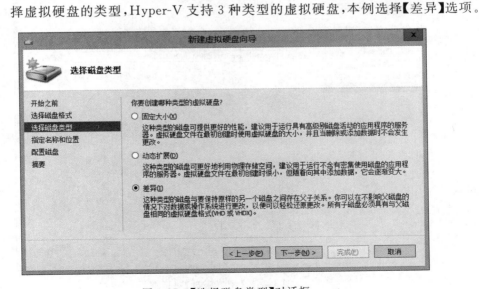

图 1-27   【选择磁盘类型】对话框

**STEP 4** 单击【下一步】按钮,显示如图 1-28 所示的【指定名称和位置】对话框。设置虚拟硬盘名称以及存储的目标文件夹,单击【浏览】按钮,可以选择目标文件夹。名称设为 Server1.vhdx,位置设为"J:\Windows Server 2012 虚拟机\"。

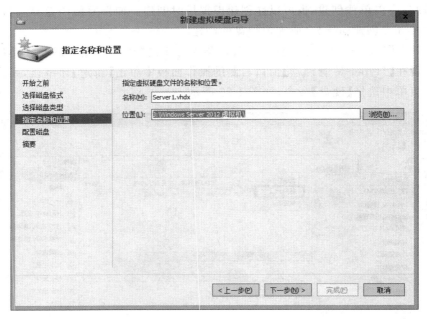

图 1-28  【指定名称和位置】对话框(2)

**STEP 5** 单击【下一步】按钮,显示如图 1-29 所示的【配置磁盘】对话框,选择作为母盘的虚拟硬盘文件,也就是"J:\Windows Server 2012 虚拟机\WIN2012-1.vhdx"。

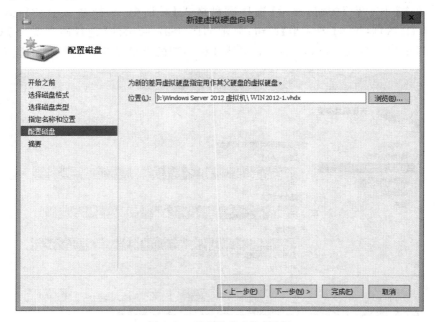

图 1-29  【配置磁盘】对话框

**STEP 6**　出现【正在完成新建虚拟硬盘向导】对话框时单击【完成】按钮，完成虚拟硬盘的创建。

**2. 编辑差异虚拟硬盘**

虚拟硬盘配置完成后，或者使用一段时间之后，硬盘的占用空间将变大，此时可以使用硬盘压缩功能整理磁盘空间。使用差异虚拟硬盘时，也可以将子硬盘合并到父虚拟硬盘中。

**STEP 1**　打开【Hyper-V 管理器】窗口，在窗口右侧的操作面板中，单击【编辑磁盘】超链接，启动磁盘整理向导，显示【编辑虚拟硬盘向导】对话框。

**STEP 2**　根据向导完成特定虚拟硬盘的编辑。该向导提供 3 种磁盘处理功能：压缩磁盘、磁盘转换以及磁盘扩展。

- 压缩磁盘：该选项通过删除从磁盘中删除数据时留下的空白空间来减小虚拟硬盘文件的大小。
- 磁盘转换：该选项通过复制内容将此动态虚拟硬盘转换成固定虚拟硬盘。
- 磁盘扩展：该选项可扩展虚拟硬盘的容量。

**STEP 3**　持续单击【下一步】按钮，最后单击【完成】按钮，显示磁盘处理的进度，处理完成后自动关闭该对话框。

**3. 使用差异虚拟硬盘创建虚拟机**

在 Windows Server 2012 R2 的【Hyper-V 管理器】中提供了虚拟机创建向导，根据向导即可轻松创建虚拟机。

**STEP 1**　打开【Hyper-V 管理器】窗口，选择菜单栏中的【操作】→【新建】→【虚拟机】命令；或者右击当前计算机的名称并在弹出的快捷菜单中选择【新建】→【虚拟机】命令。

**STEP 2**　启动创建虚拟机向导，显示【新建虚拟机向导】对话框。

**STEP 3**　单击【下一步】按钮，显示如图 1-30 所示的【指定名称和位置】对话框。在【名称】文本框中输入虚拟机的名称（Server1），默认虚拟机配置文件保存在安装 Hyper-V角色时设定的文件夹中。此处可以根据需要修改虚拟机存储的位置。

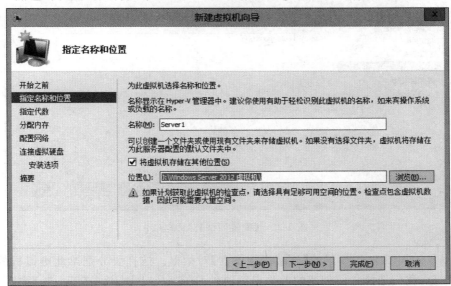

图 1-30　【指定名称和位置】对话框（3）

**STEP 4** 单击【下一步】按钮，直到出现如图 1-31 所示的【分配内存】对话框，设置虚拟机内存，至少应该是 512MB。

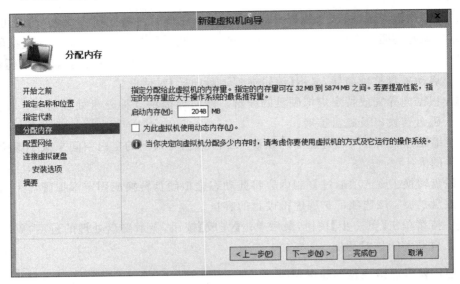

图 1-31 【分配内存】对话框

**STEP 5** 单击【下一步】按钮，显示如图 1-32 所示的【配置网络】对话框，选择其虚拟网卡连接的虚拟交换机，例如，将其连接到对外连接的虚拟交换机（此交换机是根据物理网卡创建的，它属于外部类型的交换机），单击【下一步】按钮。

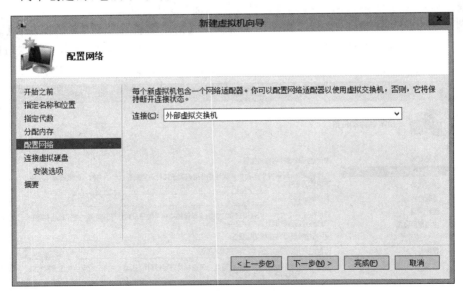

图 1-32 【配置网络】对话框（2）

**STEP 6** 显示如图 1-33 所示的【连接虚拟硬盘】对话框。选择要分配给此虚拟机的虚拟硬盘，我们选择之前创建的差异虚拟硬盘 Server1.vhdx，单击【下一步】按钮。

**STEP 7** 单击【下一步】按钮，再单击【完成】按钮，完成创建虚拟机的操作，如图 1-34 所示。

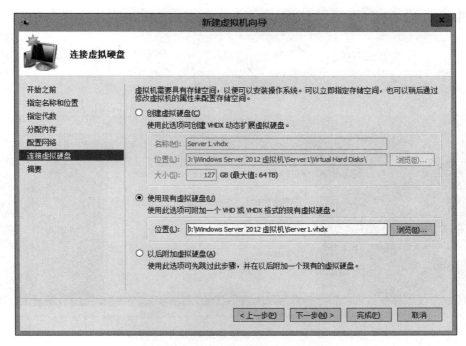

图 1-33　【连接虚拟硬盘】对话框（2）

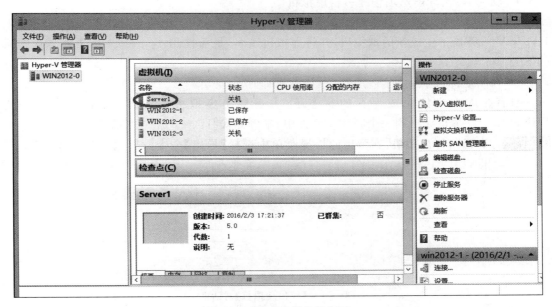

图 1-34　完成虚拟机的创建

由于此虚拟机是利用 WIN2012-1 制作出来的，因此其 SID（Security Identifiers）与 WIN2012-1 相同，所以建议运行 sysprep.exe 更改此虚拟机的 SID，否则在域环境下会有问题。sysprep.exe 位于"C:\windows\system32\sysprep"文件夹内。

启动 Server1 虚拟机，并在 Server1 虚拟机的命令窗口或 Windows PowerShell 窗口中

输入以下命令：C:\windows\system32\sysprep\sysprep.exe。

注意　　　运行 sysprep.exe 时必须在图 1-35 所示对话框中选中【通用】复选框才会更改 SID。(计算机名改为 Server1,IP 地址改为 192.168.10.4/24。)

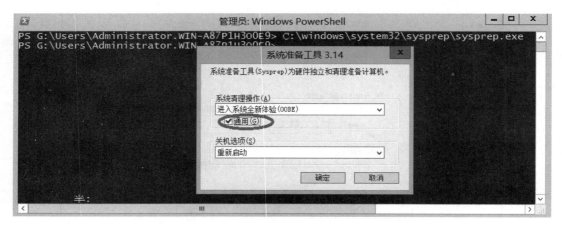

图 1-35　用系统准备工具更改 SID

### 4. 利用导入、导出选项创建多台虚拟机

先将已安装好的虚拟机导出到某一目录中,然后利用导入选项将导出的虚拟机再导入 Hyper-V 服务器中生成新的虚拟机,并将虚拟机改名,最后使用 sysprep.exe 更改该虚拟机的 SID。

1) 导出虚拟机

只有在虚拟机停止或保存的状态下,方可导出虚拟机的状态。下面的操作是将 WIN2012-1 虚拟机导出到一个新建文件夹中,本例导入"J:\test1\"文件夹中。

**STEP 1**　右击目标虚拟机,在弹出的快捷菜单中选择【导出】命令,显示【导出虚拟机】对话框,如图 1-36 所示。

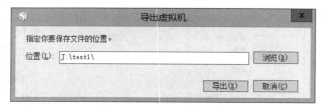

图 1-36　【导出虚拟机】对话框

**STEP 2**　单击【浏览】按钮,显示【选择文件夹】对话框,选择保存虚拟机的目标文件夹"J:\test1\"。

**STEP 3**　单击【选择文件夹】按钮,关闭【选择文件夹】对话框,返回【导出虚拟机】对话框。

**STEP 4**　单击【导出】按钮,导出虚拟机,在【Hyper-V 管理器】的【任务状态】栏中会显示导出进度。成功导出的虚拟机包含一组文件,分别为 Virtual Machines、Virtual

Hard Disks 以及 Snapshots，如图 1-37 所示。

图 1-37　导出的虚拟机组件

**STEP 5**　依照上述步骤，再将 WIN2012-1 虚拟机导出到"J:\test2\虚拟机"文件夹中，记得检查文件是否导出无误。

2）导入虚拟机

下面的操作将导出的虚拟机(J:\test1\、J:\test2\)导入 Hyper-V 管理器中。生成 2 台虚拟机并重命名为 WIN2012-2 和 WIN2012-3。

**STEP 1**　打开【Hyper-V 管理器】窗口，选择菜单栏中的【操作】→【导入虚拟机】对话框，或者右击当前计算机名称(WIN2012-0)并在弹出的快捷菜单中选择【导入虚拟机】选项。

**STEP 2**　如图 1-38 所示，指定 test1 虚拟机文件夹做导入操作，本例中的文件夹是 J:\test1\WIN2012-1。

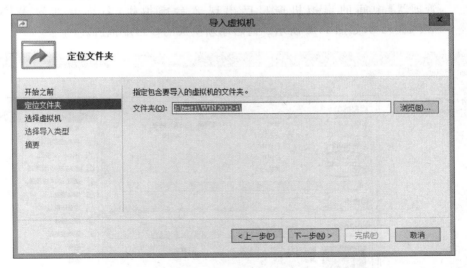

图 1-38　【定位文件夹】对话框

**STEP 3**　持续单击【下一步】按钮，直到出现图 1-39 所示的【选择导入类型】对话框，选择【复制虚拟机(创建新的唯一 ID)】单选按钮。

**STEP 4**　接下来在【选择目标】对话框中输入导入的虚拟机所在的文件夹，比如，J:\Windows Server 2012 虚拟机\，单击【下一步】按钮，选择虚拟硬盘的存储位置，再

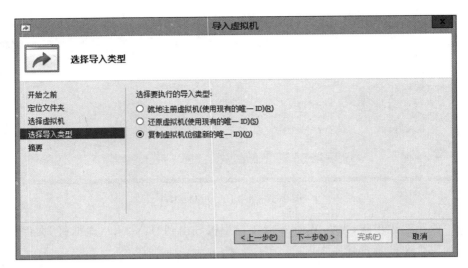

图 1-39　【选择导入类型】对话框

单击【下一步】按钮。

**STEP 5** 接着出现摘要界面，单击【完成】按钮，开始导入虚拟机。

**STEP 6** 导入成功后，在【Hyper-V 管理器】中会出现与原来导出的虚拟机名称一样的虚拟机。本例中会出现两个一样的 WIN2012-1。右击刚刚导入的 WIN2012-1 并选择【重新命名】命令，将新导入的虚拟机名称改为 WIN2012-2。

**STEP 7** 按照上述步骤，将 test2 虚拟机导入，并且命名为 WIN2012-3。这时在【Hyper-V 管理器】中间的虚拟机窗口已出现 2 台虚拟机，名称分别为 WIN2012-2、WIN2012-3，如图 1-40 所示。请启动新生成的 2 台虚拟机。

图 1-40　导入生成的 2 台虚拟机

建议运行 sysprep.exe 更改此虚拟机的 SID，否则在域环境下会有问题。

另外,计算机名称分别修改为 WIN2012-2 和 WIN2012-3,IP 地址分别更改为 192.168.10.2/24 和 192.168.10.3/24。

### 1.3.7 任务7 利用 ping 命令测试虚拟机

目前我们已经完成的虚拟机以及主机情况如表 1-1 所示。在本书中我们将采用这几台虚拟机完成实训,如果读者不具备条件,也可选择使用 VMWare 搭建虚拟网络环境,操作过程类似,不再一一赘述。

表 1-1 本书中的虚拟机汇总

| 主机名称 | IP 及子网掩码 | 角 色 | 操作系统 | 备 注 |
|---|---|---|---|---|
| WIN2012-0 | 192.168.10.100/24 | 物理机、Hyper-V 服务器 | | vEthernet(外部虚拟交换机) |
| | 192.168.10.200/24 | | | vEthernet(内部虚拟交换机) |
| WIN2012-1 | 192.168.10.1/24 | 虚拟机、独立服务器 | Windows Server 2012 R2 | 在 Hyper-V 中安装 |
| WIN2012-2 | 192.168.10.2/24 | 虚拟机、独立服务器 | | 导入生成 |
| WIN2012-3 | 192.168.10.3/24 | 虚拟机、独立服务器 | | 导入生成 |
| Server1 | 192.168.10.4/24 | 虚拟机、独立服务器 | | 差异虚拟硬盘 |

**1. 关闭防火墙**

为了后面的实训正常进行,建议读者将这 4 台虚拟机和物理计算机的防火墙关闭,或者放行某些特定的协议(放行"任何协议"似乎是较好的选择)。不过,关闭防火墙更简单。关闭防火墙的步骤如下。

**STEP 1** 依次选择【开始】→【控制面板】→【系统和安全】→【Windows 防火墙】→【启用或关闭 Windows 防火墙】命令。

**STEP 2** 单击【关闭 Windows 防火墙】单选按钮,如图 1-41 所示,然后单击【确定】按钮即可。

**注意** 后面不再单独提示防火墙问题,请读者在此先关闭防火墙。

**2. 外部虚拟交换机的测试**

(1) 按表 1-1 所示设置物理计算机的 vEthernet(外部虚拟交换机)和 vEthernet(内部虚拟交换机)2 台连接的 IP 地址,同时设置 4 台虚拟机的 IP 地址。

(2) 在物理主机上测试与 4 台虚拟机的通信状况,使用以下命令。

```
ping 192.168.10.1
ping 192.168.10.2
ping 192.168.10.3
```

图 1-41　选中【关闭 Windows 防火墙】选项

```
ping 192.168.10.4
```

测试结果都是畅通的。

（3）在虚拟机 WIN2012-1 上使用以下命令。

```
ping 192.168.10.2
ping 192.168.10.3
ping 192.168.10.4
ping 192.168.10.100
```

这些是畅通的,但是,ping 192.168.10.200 却是不通的。因为现在用的是外部虚拟交换机,而 192.168.10.200 是内部虚拟交换机上的 IP 地址。

由此可见,连接在外部虚拟交换机上的计算机之间可以相互通信,也可以与主机通信,但无法与内部网络的计算机通信。

**3. 内部虚拟交换机的测试**

（1）按表 1-1 所示设置物理计算机的 vEthernet(外部虚拟交换机)和 vEthernet(内部虚拟交换机)2 台连接的 IP 地址,同时设置 4 台虚拟机的 IP 地址。

（2）在物理主机上测试与 4 台虚拟机的通信状况,使用以下命令。

```
ping 192.168.10.1
ping 192.168.10.2
ping 192.168.10.3
ping 192.168.10.4
```

测试结果是都不通!

（3）在虚拟机 WIN2012-1 上使用以下命令。

```
ping 192.168.10.2
ping 192.168.10.3
ping 192.168.10.4
ping 192.168.10.200
```

这些是畅通的,但是,ping 192.168.10.100 却是不通的。因为现在用的是内部虚拟交换机,而 192.168.10.100 是外部虚拟交换机上的 IP 地址。请读者仔细比较上面这 2 种网络连接方式的不同。

由此可见,连接在内部虚拟交换机上的计算机之间可以相互通信,也可以与主机通信,但是无法与其他网络内的计算机通信,同时它们也无法连接 Internet。除非在主机上启用 NAT 或路由,如启用 Internet 连接共享(ICS)。可以创建多台内部虚拟交换机。

**4. 专用内部虚拟交换机的测试**

（1）按表 1-1 所示设置物理计算机的 vEthernet(外部虚拟交换机)和 vEthernet(内部虚拟交换机)2 个连接的 IP 地址,同时设置 4 台虚拟机的 IP 地址。

（2）在物理主机上测试与 4 台虚拟机的通信状况,使用以下命令,

```
ping 192.168.10.1
ping 192.168.10.2
ping 192.168.10.3
ping 192.168.10.4
```

测试结果是都不通!

（3）在虚拟机 WIN2012-1 上使用以下命令。

```
ping 192.168.10.2
ping 192.168.10.3
ping 192.168.10.4
```

这些是畅通的,但是,ping 192.168.10.100、ping 192.168.10.200 却是不通的。因为现在用的是专用内部虚拟交换机。请读者仔细比较上面 3 种网络连接方式的不同。

由此可见,连接在专用内部虚拟交换机上的计算机之间可以相互通信,但是并不能与主机通信,也无法与其他网络内的计算机通信。可以创建多台专用内部虚拟交换机。

## 1.3.8　任务 8　通过 Hyper-V 主机连接 Internet

前面介绍过如何新建一台属于外部类型的虚拟交换机,如果虚拟机的虚拟网卡连接到这台虚拟交换机,就可以通过外部网络连接到 Internet。

如果新建属于内部类型的虚拟交换机,Hyper-V 也会自动为主机创建一个连接到虚拟交换机的网络连接,如果虚拟机的网卡也连接在这台交换机,这些虚拟机就可以与 Hyper-V 主机通信,但是却无法通过 Hyper-V 主机连接 Internet,不过只要将 Hyper-V 主机的 NAT(网络地址转换)或 ICS(Internet 连接共享)启用,这些虚拟机就可以通过 Hyper-V 主机连接到 Internet,具体操作步骤如下。

**STEP 1**　新建内部虚拟交换机。

**STEP 2** 操作完成后,系统会替 Hyper-V 主机新建一个连接到这台虚拟交换机的网络连接,即如图 1-42 所示的 vEthernet(内部虚拟交换机)。

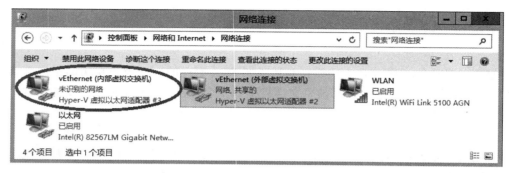

图 1-42 vEthernet(内部虚拟交换机)

**STEP 3** 如果要让连接在此虚拟交换机的虚拟机通过 Hyper-V 主机上网,只要将主机内可以连上 Internet 的连接 vEthernet(外部虚拟交换机)的 Internet 连接共享启用即可。右击 vEthernet(外部虚拟交换机),在弹出的快捷菜单中选择【属性】命令,再在打开的对话框中单击【共享】标签,如图 1-43 所示,选中【允许其他网络用户通过此计算机的 Internet 连接来连接】选项,然后单击【确定】按钮。

图 1-43 vEthernet(外部虚拟交换机)

**STEP 4** 系统会将 Hyper-V 主机的 vEthernet(内部虚拟交换机)连接的 IP 地址改为 192.168.137.1,而连接内部虚拟交换机的虚拟机的 IP 地址也必须为 192.168.137.x/24 的格式,同时默认网关必须指定到 192.168.137.1 这个 IP 地址。不过因为 Internet 连接共享具备 DHCP 的自动分配 IP 地址功能,也就是连接在内部虚拟交换机的虚拟机只要将 IP 地址的取得方式设置为自动获取即可,不需要手动配置。

# 1.4　企业案例　利用 VMWare 构建活动目录实训环境

## 1.4.1　认识 VMWare Workstation

VMWare Workstation 是一款功能强大的桌面虚拟计算机软件,它可在一部实体机器上模拟完整的网络环境,以及虚拟计算机,对于企业的 IT 开发人员和系统管理员而言,VMWare Workstation 在虚拟网络、快照等方面的特点使它成为重要的工具。

通过虚拟化服务,可以在一台高性能计算机上部署多台虚拟机,每一台虚拟机承载一个或多个服务系统。虚拟化有利于提高计算机的利用率,减少物理计算机的数量,并能通过一台宿主计算机管理多台虚拟机,让服务器的管理变得更为便捷高效。

### 1. VMWare Workstation 的快照技术

磁盘"快照"是虚拟机磁盘文件(.vmdk)在某个时间点的副本。系统崩溃或系统异常,用户可以通过使用恢复到快照来还原磁盘文件系统,使系统恢复到创建快照的位置。如果用户创建了多于一个的虚拟机快照,那么,用户将有多个还原点可以用于恢复。

为虚拟机创建每一个快照时,都会创建一个 delta 文件。当快照被删除或在快照管理里被恢复时,这些文件将自动删除。

快照文件最初很小,快照的增长率由服务器上磁盘写入活动发生次数决定。拥有磁盘写入增强应用的服务器,诸如 SQL 和 Exchange 服务器,它们的快照文件增长很快。另外,拥有大部分静态内容和少量磁盘写入的服务器,诸如 Web 和应用服务器,它们的快照文件增长率很低。当用户创建许多快照时,新 delta 文件被创建并且原先的 delta 文件变成只读的了。

### 2. VMWare Workstation 的克隆技术

VMWare Workstation 可以通过预先已安装好的虚拟机 A 快速克隆出多台同 A 相类似的虚拟机 A1、A2……此时源计算机 A 和克隆计算机 A1、A2 的硬件 ID 不同(如网卡 MAC),但操作系统 ID 和配置完全一致(如计算机名、IP 地址等)。如果计算机间的一些应用和操作系统 ID 相关,则会导致该应用出错或不成功,因此通常克隆的计算机还必须手动修改系统 ID。在活动目录环境中,计算机的系统 ID 不允许相同,因此克隆的计算机必须修改系统 ID 信息。

克隆有两种方式:完整克隆和链接克隆。

1) 完整克隆

完整克隆相当于复制源虚拟机的硬盘文件(.vmdk),并新创建一个和源虚拟机相同配置的硬件配置信息,完整克隆的虚拟机大小和源虚拟机大小相同。

由于克隆的虚拟机有自己独立的硬盘文件和硬件信息文件,因此克隆虚拟机和被克隆虚拟机被系统认为是两台不同虚拟机,它们可以被独立运行和操作。

由于克隆的虚拟机和源虚拟机的系统 ID 相同,通常克隆后都要修改系统 ID。

2) 链接克隆

链接克隆要求源虚拟机创建一个快照,并基于该快照创建一台虚拟机。如果源虚拟机已经有了多个快照,链接克隆也可以选择一个历史快照创建新虚拟机。

　　链接克隆由于采用快照方式创建新虚拟机，因此新建的虚拟机磁盘文件大小很小。类似于差异存储技术，该磁盘文件仅保存后续改变的数据。

　　链接克隆需要的磁盘空间明显小于完整克隆，如果克隆的虚拟机数量太多，那么由于所有的克隆虚拟机都要访问被克隆虚拟机的磁盘文件，大量虚拟机同时访问该磁盘文件将会导致系统性能下降。

　　由于克隆的虚拟机和源虚拟机的系统安全标识符（Security Identifiers，SID）相同，通常克隆后都要修改系统 SID。

　　SID 是标识用户、组和计算机账户的唯一的号码。在第一次创建该账户时，将给网络上的每一个账户发布一个唯一的 SID。

　　如果存在两个同样 SID 的用户，这两个账户将被鉴别为同一个账户，但是如果两台计算机是通过克隆得来的，那么它们将拥有相同的 SID，在域网络中将会导致无法唯一识别这两台计算机，因此克隆后的计算机需要重新生成一套 SID 以区别于其他的计算机。

　　用户可以通过在命令行界面中输入"whoami /user"命令查看 SID，如图 1-44 所示。

图 1-44　查看 SID

## 1.4.2　案例项目描述及网络拓扑

　　未名公司拟通过 Windows Server 2012 域管理公司用户和计算机，以便网络管理部的员工尽快熟悉 Windows Server 2012 域环境。

　　为了构建企业实际网络拓扑环境，网络管理部拟采用虚拟化技术，预先在一台高性能计算机上配置网络虚拟拓扑，并在此基础上创建虚拟机，模拟企业应用环境。未名公司网络拓扑图如图 1-45 所示。

　　通过在虚拟化技术构建的企业应用环境中实施活动目录，不仅可以让网络管理部员工尽快熟悉 AD 的相关知识和技能，并能为企业前期部署 AD 可能遇到的问题提供宝贵的解决经验，确保企业 AD 的项目实施顺利进行。

## 1.4.3　案例项目拓扑分析

　　通过在一台普通计算机上安装 VMWare Workstation 12.0，配置虚拟网卡 VMnet1 和 VMnet2，即达到搭建公司 VLAN1 和 VLAN2 的虚拟网络环境的要求，其中 VLAN1 对应 VMnet1，VLAN2 对应 VMnet2。

　　在 VMWare Workstation 上创建虚拟机，命名为"WIN2012 母盘"，并通过 Windows

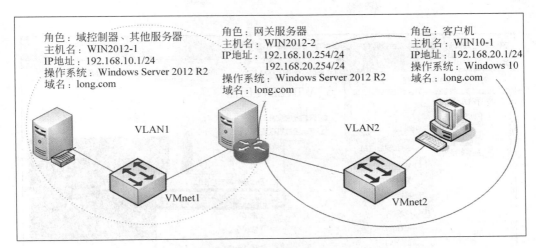

角色：域控制器、其他服务器
主机名：WIN2012-1
IP 地址：192.168.10.1/24
操作系统：Windows Server 2012 R2
域名：long.com

角色：网关服务器
主机名：WIN2012-2
IP 地址：192.168.10.254/24
　　　　192.168.20.254/24
操作系统：Windows Server 2012 R2
域名：long.com

角色：客户机
主机名：WIN10-1
IP 地址：192.168.20.1/24
操作系统：Windows 10
域名：long.com

VLAN1　　　　　　　　　　　　　VLAN2

VMnet1　　　　　　　　　　　　　VMnet2

图 1-45　未名公司网络拓扑图

Server 2012 R2 安装盘，按向导安装 Windows Server 2012 操作系统，完成第一台虚拟机的安装。通过 VMWare Workstation 的克隆技术可以快速完成"域服务器"和"网关服务器"的安装。

同理，可在 VMWare Workstation 上创建虚拟机，并命名为"WIN10 母盘"，并通过 Windows 10 安装盘按向导安装 Windows 10 操作系统，完成虚拟机的安装。通过 VMWare Workstation 的克隆技术可以快速完成客户机的安装。

项目实现步骤如下。

（1）将"WIN2012 母盘"链接克隆出两台新虚拟机：域服务器和网关服务器；将"WIN10 母盘"链接克隆出一台虚拟机：客户机。

（2）将域服务器的网卡连接到 VMnet1，启动该虚拟机，并修改系统 SID，配置网络适配器的 IP 地址和网关。

（3）增加网关服务器虚拟机网卡数量为 2 块，并配置其中一块网卡连接到 VMnet1，另一块连接到 VMnet2。启动该虚拟机，并修改系统 SID，配置网络适配器的 IP 地址，启用 "LAN 路由"。

（4）将客户机的网卡连接到 VMnet2，启动该虚拟机，并修改系统 SID，配置网络适配器的 IP 地址和网关。

（5）测试客户机和域服务器的连通性。

### 1.4.4　实施步骤

#### 1. 链接克隆虚拟机

**STEP 1**　打开 VMWare Workstation 软件，右击"WIN2012 母盘"，在弹出的快捷菜单中依次选择【管理】→【克隆】命令，如图 1-46 所示。

**STEP 2**　在弹出的【克隆虚拟机向导】中单击【下一步】按钮，在【克隆自】选项区中选中【虚拟机中的当前状态】选项，如图 1-47 所示。

**STEP 3**　在【克隆方法】中选中【创建链接克隆】选项，如图 1-48 所示。

**STEP 4**　输入【虚拟机名称】并设置新虚拟机位置，如图 1-49 所示。

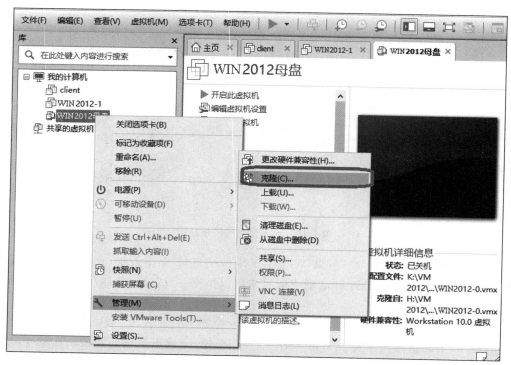

图 1-46　选择【克隆】命令

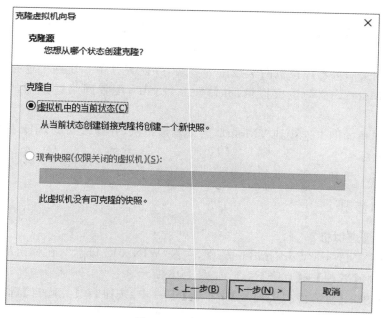

图 1-47　选择克隆源

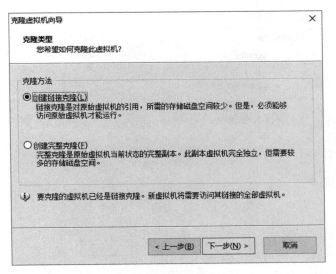

图 1-48　选择克隆方法

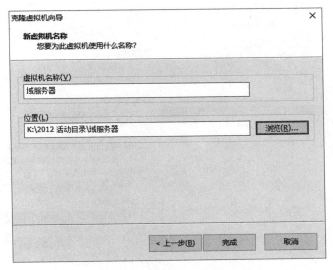

图 1-49　设置新虚拟机的名称及位置

**STEP 5**　单击【完成】按钮，完成链接虚拟机的创建，如图 1-50 所示。

**STEP 6**　使用同样的方式，在"WIN2012 母盘"链接中克隆出网关服务器虚拟机。

**STEP 7**　使用同样的方式，在"WIN10 母盘"链接中克隆出客户机虚拟机。

### 2. 修改系统 SID 和配置网络适配器

**STEP 1**　右击 VMWare Workstation 中的【域服务器】虚拟机，在弹出的快捷菜单中选择
【设置】命令，在弹出的对话框中选择【网络适配器】选项，并将【网络连接】改成自
定义方式中的 VMnet1（仅主机模式），如图 1-51 所示。

**STEP 2**　启动【域服务器】虚拟机。

**STEP 3**　在启动后的虚拟机的命令窗口或 Windows PowerShell 窗口中输入命令：C:\

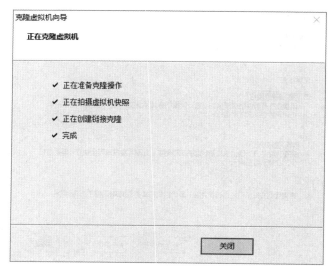

图 1-50　完成虚拟机的克隆

图 1-51　【虚拟机设置】对话框

windows\system32\sysprep\sysprep.exe。在弹出的【系统准备工具 3.14】中选中【通用】复选框，重新生成 SID。

**STEP 4**　系统重新启动之后，右击任务栏上的【开始图标】，在弹出的快捷菜单中选择【网络连接】命令，在弹出的【网络连接】对话框中选择 Ethernet0 网卡，并设置其 IP 地址为 192.168.10.1,子网掩码为 255.255.255.0,默认网关为 192.168.10.254。

**STEP 5**　使用同样的方式,在【网关服务器】虚拟机中再添加一块网卡,第一块网卡的【网络连接】改成 VMnet1;第二块网卡的【网络连接】改成 VMnet2。

**STEP 6**　将网关服务器虚拟机开机并重新生成 SID。

**STEP 7**　配置网关服务器虚拟机 Ethernet0 网卡 IP 地址为 192.168.10.254,子网掩码为 255.255.255.0,默认网关为空;Ethernet1 网卡 IP 地址为 192.168.20.254,子网掩码为 255.255.255.0,默认网关为空。

**STEP 8**　使用同样的方式,将【客户机】网卡的【网络连接】改成 VMnet2。

**STEP 9**　将客户机虚拟机开机并重新生成 SID。

**STEP 10**　配置 Ethernet0 网卡,设置其 IP 地址为 192.168.20.1,子网掩码为 255.255.255.0,默认网关为 192.168.20.254。

### 3. 启用【LAN 路由】

**STEP 1**　在网关服务器的【服务器管理器】主窗口下单击【添加角色和功能】按钮,在【选择服务器角色】对话框中选中【远程访问】复选框,在【选择角色服务】对话框中选中【路由】复选框并添加其所需要的功能,如图 1-52 和图 1-53 所示。

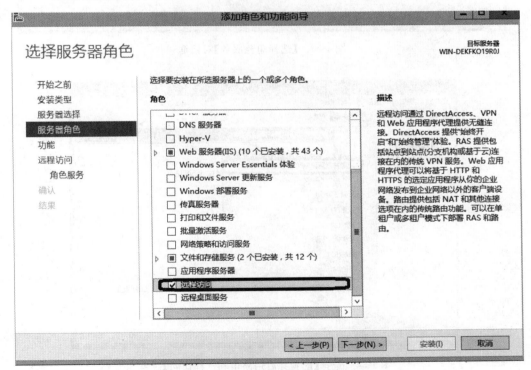

图 1-52　【选择服务器角色】对话框

**STEP 2**　在【服务器管理器】主窗口下单击【工具】按钮,选择【路由和远程访问】命令,再在弹出的【路由和远程访问】对话框左侧窗格中最下面的本地服务器上右击,从弹出的快捷菜单中选择【配置并启用路由和远程访问】命令,如图 1-54 所示。

**STEP 3**　在弹出的【路由和远程访问服务器安装向导】对话框中选择自定义配置方式并选

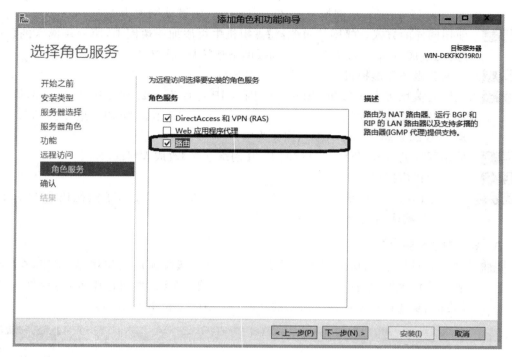

图 1-53 【选择角色服务】对话框

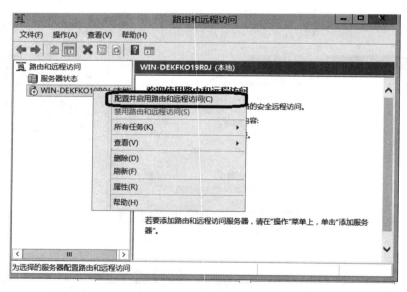

图 1-54 选择【配置并启用路由和远程访问】命令

中【LAN 路由】复选框,如图 1-55 所示。

**4. 测试客户机和域服务器的连通性**

**STEP 1** 在客户机中打开【命令提示符】并输入 ping 192.168.10.1 命令测试能否和域服务器通信,测试结果显示,客户机是能够和域服务器进行通信的,如图 1-56 所示。

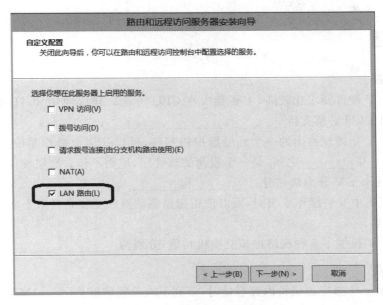

图 1-55 启用【LAN 路由】

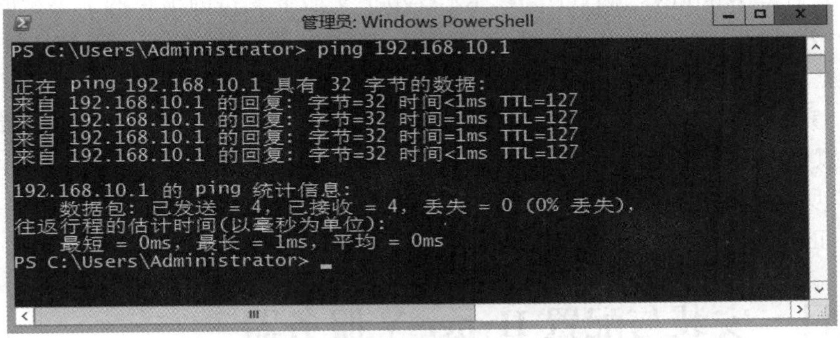

图 1-56 测试客户机的网络连通性

**STEP 2** 在域服务器中打开【命令提示符】并输入 ping 192.168.20.1 命令测试能否和客户机通信,测试结果显示,域服务器是能够和客户机进行通信的,如图 1-57 所示。

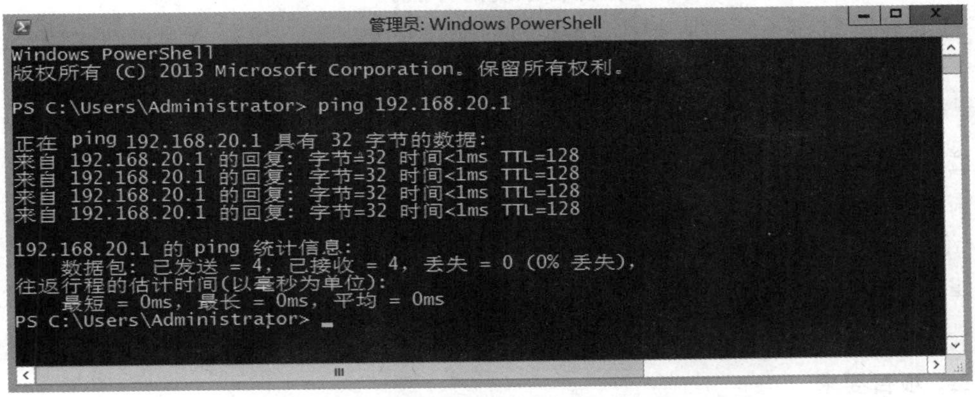

图 1-57 测试域服务器的网络连通性

## 1.5 习题

**一、填空题**

1. Hyper-V 硬件要求比较高,主要集中在 CPU 方面。建议使用 2GHz 以及速度更快的 CPU。并且 CPU 必须支持_____、_____、_____。

2. Hyper-V 是微软推出的一个底层虚拟机程序,可以让多个操作系统共享一个硬件。它位于_____和_____之间,是一个很薄的软件层,里面不包含底层硬件驱动。

3. 配置 Hyper-V 分为两部分:_____和_____。

4. 在虚拟机中安装操作系统时,可以使用光盘驱动器和安装光盘来安装,也可以使用_____来安装。

5. Hyper-V 提供了 3 种网络虚拟交换机功能,分别为_____、_____、_____。

**二、选择题**

1. 为 Hyper-V 指定虚拟机内存容量时,下列不能设置的值是(　　)MB。

    A. 512　　　　　　　　B. 360　　　　　　　　C. 400　　　　　　　　D. 357

2. 以下不是 Windows Server 2012 R2 Hyper-V 服务支持的虚拟网卡类型的是(　　)。

    A. 外部　　　　　　　　B. 桥接　　　　　　　　C. 内部　　　　　　　　D. 专用

3. 当应用快照时,当前的虚拟机配置会被(　　)覆盖。

    A. 完全　　　　　　　　B. 部分　　　　　　　　C. 不　　　　　　　　D. 以上都不对

4. 虚拟机运行在服务器中,服务器配置参数对(　　)有效。

    A. 所有虚拟机　　　　　　　　　　　　　　B. 指定的虚拟机

    C. 正在运行的虚拟机　　　　　　　　　　　D. 已关闭的虚拟机

# 实训项目　安装与配置 Hyper-V 服务器

**一、实训目的**

- 掌握安装与卸载 Hyper-V 角色的方法。
- 掌握创建虚拟机和安装虚拟操作系统的方法。
- 掌握在 Hyper-V 中服务器和虚拟机的配置方法。
- 掌握创建虚拟网络和虚拟硬盘的方法与技巧。
- 掌握使用差异硬盘、导入/导出功能创建更多虚拟机的方法。

**二、项目环境**

未名公司新购进一台服务器,硬盘空间为 500GB。已经安装了 Windows Server 2012 R2 网络操作系统,计算机名为 WIN2012-0。现在需要将该服务器配置成 Hyper-V 服务器,并创建、配置虚拟机。Windows Server 2012 R2 的镜像文件已保存在硬盘上。拓扑图参照图 1-1。

**三、项目要求**

实训项目要求如下。

- 安装与卸载 Hyper-V 服务器。
- 连接服务器。
- 创建一台虚拟机。
- 使用差异硬盘、导入/导出功能创建多台虚拟机。
- 设置不同的虚拟交换机,利用 ping 命令进行测试。
- 通过 Hyper-V 主机连接到 Internet。

**四、实训指导**

- 根据实训录像进行项目的实训,检查学习效果。
- 重复 1.4 节的企业案例。

# 项目 2
# 部署与管理 Active Directory 域服务

**项目背景**

　　未名公司组建的单位内部的办公网络原来是基于工作组方式的,近期由于公司业务发展,人员激增,基于方便和网络安全管理的需要,考虑将基于工作组的网络升级为基于域的网络。现在需要将一台或多台计算机升级为域控制器,并将其他所有计算机加入域成为成员服务器。同时将原来的本地用户账户和组也升级为域用户和组进行管理。

**项目目标**

- 掌握规划和安装局域网中的活动目录的方法。
- 掌握创建目录林根级域的方法。
- 掌握安装额外域控制器的方法。
- 掌握创建子域的方法。

## 2.1　相关知识

　　Active Directory 又称活动目录,是 Windows Server 操作系统中非常重要的目录服务。Active Directory 用于存储网络上各种对象的有关信息,包括用户账户、组、打印机、共享文件夹等,并把这些数据存储在目录服务数据库中,便于管理员和用户查询及使用。活动目录具有安全、可扩展、可伸缩的特点,与 DNS 集成在一起,可基于策略进行管理。

### 2.1.1　认识活动目录及其意义

　　什么是活动目录? 活动目录就是 Windows 网络中的目录服务(Directory Service),也即活动目录域服务(AD DS)。所谓目录服务,有两方面内容:目录和与目录相关的服务。

　　活动目录负责目录数据库的保存、新建、删除、修改与查询等服务,用户能很容易地在目录内寻找所需要的数据。

　　AD DS 的适用范围非常广泛,它可以用在一台计算机、一个小型局域网络(LAN)或数个广域网(WAN)结合的环境中。它包含此范围中的所有对象,如文件、打印机、应用程序、服务器、域控制器和用户账户等。活动目录具有以下意义。

**1. 简化管理**

活动目录和域密切相关。域是指网络服务器和其他计算机的一种逻辑分组,凡是在共享域逻辑范围内的用户都使用公共的安全机制和用户账户信息,每个使用者在域中只拥有一个账户,每次登录的是整个域。

活动目录用于将域中的资源分层次地组织在一起,每个域都包含一个或多个域控制器(Directory Controler,DC)。域控制器就是安装活动目录的 Windows Server 2012(R2)的计算机,它存储域目录完整的副本。为了简化管理,域中的所有域控制器都是对等的,可以在任意一台域控制器上做修改,更新的内容将被复制到该域所有其他域控制器上,活动目录为管理网络上的所有资源提供单一入口,进一步简化了管理,管理员可以登录任意一台计算机管理网络。

**2. 安全性**

安全性通过登录身份验证及目录对象的访问控制集成在活动目录之中。通过单点网络登录,管理员可以管理分散在网络各处的目录数据和组织单位,经过授权的网络用户可以访问网络任意位置的资源,基于策略的管理简化了网络的管理。

活动目录通过对象访问控制列表及用户凭据保护用户账户和组信息,因为活动目录不但可以保存用户凭据,而且可以保存访问控制信息,所以登录到网络上的用户既能够获得身份验证,也可以获得访问系统资源所需的权限。例如,在用户登录到网络时,安全系统会利用存储在活动目录中的信息验证用户的身份,在用户试图访问网络服务时,系统会检查在服务的自由访问控制列表(DCAL)中定义的属性。

活动目录允许管理员创建组账户,管理员可以更加有效地管理系统的安全性,通过控制组权限可控制组成员的访问操作。

**3. 改进的性能与可靠性**

Windows Server 2012 能够更加有效地管理活动目录的复制与同步,不管是在域内还是在域间,管理员都可以更好地控制要在域控制器间进行同步的信息类型。活动目录还提供了许多技术,可以智能地选择只复制发生更改的信息,而不是机械地复制整个目录的数据库。

## 2.1.2　名称空间

名称空间(Namespace)是一个界定好的区域(Bounded Area),在此区域内,我们可以利用某个名称找到与此名称有关的信息。例如,一本电话簿就是一个名称空间,在这本电话簿内(界定好的区域内),我们可以利用姓名来找到此人的电话、地址与生日等数据。又如,Windows 操作系统的 NTFS 文件系统也是一个名称空间,在这个文件系统内,我们可以利用文件名来找到此文件的大小、修改日期与文件内容等数据。

Active Directory 域服务(AD DS)也是一个名称空间。利用 AD DS,我们可以通过对象名称来找到与此对象有关的所有信息。

在 TCP/IP 网络环境下利用 Domain Name System(DNS)来解析主机名与 IP 地址的对应关系,如利用 DNS 来得知主机的 IP 地址。AD DS 也与 DNS 紧密地集成在一起,它的域名空间也是采用 DNS 架构,因此域名是采用 DNS 格式来命名的,如可以将 AD DS 的域名命名为 long. com。

## 2.1.3　对象和属性

AD DS 内的资源以对象(Objects)的形式存在,例如,用户、计算机等都是对象,而对象是通过属性(Atributes)来描述其特征的,也就是对象本身是一些属性的集合。例如,若要为使用者张三建立一个账户,则需新建一个对象类型(Object Class)为用户的对象(也就是用户账户),然后在此对象内输入张三的姓、名、登录名与地址等,其中的用户账户就是对象,而姓、名与登录名等就是该对象的属性。

## 2.1.4　容器

容器(Container)与对象类似,它也有自己的名称,也是一些属性的集合,不过容器内可以包含其他对象(如用户、计算机等),也可以包含其他容器。

组织单位是一个比较特殊的容器,其内可以包含其他对象与组织单位。组织单位也是应用组策略(Group Policy)和委派责任的最小单位。

AD DS 以层次式架构(Hierarchical)将对象、容器与组织单位等组合在一起,并将其存储到 AD DS 数据库内。

## 2.1.5　可重新启动的 AD DS

在旧版 Windows 域控制器内,若要进行 AD DS 数据库维护工作(如数据库脱机重整),就需要重新启动计算机、进入目录服务还原模式(Directory Service Restore Mode)来执行维护工作。若这台域控制器也同时提供其他网络服务,例如,它同时也是 DHCP 服务器,则重新启动计算机将造成这些服务暂时中断。

除了进入目录服务还原模式之外,Windows Server 2012 R2 等域控制器还提供可重新启动的 AD DS(Restartable AD DS)功能,也就是说若要执行 AD DS 数据库维护工作,只需将 AD DS 服务停止即可,不需要重新启动计算机来进入目录服务还原模式,这样不但可以让 AD DS 数据库的维护工作更容易、更快速地完成,而且其他服务也不会被中断。完成维护工作后再重新启动 AD DS 服务即可。

在 AD DS 服务停止的情况下,只要还有其他域控制器在线,则仍然可以在这台 AD DS 服务停止的域控制器上利用域用户账户登录。若没有其他域控制器在线,则在这台 AD DS 服务已停止的域控制器上,默认只能够利用目录服务还原模式并用系统管理员账户来进入目录服务还原模式。

## 2.1.6　Active Directory 回收站

在旧版 Windows 操作系统中,系统管理员若不小心将 AD DS 对象删除,其恢复过程耗时耗力,例如,误删组织单位,其内所有对象都会丢失,此时虽然系统管理员可以进入目录服务还原模式来恢复被误删的对象,不过比较耗费时间,而且在进入目录服务还原模式这段时间内,域控制器会暂时停止对客户端提供服务。Windows Server 2012 R2 具备 Active Directory 回收站功能,它让系统管理员不需要进入目录服务还原模式,就可以快速恢复被删除的对象。

## 2.1.7　AD DS 的复制模式

域控制器之间在复制 AD DS 数据库时，分为下面两种复制模式。

- 多主机复制模式（Multi-Master Replication Model）：AD DS 数据库内大部分数据是采用此模式进行复制操作的。在此模式下，可以直接更新任何一台域控制器内的 AD DS 对象，之后这个更新过的对象会被自动复制到其他域控制器中。例如，在任何一台域控制器的 AD DS 数据库内添加一个用户账户后，此账户会自动被复制到域内的其他域控制器中。
- 单主机复制模式（Single-Master Replication Model）：AD DS 数据库内少部分数据是采用单主机复制模式进行复制操作的。在此模式下，当用户提出修改对象数据的请求时，会由其中一台域控制器（被称为操作主机）负责接收与处理此请求，也就是说该对象是先在操作主机中被更新，再由操作主机将它复制给其他域控制器。例如，添加或删除一个域时，此变动数据会先被写入扮演域命名操作主机角色的域控制器内，再由它复制给其他域控制器。

活动目录结构是指网络中所有用户、计算机以及其他网络资源的层次关系，就像一个大型仓库中分出若干个小储藏间，每个小储藏间分别用来存放东西。通常活动目录结构可以分为逻辑结构和物理结构，分别包含不同的对象。

## 2.1.8　认识活动目录的逻辑结构

活动目录的逻辑结构非常灵活，目录中的逻辑单元通常包括架构、域、组织单位（Organizational Unit，OU）、域目录树、域目录林、站点和目录分区。

### 1. 架构

AD DS 对象类型与属性数据是定义在架构（Schema）内的，例如，它定义了用户对象类型内包含哪些属性（姓名、电话等）、每一个属性的数据类型等信息。

隶属于 Schema Admins 组的用户可以修改架构内的数据，应用程序也可以自行在架构内添加其所需的对象类型或属性。在一个林内的所有域目录树共享相同的架构。

### 2. 域

域是在 Windows NT/2000/2003/2008/2012 网络环境中组建客户机/服务器网络的实现方式。所谓域，是由网络管理员定义的一组计算机集合，实际上就是一个网络。在这个网络中，至少有一台称为域控制器的计算机，充当服务器角色。在域控制器中保存着整个网络的用户账号及目录数据库，即活动目录。管理员可以通过修改活动目录的配置来实现对网络的管理和控制，如管理员可以在活动目录中为每个用户创建域用户账号，使他们可登录域并访问域的资源。同时，管理员也可以控制所有网络用户的行为，如控制用户能否登录、在什么时间登录、登录后能执行哪些操作等。而域中的客户机要访问域的资源，则必须先加入域，并通过管理员为其创建的域用户账号登录域，才能访问域资源，同时，也必须接受管理员的控制和管理。构建域后，管理员可以对整个网络实施集中控制和管理。

### 3. 组织单位

OU 是组织单位，在活动目录中扮演特殊的角色，它是一个当普通边界不能满足要求时创建的边界。OU 把域中的对象组织成逻辑管理组,而不是安全组或代表地理实体的组。OU 是应用组策略和委派责任的最小单位。

组织单位是包含在活动目录中的容器对象。创建组织单位的目的是对活动目录对象进行分类。比如,由于一个域中的计算机和用户较多,会使活动中的对象非常多。这时,管理员如果想查找某一个用户账号并进行修改是非常困难的。另外,如果管理员只想对某一部门的用户账号进行操作,实现起来不太方便。但如果管理员在活动目录中创建了组织单位,所有操作就会变得非常简单。比如,管理员可以按照公司部门创建不同的组织单位,如财务部组织单位、市场部组织单位、策划部组织单位等,并将不同部门的用户账号建立在相应的组织单位中,这样管理时也就非常容易、方便了。除此之外,管理员还可以针对某个组织单位设置组策略,实现对该组织单位内所有对象的管理和控制。

总之,创建组织单位有以下好处。

- 可以分类组织对象,使所有对象结构更清晰。
- 可以对某些对象配置组策略,实现对这些对象的管理和控制。
- 可以委派管理控制权,如管理员可以给不同部门的网络主管授权,让他们管理本部门的账号。

因此组织单位是可将用户、组、计算机和其他单元放入活动目录的容器,组织单位不能包括来自其他域的对象。组织单位是可以指派组策略设置或委派管理权限的最小作用单位。使用组织单位,用户可在组织单位中代表逻辑结构的域中创建容器,这样就可以根据组织模型管理网络资源的配置和使用。可授予用户对域中某个组织单位的管理权限,组织单位的管理员不需要具有域中任何其他组织单位的管理权。

### 4. 域目录树

当要配置一个包含多个域的网络时,应该将网络配置成域目录树结构,如图 2-1 所示。

在该域目录树中,最上层的域名为 China.com,是这个域目录树的根域,也称为父域。下面两个域 Jinan.China.com 和 Beijing.China.com 是 China.com 域的子域。3 个域共同构成了这个域目录树。

活动目录的域名仍然采用 DNS 域名的命名规则进行命名。在该示例域目录树中,两个子域的域名 Jinan.China.com 和 Beijing.China.com 中仍包含父域的域名 China.com,因此,它们的名称空间是连续的。这也是判断两个域是否属于同一个域目录树的重要条件。

图 2-1　域目录树

在整个域目录树中,所有域共享同一个活动目录,即整个域目录树中只有一个活动目录。只不过这个活动目录分散地存储在不同的域中(每个域只负责存储和本域有关的数据),整体上形成一个大的分布式的活动目录数据库。在配置一个较大规模的企业网络时,可以配置为域目录树结构,比如,将企业总部的网络配置为根域,各分支机构的网络配置为子域,整体上形成一个域目录树,以实现集中管理。

#### 5. 域目录林

如果网络的规模比前面提到的域目录树还要大,甚至包含了多棵域目录树,这时可以将网络配置为域目录林(也称森林)结构。域目录林由一棵或多棵域目录树组成,如图 2-2 所示。域目录林中的每棵域目录树都有唯一的命名空间,它们之间并不是连续的,这一点从图中的两棵目录树中可以看到。

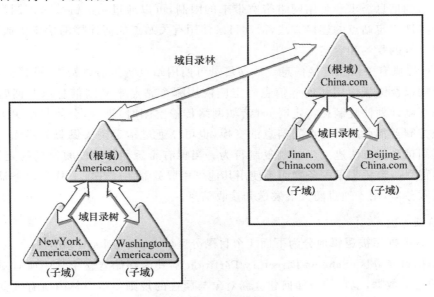

图 2-2  域目录林

整个域目录林中也存在一个根域,这个根域是域目录林中最先安装的域。在图 2-2 所示的域目录林中,China.com 是最先安装的,则这个域是域目录林的根域。

 在创建域目录林时,组成域目录林的两棵域目录树的树根之间会自动创建相互的、可传递的信任关系。由于有了双向的信任关系,域目录林中的每个域中的用户都可以访问其他域的资源,也可以从其他域登录到本域中。

#### 6. 站点

站点由一个或多个 IP 子网组成,这些子网通过高速网络设备连接在一起。站点往往由企业的物理位置分布情况决定,可以依据站点结构配置活动目录的访问和复制拓扑关系,使得网络更有效地连接,并且可使复制策略更合理,用户登录更快速。活动目录中的站点与域是两个完全独立的概念,一个站点中可以有多个域,多个站点也可以位于同一个域中。

活动目录站点和服务可以通过使用站点提高大多数配置目录服务的效率。通过使用活动目录站点和服务来发布站点,并提供有关网络物理结构的信息,从而确定如何复制目录信息和处理服务的请求。计算机站点是根据其在子网或组已连接好子网中的位置指定的,子网用来为网络分组,类似于生活中使用邮政编码划分地址。划分子网可方便发送有关网络与目录连接的物理信息,而且同一子网中计算机的连接情况通常优于不同网络。

使用站点的意义主要在于以下 3 点。

（1）提高了验证过程的效率。当客户使用域账户登录时，登录机制首先搜索与客户处于同一站点内的域控制器，使用客户站点内的域控制器可以使网络传输本地化，从而加快了身份验证的速度，提高了验证过程的效率。

（2）平衡了复制频率。活动目录信息可在站点内部或站点之间进行信息复制，但由于网络的原因，活动目录在站点内部复制信息的频率高于站点间的复制频率，这样做可以平衡对最新目录的信息需求和可用网络带宽带来的限制，可以通过站点链接来定制活动目录如何复制信息以指定站点的连接方法，活动目录使用有关站点如何连接的信息生成连接对象，以便提供有效的复制和容错。

（3）可提供有关站点链接信息。活动目录可使用站点链接信息费用、链接使用次数、链接何时可用以及链接使用频度等信息确定应使用哪个站点来复制信息以及何时使用该站点。定制复制计划使复制在特定时间（诸如网络传输空闲时）进行，会使复制更为有效。通常所有域控制器都可用于站点间信息的变换，也可以通过指定桥头堡服务器优先发送和接收站间复制信息的方法进一步控制复制行为。当拥有希望用于站间复制的特定服务器时，我们宁愿建立一台桥头堡服务器而不使用其他可用服务器。或在配置代理服务器时建立一台桥头堡服务器，用于通过防火墙发送和接收信息。

**7. 目录分区**

AD DS 数据库被逻辑地分为下面 4 个目录分区（Directory Partition）。

- 架构目录分区（Schema Directory Partition）：其内存储着整个林中所有对象与属性的定义数据，也存储着如何建立新对象与属性的规则。整个林内所有域共享一份相同的架构目录分区，它会被复制到林中所有域的所有域控制器中。

- 配置目录分区（Configuration Directory Partition）：其内存储着整个 AD DS 的结构，例如，有哪些域、哪些站点、哪些域控制器等数据。整个林共享一份相同的配置目录分区，它会被复制到林中所有域的所有域控制器中。

- 域目录分区（Domain Directory Partition）：每一个域各有一个域目录分区，其内存储着与该域有关的对象，例如，用户、组与计算机等对象。每一个域各自拥有一份域目录分区，它只会被复制到该域内的所有域控制器中，但并不会被复制到其他域的域控制器中。

- 应用程序目录分区（Application Directory Partition）：一般来说，应用程序目录分区是由应用程序所建立的，其内存储着与该应用程序有关的数据，例如，由 Windows Server 2012 R2 扮演的 DNS 服务器。若所建立的 DNS 区域为 Active Directory 集成区域，则它便会在 AD DS 数据库内建立应用程序目录分区，以便存储该区域的数据。应用程序目录分区会被复制到林中特定的域控制器中，而不是所有域控制器中。

## 2.1.9  认识活动目录的物理结构

活动目录物理结构与逻辑结构是彼此独立的两个概念。逻辑结构侧重于网络资源的管理，而物理结构则侧重于网络的配置和优化。物理结构的 3 个重要概念是域控制器、只读域控制器和全局编录服务器。

**1. 域控制器**

域控制器是指安装了活动目录的 Windows Server 2012 的服务器,它保存了活动目录信息的副本。域控制器管理目录信息的变化,并把这些变化复制到同一个域中的其他域控制器上,使各域控制器上的目录信息同步。域控制器负责用户的登录过程以及其他与域有关的操作,如身份鉴定、目录信息查找等。一个域可以有多台域控制器,规模较小的域可以只有两台域控制器,一台实际应用,另一台用于容错性检查,规模较大的域则使用多台域控制器。

域控制器没有主次之分,采用多主机复制方案,每一台域控制器都有一个可写入的目录副本,这为目录信息容错带来了无尽的好处。尽管在某个时刻,不同的域控制器中的目录信息可能有所不同,但一旦活动目录中的所有域控制器执行同步操作之后,最新的变化信息就会一致。

**2. 只读域控制器**

只读域控制器(Read-Only Domain Controller,RODC)的 AD DS 数据库只可以被读取、不可以被修改,也就是说用户或应用程序无法直接修改 RODC 的 AD DS 数据库。RODC 的 AD DS 数据库内容只能够从其他可读/写的域控制器复制过来。RODC 主要是设计给远程分公司网络来使用的,因为一般来说远程分公司的网络规模比较小、用户人数比较少,此网络的安全措施或许并不如总公司完备,也可能缺乏 IT 技术人员,因此采用 RODC 可避免因其 AD DS 数据库被破坏而影响到整个 AD DS 环境。

1) RODC 的 AD DS 数据库内容

除了账户的密码之外,RODC 的 AD DS 数据库内会存储 AD DS 域内的所有对象与属性。远程分公司内的应用程序要读取 AD DS 数据库内的对象时,可以通过 RODC 来快速获取。不过因为 RODC 并不存储用户账户的密码,因此它在验证用户名称与密码时,仍然需将它们送到总公司的可写域控制器来验证。

由于 RODC 的 AD DS 数据库是只读的,因此远程分公司的应用程序如果要修改 AD DS 数据库的对象或用户要修改密码,这些变更请求都会被转发到总公司的可写域控制器来处理,总公司的可写域控制器再通过 AD DS 数据库的复制程序将这些变动数据复制到 RODC 中。

2) 单向复制(Unidirectional Replication)

总公司的可写域控制器的 AD DS 数据库有变动时,此变动数据会被复制到 RODC。然而因为用户或应用程序无法直接修改 RODC 的 AD DS 数据库,故总公司的可写域控制器不会向 RODC 索取变动数据,因而可以降低网络的负担。

除此之外,可写域控制器通过 DFS 分布式文件系统将 SYSVOL 文件夹(用来存储与组策略有关等的设置)复制给 RODC 时,也采用单向复制。

3) 验证缓存(Credential Caching)

RODC 在验证用户的密码时,仍然需要将它们送到总公司的可写域控制器来验证。若希望提高验证速度,可以选择将用户的密码存储到 RODC 的验证缓存区。有时需要通过密码复制策略(Password Replication Policy)来选择可以被 RODC 缓存的账户。建议不要缓存太多账户,因为分公司的安全措施可能比较差,若 RODC 被入侵,则存储在缓存区内的验证信息可能会被外泄。

4）系统管理员角色隔离（Administrator Role Separation）

可以通过系统管理员角色隔离功能来将任何一位域用户指定为 RODC 的本机系统管理员，他可以在 RODC 这台域控制器上登录并执行管理工作，如更新驱动程序等，但他却无法登录其他域控制器，也无法执行其他域管理工作。此功能可以将 RODC 的一般管理工作分配给用户，但却不会危害到域安全。

5）只读域名系统（Read-Only Domain Name System）

可以在 RODC 上架设 DNS 服务器，RODC 会复制 DNS 服务器的所有应用程序目录分区。客户端可向扮演 RODC 角色的 DNS 服务器提出 DNS 查询要求。

不过 RODC 的 DNS 服务器不支持客户端动态更新，因此客户端的更新记录请求会被该 DNS 服务器转发到其他 DNS 服务器，让客户端转向该 DNS 服务器进行更新，而 RODC 的 DNS 服务器也会自动从这台 DNS 服务器复制更新记录。

**3. 全局编录服务器**

尽管活动目录支持多主机复制方案，然而由于复制引起通信流量以及网络潜在的冲突，变化的传播并不一定能够顺利进行，因此有必要在域控制器中指定全局编录（Global Catalog，GC）服务器以及操作主机。全局编录是个信息仓库，包含活动目录中所有对象的部分属性，是在查询过程中访问最为频繁的属性。利用这些信息，可以定位任何一个对象实际所在的位置。全局编录服务器是一台域控制器，它保存了全局编录的一份副本，并执行对全局编录的查询操作。全局编录服务器可以提高活动目录中大范围内对象检索的性能，比如，在域目录林中查询所有的打印机操作。如果没有全局编录服务器，那么必须调动域目录林中每一个域的查询过程。如果域中只有一台域控制器，那么它就是全局编录服务器；如果有多台域控制器，那么管理员必须把一台域控制器配置为全局编录服务器。

# 2.2 项目设计及准备

## 2.2.1 项目设计

下面利用图 2-3 来说明如何建立第 1 个林中的第 1 个域（根域）：我们先安装一台 Windows Server 2012 R2 服务器，然后将其升级为域控制器并建立域。我们也将架设此域的第二台域控制器（Windows Server 2012 R2）、第三台域控制器（Windows Server 2012 R2）、一台成员服务器（Windows Server 2012 R2）和一台加入 AD DS 域的 Windows 10 计算机。

提示　建议利用 VMWare Workstation 或 Windows Server 2012 R2 Hyper-V 等提供虚拟环境的软件来搭建图中的网络环境。若复制（克隆）现有虚拟机，记得要执行 Sysprep.exe 并选中【通用】选项。

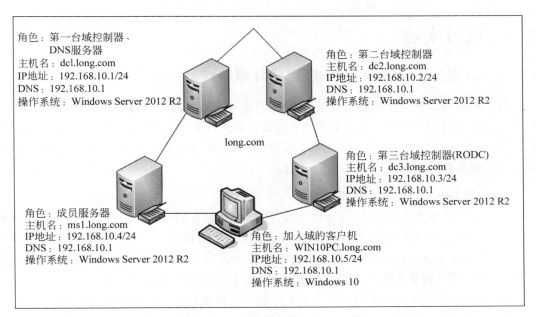

角色：第一台域控制器、
　　　DNS服务器
主机名：dc1.long.com
IP地址：192.168.10.1/24
DNS：192.168.10.1
操作系统：Windows Server 2012 R2

角色：第二台域控制器
主机名：dc2.long.com
IP地址：192.168.10.2/24
DNS：192.168.10.1
操作系统：Windows Server 2012 R2

long.com

角色：第三台域控制器(RODC)
主机名：dc3.long.com
IP地址：192.168.10.3/24
DNS：192.168.10.1
操作系统：Windows Server 2012 R2

角色：成员服务器
主机名：ms1.long.com
IP地址：192.168.10.4/24
DNS：192.168.10.1
操作系统：Windows Server 2012 R2

角色：加入域的客户机
主机名：WIN10PC.long.com
IP地址：192.168.10.5/24
DNS：192.168.10.1
操作系统：Windows 10

图 2-3　AD DS 网络规划拓扑图

## 2.2.2　项目准备

现将图 2-3 左上角的服务器升级为域控制器(安装 Active Directory 域服务)，因为它是第一台域控制器，因此这个升级操作会同时完成下面的工作。

- 建立第一个新林。
- 建立此新林中的第一个域目录树。
- 建立此新域目录树中的第一个域。
- 建立此新域中的第一台域控制器。

换句话说，在建立第一台域控制器 dc1.long.com 时，它就会同时建立此域控制器所隶属的域 long.com、建立域 long.com 所隶属的域目录树，而域 long.com 也是此域目录树的根域。由于是第一棵域树，因此它同时会建立一个新林，林名称就是第一个域目录树根域的域名 long.com，域 long.com 就是整个林的林根域。

我们将通过新建服务器角色的方式，将图 2-3 中左上角的服务器 dc1.long.com 升级为网络中的第一台域控制器。

　　超过一台的计算机参与部署环境时，一定要保证各计算机间的通信畅通，否则无法进行后续的工作。当使用 ping 命令测试失败时，有两种可能：一种情况是计算机之间配置确实存在问题，比如，IP 地址、子网掩码等；另一种情况也可能是计算机之间通信是畅通的，但由于对方防火墙等阻挡了 ping 命令的执行。第二种情况可以参考《Windows Server 2012 网络操作系统项目教程(第 4 版)》(ISBN：978-7-115-42210-1)一书。

# 2.3 项目实施

## 2.3.1 任务 1 创建第一个域(目录林根级域)

由于域控制器所使用的活动目录和 DNS 有着非常密切的关系,因此网络中要求有 DNS 服务器存在,并且 DNS 服务器要支持动态更新。如果没有 DNS 服务器存在,可以在创建域时一起把 DNS 安装上。这里假设图 2-3 中的 DC1 服务器未安装 DNS,并且是该域林中的第一台域控制器。

### 1. 安装 Active Directory 域服务

活动目录在整个网络中的重要性不言而喻。经过 Windows Server 2003 和 Windows Server 2008 的不断完善,Windows Server 2012 中的活动目录服务功能更加强大,管理更加方便。在 Windows Server 2012 操作系统中安装活动目录时,需要先安装 Active Directory 域服务,然后将此服务器提升为域控制器安装向导并完成活动目录的安装。

Active Directory 域服务的主要作用是存储目录数据并管理域之间的通信,包括用户登录处理、身份验证和目录搜索等。

**STEP 1** 请先在图 2-3 中左上角的服务器 dc1.long.com 上安装 Windows Server 2012 R2,将其计算机名称设置为 DC1,IPv4 地址等按如图 2-3 所示进行配置。注意将计算机名称设置为 DC1 即可,等升级为域控制器后,它会自动被改为 dc1.long.com。

**STEP 2** 以管理员用户身份登录到 DC1 上,依次打开【开始】→【管理工具】→【服务器管理器】→【仪表板】。单击【添加角色和功能】按钮,出现如图 2-4 所示的【添加角色和功能向导】界面。

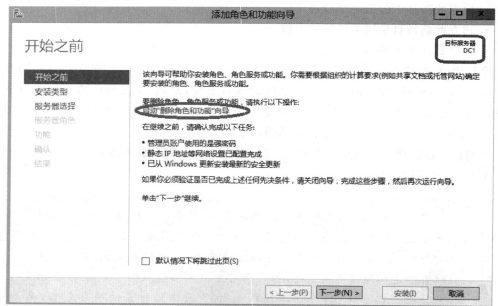

图 2-4 【添加角色和功能向导】界面

如果安装完 AD 服务后，需要删除该服务角色，请在此单击【启动"删除角色和功能"向导】按钮，完成 Active Directory 域服务的删除。

**STEP 3** 直到显示如图 2-5 所示的【选择服务器角色】对话框时，选中【Active Directory 域服务】复选框，再在打开的对话框中单击【添加功能】按钮。

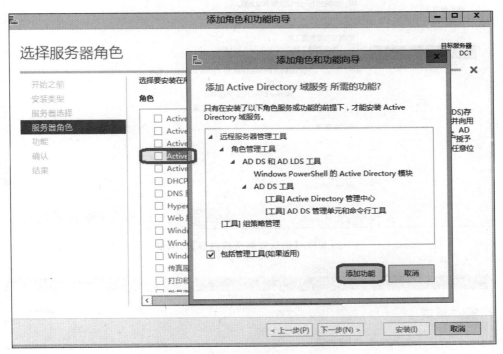

图 2-5  选择服务器角色

**STEP 4** 持续单击【下一步】按钮，直到显示如图 2-6 所示的【确认安装所选内容】对话框。

**STEP 5** 单击【安装】按钮即可开始安装。安装完成后显示图 2-7 所示的【安装进度】对话框，提示 Active Directory 域服务已经成功安装。单击【将此服务器提升为域控制器】选项。

如果在图 2-7 中直接单击【关闭】按钮，则之后要将其提升为域控制器，请按图 2-8 所示单击服务器管理器右上方的旗帜符号，再单击【将此服务器提升为域控制器】选项。

**2. 安装活动目录**

**STEP 1** 在图 2-7 或图 2-8 中单击【将此服务器提升为域控制器】选项，显示如图 2-9 所示的【部署配置】对话框，选择【添加新林】单选按钮，设置林根域名（本例为 long.com），创建一台全新的域控制器。如果网络中已经存在其他域控制器或林，则可以选择【现有林】单选按钮，在现有林中安装。

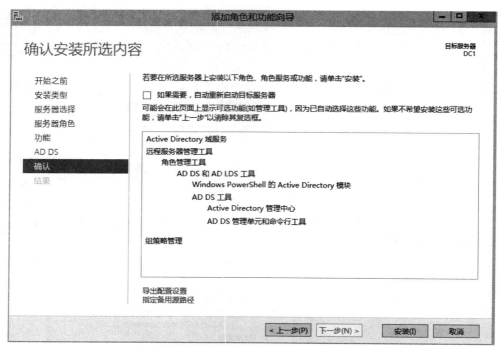

图 2-6 【确认安装所选内容】对话框

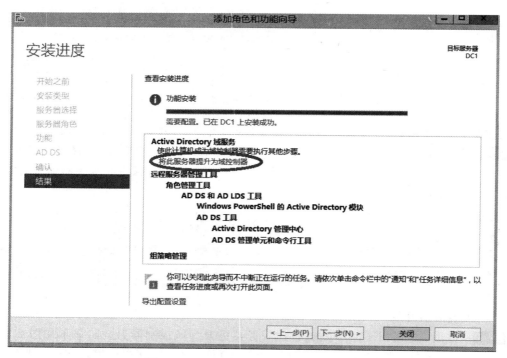

图 2-7 Active Directory 域服务安装成功

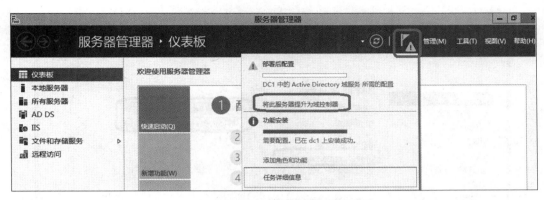

图 2-8　将此服务器提升为域控制器

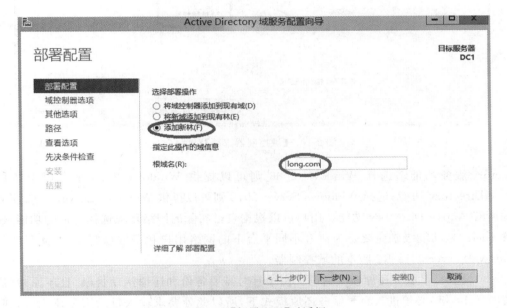

图 2-9　【部署配置】对话框

3 个选项的具体含义如下。

- 将域控制器添加到现有域：可以向现有域添加第二台或更多台域控制器。
- 将新域添加到现有林：在现有林中创建现有域的子域。
- 添加新林：新建全新的域。

> 网络中既可以配置一台域控制器，也可以配置多台域控制器，以分担用户的登录和访问。多台域控制器可以一起工作，并会自动备份用户账户和活动目录数据，即使部分域控制器瘫痪后，网络访问仍然不受影响，从而提高网络的安全性和稳定性。

**STEP 2**　单击【下一步】按钮，显示如图 2-10 所示的【域控制器选项】对话框。

（1）设置林功能和域功能级别。不同的林功能级别可以向下兼容不同平台的 Active

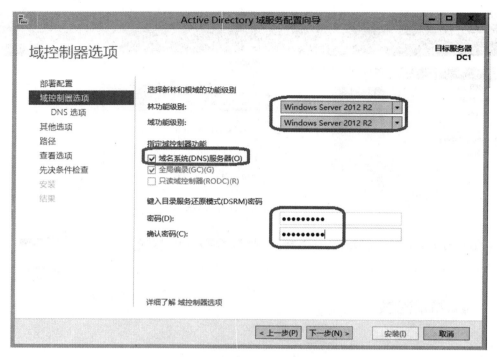

图 2-10 【域控制器选项】对话框

Directory 服务功能。选择 Windows 2008 则可以提供 Windows 2008 平台以上的所有 Active Directory 功能；选择 Windows Server 2012 则可以提供 Windows Server 2012 平台以上的所有 Active Directory 功能。用户可以根据自己实际的网络环境选择合适的功能级别。设置不同的域功能级别主要是为兼容不同平台下的网络用户和子域控制器，在此只能设置 Windows Server 2012 R2 版本的域控制器。

（2）设置目录服务还原模式密码。由于有时需要备份和还原活动目录，且还原时（启动系统时按 F8 键）必须进入目录服务还原模式下，所以此处要求输入目录服务还原模式时使用的密码。由于该密码和管理员密码可能不同，所以一定要牢记该密码。

（3）指定域控制器功能。默认在此服务器上直接安装 DNS 服务器。如果这样做，该向导将自动创建 DNS 区域委派。无论 DNS 服务器服务是否与 AD DS 集成，都必须将其安装在部署的 AD DS 目录林根级域的第一台域控制器上。

（4）第一台域控制器需要扮演全局编录服务器的角色。

（5）第一台域控制器不可以是只读域控制器（RODC）。

　提示　安装后若要设置"林功能级别"来登录域控制器，可打开【Active Directory 域和信任关系】对话框，右击【Active Directory 域和信任关系】，在弹出的快捷菜单中选择【提升林功能级别】命令，选择相应的林功能级别即可。

STEP 3　单击【下一步】按钮，显示如图 2-11 所示的【DNS 选项】对话框，目前不会有影响，因此不必理会它，直接单击【下一步】按钮。

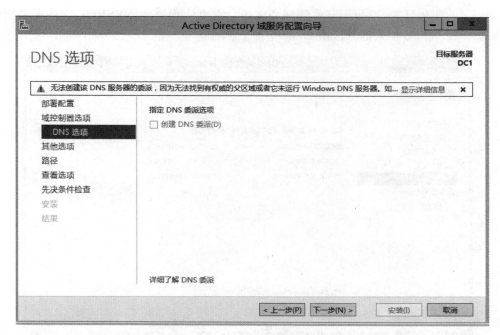

图 2-11　【DNS 选项】对话框

**STEP 4**　在如图 2-12 所示窗口中会自动为此域设置一个 NetBIOS 名称,也可以更改名称。如果此名称已被占用,安装程序会自动指定一个建议名称,完成后单击【下一步】按钮。

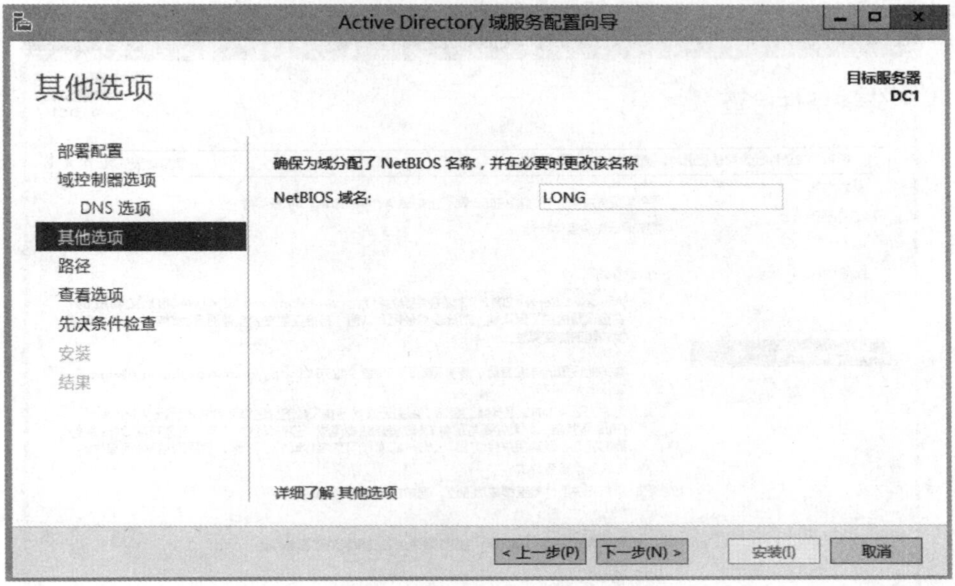

图 2-12　【其他选项】对话框

**STEP 5**　显示如图 2-13 所示的【路径】对话框,可以单击【浏览】按钮更改为其他路径。其中,数据库文件夹用来存储互动目录数据库;日志文件文件夹用来存储活动目录的变化日志，以便于日常管理和维护。需要注意的是，SYSVOL 文件夹必须保存在 NTFS 格式的分区中。

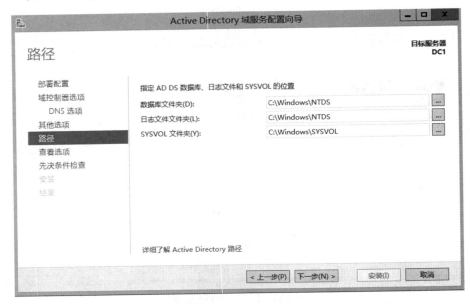

图 2-13　设置 AD DS 数据库、日志文件和 SYSVOL 的位置

**STEP 6**　接下来进入【查看选项】对话框，单击【下一步】按钮。

**STEP 7**　在如图 2-14 所示的【先决条件检查】对话框中，如果顺利通过检查，就直接单击【安装】按钮，否则要按提示先排除问题。安装完成后服务器会自动重新启动。

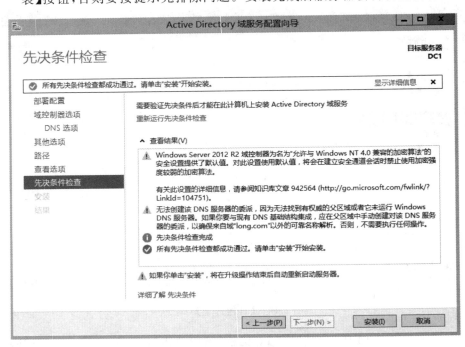

图 2-14　【先决条件检查】对话框

**STEP 8**　重新启动计算机,升级为 Active Directory 域控制器之后,必须使用域用户账户登录,格式为"域名\用户账户",如图 2-15(a)所示。单击左侧箭头可以更换登录用户,比如,选择其他用户,如图 2-15(b)所示。

(a) 域用户登录界面　　　　　　　　　　(b) 其他用户登录界面

图 2-15　用域用户账号登录

- 用 SamAccountName 登录:用户也可以利用此名称(contoso\wang)来登录。其中 wang 是 NetBIOS 名。同一个域中此名称必须是唯一的。Windows NT/Windows 98 等旧版系统不支持 UPN,因此在这些计算机上登录时,只能使用此登录名。如图 2-15(a)所示即为此种登录。

- 用 UPN 登录:用户可以利用这个域电子邮箱格式相同的名称(administrator@long.com)来登录域,此名称被称为 User Principal Name(UPN)。此名在林中是唯一的。如图 2-15(b)所示即为此种登录。

**3. 验证 Active Directory 域服务的安装**

活动目录安装完成后,在 DC1 上可以从各方面进行验证。

1) 查看计算机名

选择【开始】→【控制面板】→【系统和安全】→【系统】→【高级系统设置】命令,打开【计算机】选项卡,可以看到计算机已经由工作组成员变成了域成员,而且是域控制器。

2) 查看管理工具

活动目录安装完成后,会添加一系列的活动目录管理工具,包括【Active Directory 用户和计算机】、【Active Directory 站点和服务】、【Active Directory 域和信任关系】等。选择【开始】→【管理工具】命令,可以在【管理工具】窗口中找到这些管理工具的快捷方式。

3) 查看活动目录对象

打开【Active Directory 用户和计算机】管理工具,可以看到企业的域名 long.com。单击该域,窗口右侧的详细信息窗格中会显示域中的各个容器。其中包括一些内置容器,主要有以下几种。

- built-in:存放活动目录域中的内置组账户。
- computers:存放活动目录域中的计算机账户。
- users:存放活动目录域中的一部分用户和组账户。
- Domain Controllers:存放域控制器的计算机账户。

4) 查看 Active Directory 数据库

Active Directory 数据库文件保存在 % systemroot% \ NTDS(本例为"C:\ Windows\ NTDS")文件夹中,主要的文件如下。

- ntds.dit：数据库文件。
- edb.chk：检查点文件。
- temp.edb：临时文件。

5）查看 DNS 记录

为了让活动目录正常工作，需要 DNS 服务器的支持。活动目录安装完成后，重新启动 DC1 时会向指定的 DNS 服务器上注册 SRV 记录。

依次打开【开始】→【管理工具】→DNS，或者在【服务器管理器】窗口中单击右上方的【工具】菜单并选择 DNS，打开【DNS 管理器】窗口。一个注册了 SRV 记录的 DNS 服务器如图 2-16 所示。

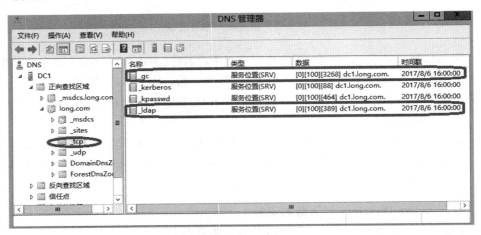

图 2-16　注册 SRV 记录

如果因为域成员本身的设置有误或者网络问题，造成它们无法将数据注册到 DNS 服务，则可以在问题解决后，重新启动这些计算机或利用以下方法来手动注册。

- 如果某域成员计算机的主机名与 IP 地址没有正确注册到 DNS 服务器，可到此计算机上运行 ipconfig /registerdns 来手动注册完成后，到 DNS 服务器检查是否已有正确记录，例如，域成员主机名为 dc1.long.com，IP 地址为 192.168.10.1，则请检查区域 long.com 内是否有 DC1 的主机记录、其 IP 地址是否为 192.168.10.1。
- 如果发现域控制器并没有将其扮演的角色注册到 DNS 服务器内，也就是并没有如图 2-16 所示的 _tcp 等文件夹与相关记录，请到此台域控制器上依次选择【开始】→【管理工具】→【服务】命令打开如图 2-17 所示的【服务】窗口，选中 Netlogon 服务并右击，再选择【重新启动】命令来注册。

具体操作也可以使用以下命令。

```
net stop netlogon
net start netlogon
```

试一试　SRV 记录手动添加无效。将注册成功的 DNS 服务器中 long.com 域下面的 SRV 记录删除一些，试着在域控制器上使用上面的命令恢复 DNS 服务器被删除的内容（要使用【刷新】命令进行界面更新）。

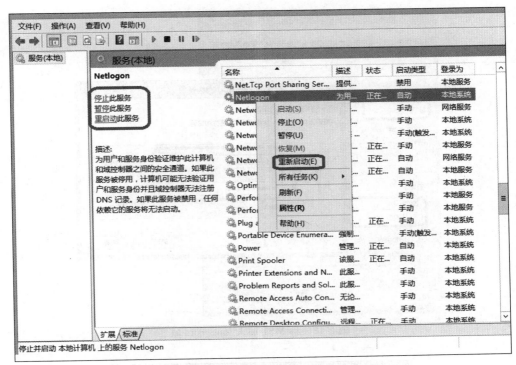

图 2-17    重新启动 Netlogon 服务

## 2.3.2    任务 2    加入 long. com 域

下面再将 MS1 独立服务器加入 long. com 域,将 MS1 提升为 long. com 的成员服务器。其具体操作步骤如下。

**STEP 1**    首先在 MS1 服务器上确认"本地连接"属性中的 TCP/IP 首选 DNS 指向了 long. com 域的 DNS 服务器,即 192. 168. 10. 1。

**STEP 2**    依次选择【开始】→【控制面板】→【系统和安全】→【系统】→【高级系统设置】命令,弹出【系统属性】对话框。选择【计算机名】选项卡,单击【更改】按钮,弹出【计算机名/域更改】对话框。在【隶属于】选项区中选择【域】单选按钮,并输入要加入的域的名字 long. com,单击【确定】按钮。

**STEP 3**    输入有权限加入该域账户的名称和密码,确定后重新启动计算机即可。比如,该域控制器的管理员账户如图 2-18 所示。

**STEP 4**    加入域后,其完整计算机名的后面就会附上域名,如图 2-19 所示的 ms1. long. com。单击【关闭】按钮,按照界面提示重新启动计算机。

提示

(1) Windows 10 的计算机加入域中的步骤和 Windows Server 2012 R2 加入域中的步骤是一样的。

(2) 这些被加入域的计算机,其计算机账户会被创建在 Computers 窗口内。

图 2-18　将 MS1 加入 long.com 域

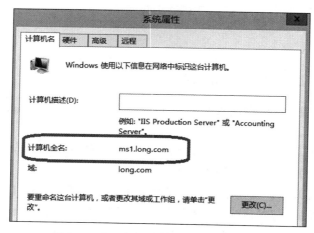

图 2-19　加入 long.com 域后的系统属性

### 2.3.3　任务 3　利用已加入域的计算机登录

我们也可以在已经加入域的计算机上，利用本地域用户账户进行登录。

**1. 利用本地域用户账户登录**

在登录界面中按 Ctrl＋Alt＋Del 组合键后，将出现如图 2-20 所示的界面，图中默认可以利用本地系统管理员 Administrator 的身份登录，因此只要输入 Administrator 的密码就可以登录。

此时，系统会利用本地安全性数据库来检查账户与密码是否正确，如果正确，就可以成

图 2-20　本地域用户账户登录

功登录,也可以访问计算机内的资源(若有权限),不过无法访问域内其他计算机的资源,除非在连接其他计算机时再输入有权限的用户名与密码。

**2. 利用域用户账户登录**

如果要更改利用域系统管理员 Administrator 的身份登录,请单击如图 2-20 所示的人像左方的箭头图标,然后单击【其他用户】链接,打开如图 2-21 所示的【其他用户】登录对话框,输入域系统管理员的账户(long\administrator)与密码,单击按钮 → 进行登录。

图 2-21　域用户账户登录

账户名前面要附加域名,例如 long.com\administrator 或 long\administrator,此时账户与密码会被发送给域控制器,并利用 Active Directory 数据库来检查账户与密码是否正确,如果正确,就可以登录成功,并且可以直接连接域内任何一台计算机并访问其中的资源(如果被赋予权限),不需要手动输入用户名与密码。当然,也可以用 UPN 登录,形如 administrator@long.com。

思考题:在图 2-20 中,如何利用本地域用户账户登录?用户名输入"ms1\administrator"及相应密码可以吗?

## 2.3.4　任务 4　安装额外的域控制器与 RODC

一个域内若有多台域控制器,便可以拥有以下优势。

- 改善用户登录的效率:若同时有多台域控制器来对客户端提供服务,可以分担用户身份验证(账户与密码)的负担,提高用户登录的效率。
- 容错功能:若有域控制器故障,此时仍然可以由其他正常的域控制器来继续提供服务,因此对用户的服务并不会停止。

在安装额外域控制器(Additional Domain Controller)时,需要将 AD DS 数据库由现有的域控制器复制到这台新的域控制器中，若数据库非常庞大，这个复制操作势必会增加网络负担，尤其是这台新域控制器位于远程网络内。系统提供了两种复制 AD DS 数据库的方式。

- 通过网络直接复制：若 AD DS 数据库庞大，此方法会增加网络负担、影响网络效率。
- 通过安装介质：需要事先到一台域控制器内制作安装介质（Installation Media），其中包含 AD DS 数据库，接着将安装介质复制到 U 盘、CD、DVD 等媒体或共享文件夹内。然后在安装额外域控制器时，要求安装向导到这个媒体内读取安装介质内的 AD DS 数据库，这种方式可以大幅降低对网络所造成的负担。若在安装介质制作完成之后，现有域控制器的 AD DS 数据库内有新变动数据，这些少量数据会在完成额外域控制器的安装后，再通过网络自动复制过来。

下面同时说明如何将图 2-22 中右上角的 dc2. long. com 升级为常规额外域控制器（可写域控制器），将右下角的 dc3. long. com 升级为只读域控制器（RODC）。

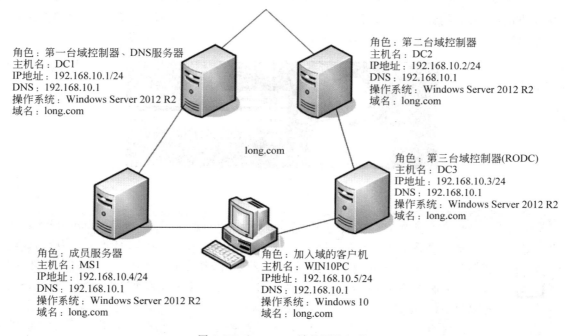

角色：第一台域控制器、DNS服务器
主机名：DC1
IP地址：192.168.10.1/24
DNS：192.168.10.1
操作系统：Windows Server 2012 R2
域名：long.com

角色：第二台域控制器
主机名：DC2
IP地址：192.168.10.2/24
DNS：192.168.10.1
操作系统：Windows Server 2012 R2
域名：long.com

long.com

角色：第三台域控制器(RODC)
主机名：DC3
IP地址：192.168.10.3/24
DNS：192.168.10.1
操作系统：Windows Server 2012 R2
域名：long.com

角色：成员服务器
主机名：MS1
IP地址：192.168.10.4/24
DNS：192.168.10.1
操作系统：Windows Server 2012 R2
域名：long.com

角色：加入域的客户机
主机名：WIN10PC
IP地址：192.168.10.5/24
DNS：192.168.10.1
操作系统：Windows 10
域名：long.com

图 2-22　long. com 域的网络拓扑

### 1. 利用网络直接复制安装额外控制器

**STEP 1**　先在图 2-22 中的服务器 dc2. long. com 与 dc3. long. com 上安装 Windows Server 2012 R2，将计算机名称分别设定为 DC2 与 DC3，IPv4 地址等按照如图 2-22 所示来设置（图中采用 TCP/IPv4）。注意将计算机名称分别设置为 DC2 与 DC3 即可，等升级为域控制器后，它们会被自动更改为 dc2. long. com 与 dc3. long. com。

**STEP 2**　安装 Active Directory 域服务。操作方法与安装第一台域控制器的方法完全相同。

**STEP 3**　启动 Active Directory 安装向导，当显示【部署配置】对话框时，选择【将域控制器添加到现有域】单选按钮，单击【更改】按钮，弹出【Windows 安全】对话框，需要指定可以通过相应主域控制器验证的用户账户凭据,该用户账户必须是 Domain Admins 组,拥有域管理员权限。比如,根域控制器的管理员账户为 long\administrator,如图 2-23 所示。

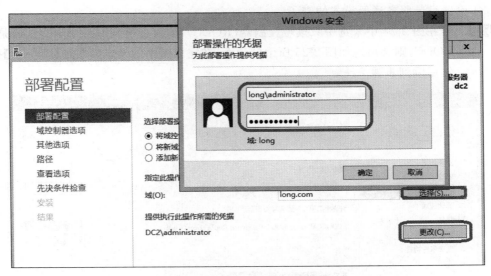

图 2-23　【部署配置】对话框

　只有 Enterprise Admins 或 Domain Admins 内的用户有权利建立其他域控制器。若你现在所登录的账户不隶属于这两个组(如我们现在所登录的账户为本机 Administrator),则需按图 2-23 所示另外指定有权利的用户账户。

**STEP 4**　单击【下一步】按钮,显示如图 2-24 所示的【域控制器选项】对话框。

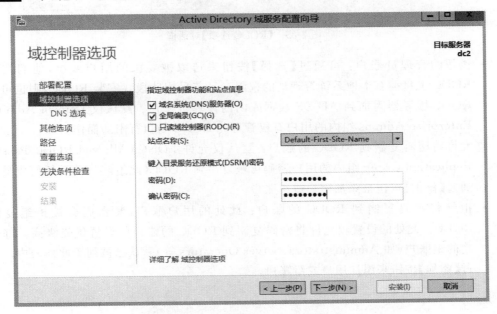

图 2-24　【域控制器选项】对话框

① 选择是否在此服务器上安装 DNS 服务器(默认会安装)。

② 选择是否将其设定为全局编录服务器(默认会设定)。

③ 选择是否将其设置为只读域控制器(默认不会设置)。

④ 设置目录服务还原模式的密码。

**STEP 5** 若在图 2-24 中未选中只读域控制器(RODC),请直接跳到下一个步骤。若是安装 RODC,则会出现如图 2-25 所示的画面,在完成图中的设定后单击【下一步】按钮,然后跳到步骤 7。

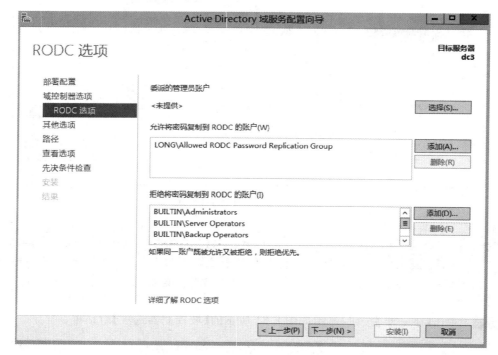

图 2-25 【RODC 选项】对话框

- 委派的管理员账户:可通过【选择】按钮来选取被委派的用户或组,他们在这台 RODC 上将拥有本地系统管理员的权限。且若采用阶段式安装 RODC,则也可将此 RODC 服务器附加到 AD DS 数据库内的计算机账户。默认仅 Domain Admins 或 Enterprise Admins 组内的用户有权管理此 RODC 与执行附加操作。

- 允许将密码复制到 RODC 的账户:默认仅允许 LONG\Allowed RODC Password Replication Group 组内的用户密码可被复写到 RODC(此组默认并无任何成员),可通过【添加】按钮来添加用户或组账户。

- 拒绝将密码复制到 RODC 的账户:此处的用户账户,其密码会被拒绝复制到 RODC。此处的设置较允许将密码复制到 RODC 的账户的设置优先级高。部分内建的组账户(如 Administrators、Server Operators 等)默认已被列于此列表内。可通过【添加】按钮来添加用户或组账户。

注意

　　在安装域中的第一台 RODC 时,系统会自动建立与 RODC 有关的组账户,这些账户会自动被复制给其他域控制器,不过可能需要花费一段时间,尤其是复制给位于不同站点的域控制器时。之后在其他站点安装 RODC 时,若安装向导无法从这些域控制器得到这些域信息,它会显示警告信息,此时请等待这些组信息完成复制后,再继续安装这台 RODC。

**STEP 6**　若不是安装 RODC,会出现如图 2-26 所示的界面。

图 2-26　【DNS 选项】对话框

**STEP 7**　接下来的界面如图 2-27 所示,它会直接从其他任何一台域控制器来复制 AD DS 数据库。

图 2-27　【其他选项】对话框

**STEP 8**　接下来的界面如图 2-28 所示。
- 数据库文件夹:用来存储 AD DS 数据库。
- 日志文件文件夹:用来存储 AD DS 数据库的变更日志,此日志文件可被用来修复 AD DS 数据库。
- SYSVOL 文件夹:用来存储域共享文件(如组策略相关的文件)。出现【查看选项】对话框。

**STEP 9**　在【查看选项】对话框中单击【下一步】按钮。

**STEP 10**　在图 2-29 中,若顺利通过检查,就直接单击【安装】按钮,否则可根据界面提示先排除问题。

**STEP 11**　安装完成后会自动重新启动,请重新登录。

图 2-28 【路径】对话框

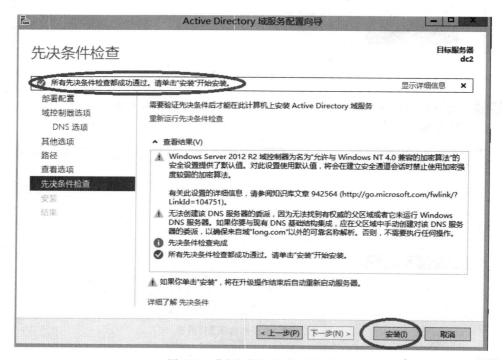

图 2-29 【先决条件检查】对话框

**STEP 12** 分别打开 DC1、DC2、DC3 的 DNS 服务器管理器,检查 DNS 服务器内是否有域控制器 dc2. long. com 与 dc3. long. com 的相关记录,如图 2-30 所示(DC2、DC3上的 DNS 服务器类似)。

这两台域控制器的 AD DS 数据库内容是从其他域控制器复制过来的,而原本这两台计算机内的本地用户账户会被删除。

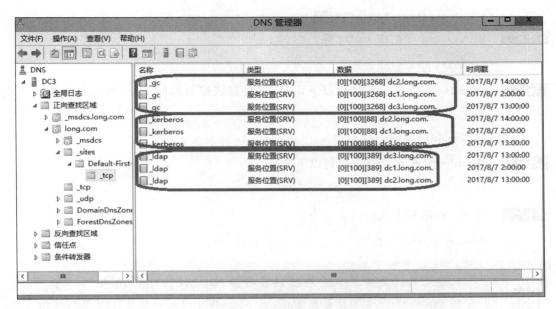

图 2-30　检查 DNS 服务器

**注 意**

　　在服务器 DC1(第一台域控制器)还没有升级成为域控制器之前,原本位于本地安全性数据库内的本地账户,会在升级后被转移到 Active Directory 数据库内,而且是被放置到 Users 容器内,并且这台域控制器的计算机账户会被放置到 Domain Controllers 组织单位内,其他加入域的计算机账户默认会被放置到 Computers 容器内。

　　只有在创建域内的第一台域控制器时,该服务器原来的本地账户才会被转移到 Active Directory 数据库,其他域控制器(如上面范例中的 DC2、DC3)原来的本地账户并不会被转移到 Active Directory 数据库,而是会被删除。

**2. 利用安装介质来安装额外域控制器**

先到一台域控制器上制作安装介质,也就是将 AD DS 数据库存储到安装介质内,并将安装介质复制到 U 盘、CD、DVD 等媒体或共享文件夹内。然后在安装额外域控制器时,要求安装向导从安装介质来读取 AD DS 数据库,这种方式可以大幅降低对网络所造成的负担。

1)制作安装介质

请到现有的域控制器上执行 ntdsutil 命令来制作安装介质。

- 若此安装介质是要给可写域控制器来使用,需到现有的可写域控制器上执行 ntdsutil 指令。
- 若此安装介质是要给 RODC(只读域控制器)来使用,可以到现有的可写域控制器或 RODC 上执行 ntdsutil 指令。

**STEP 1**　请到域控制器上利用域系统管理员的身份登录。

**STEP 2**　选中左下角的【开始】图标并右击选中【命令提示符】(或单击左下方任务栏中的

Windows PowerShell 图标)。

STEP 3　输入以下命令后按 Enter 键。

```
ntdsutil
```

STEP 4　在 ntdsutil 提示符下执行以下命令，它会将域控制器的 AD DS 数据库设置为使用中。

```
activate  instance  ntds
```

STEP 5　在 ntdsutil 提示字符下执行以下命令。

```
ifm
```

STEP 6　在 ifm 提示符下执行以下命令。

```
create  sysvol  full  c:\InstallationMedia
```

> 注意　此命令假设要将安装介质的内容存储到 C:\InstallationMedia 文件夹内。其中的 sysvol 表示要制作包含 ntds.dit 与 sysvol 的安装介质；full 表示要制作供可写域控制器使用的安装介质。若要制作供 RODC 使用的安装介质，请将 full 改为 rodc。

STEP 7　连续执行两次 quit 命令来结束 ntdsutil。图 2-31 为部分操作界面。

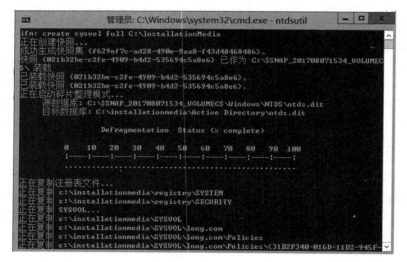

图 2-31　制作安装介质

STEP 8　将整个"C:\InstallationMedia"文件夹内的所有数据复制到 U 盘、CD、DVD 等媒体或共享文件夹内。

2）安装额外域控制器

将包含安装介质的 U 盘、CD 或 DVD 拿到即将扮演额外域控制器角色的计算机上，或将其放到可以访问到的共享文件夹内。

由于利用安装介质来安装额外域控制器的方法都大致相同，因此下面仅列出不同之处。

下面假设安装介质被复制到即将升级为额外域控制器的服务器的"C:\InstallationMedia"文件夹内：在图 2-32 中改为选中【从介质安装】选项，并在路径处指定存储安装介质的文件夹为"C:\InstallationMedia"。

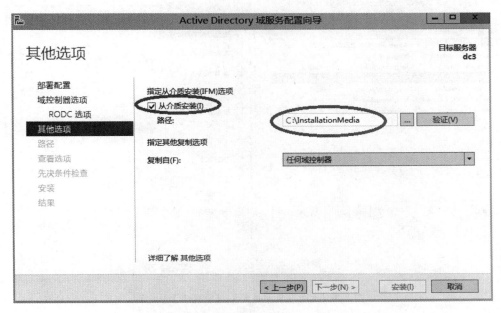

图 2-32　选中【从介质安装】选项

安装过程中会从安装介质所在的文件夹"C:\InstallationMedia"来复制 AD DS 数据库。若在安装介质制作完成之后，现有域控制器的 AD DS 数据库更新数据，这些少量数据会在完成额外域控制器安装后，再通过网络自动复制过来。

### 3. 修改 RODC 的委派与密码复制策略设置

若要修改密码复制策略设置或 RODC 系统管理工作的委派设置，应在开启【Active Directory 用户和计算机】后，在图 2-33 中单击 DC3，再单击上方的属性图标，然后通过图 2-34 中的【密码复制策略】与【管理者】选项卡来设置。

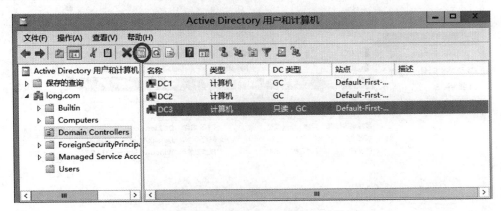

图 2-33　Active Directory 用户和计算机

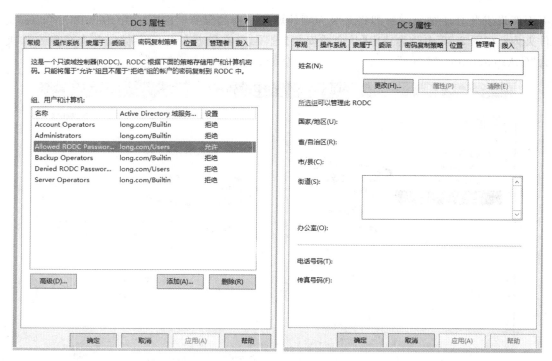

图 2-34　【密码复制策略】与【管理者】选项卡

也可以通过【Active Directory 管理中心】来修改上述设置：在开启【Active Directory 管理中心】后，如图 2-35 所示，单击容器 Domain Controllers 界面中间扮演 RODC 角色的域控制器，再单击右方的属性，然后通过图 2-36 中的【管理者】选项卡与扩展选项区中的【密码复制策略】选项卡来设定。

图 2-35　Active Directory 管理中心

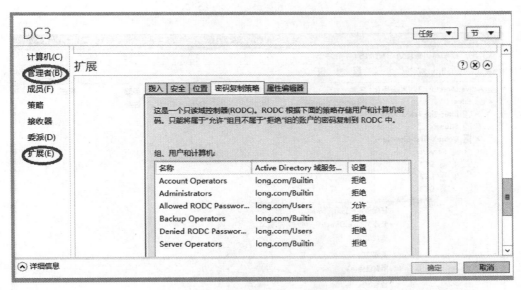

图 2-36　修正已做的设置

**4. 验证额外域控制器运行正常**

DC1 是第一台域控制器,DC2 服务器已经提升为额外域控制器,现在可以将成员服务器 MS1 的首选 DNS 指向 DC1 域控制器,备用 DNS 指向 DC2 额外域控制器。当 DC1 域控制器发生故障,DC2 额外域控制器可以负责域名解析和身份验证等工作,从而实现不间断服务。

**STEP 1** 在 MS1 上配置【首选】为 192.168.10.1,【备用 DNS】为 192.168.10.2。

**STEP 2** 利用 DC1 域控制器的【Active Directory 用户和计算机】建立供测试用的域用户 domainuser1。刷新 DC2、DC3 的【Active Directory 用户和计算机】中的 users 容器,发现 domainuser1 几乎同时同步到了这两台域控制器上。

**STEP 3** 将【DC1 域控制器】暂时关闭,在 VMWare Workstation 中也可以将【DC1 域控制器】暂时挂起。

**STEP 4** 在 MS1 上使用 domainuser1 登录域,观察是否能够登录,结果是可以登录成功的,这样就可以提供 AD 的不间断服务了,也验证了额外域控制器安装的成功。

**STEP 5** 在【服务器管理器】主窗口下,单击【工具】按钮,打开【Active Directory 站点和服务】界面,依次展开 Sites→Default- First- Site- Name→Servers→DC3→NTDS Settings,右击,在弹出的快捷菜单中选择【属性】命令,如图 2-37 所示。

**STEP 6** 在弹出的对话框中取消选中【全局编录】复选框,如图 2-38 所示。

**STEP 7** 在【服务器管理器】主窗口下,单击【工具】按钮,打开【Active Directory 用户和计算机】,展开 Domain Controllers,可以看到 DC2 的【DC 类型】由之前的 GC 变为现在的 DC,如图 2-39 所示。

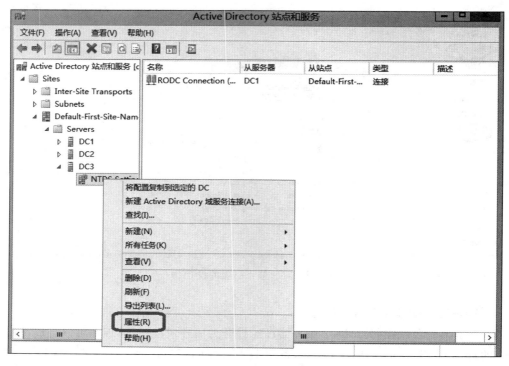

图 2-37    选择【属性】命令

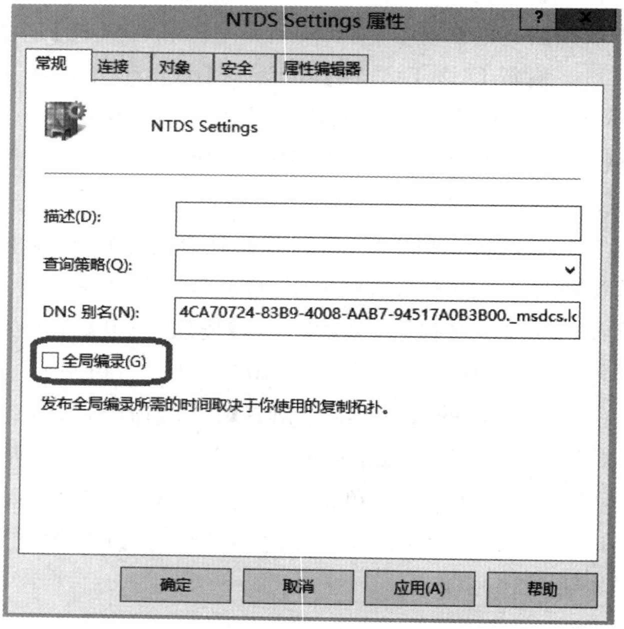

图 2-38    取消选中【全局编录】复选框

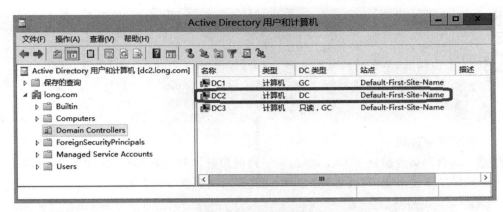

图 2-39　查看【DC 类型】

### 2.3.5　任务 5　转换服务器角色

Windows Server 2012 服务器在域中可以有 3 种角色：域控制器、成员服务器和独立服务器。当一台 Windows Server 2012 成员服务器安装了活动目录后，服务器就成为域控制器，域控制器可以对用户的登录等进行验证。然而 Windows Server 2012 成员服务器可以仅仅加入域中，而不安装活动目录，这时服务器的主要目的是为了提供网络资源，这样的服务器称为成员服务器。严格来说，独立服务器和域没有什么关系，如果服务器不加入域中，也不安装活动目录，服务器就称为独立服务器。服务器的这 3 种角色的改变如图 2-40 所示。

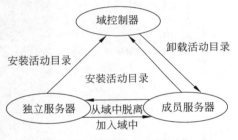

图 2-40　服务器角色的变化

**1. 域控制器降级为成员服务器**

在域控制器上把活动目录删除，服务器就降级为成员服务器了。下面以 DC2 降级为例，介绍具体操作步骤。

1）删除活动目录注意要点

用户删除活动目录也就是将域控制器降级为独立服务器。降级时要注意以下 3 点。

（1）如果该域内还有其他域控制器，则该域会被降级为成员服务器。

（2）如果这台域控制器是该域的最后一台域控制器，则被降级后，该域内将不存在任何域控制器。因此，该域控制器被删除，而该计算机被降级为独立服务器。

（3）如果这台域控制器是"全局编录"，则将其降级后，它将不再担当"全局编录"的角色，因此要先确定网络上是否还有其他"全局编录"域控制器。如果没有，则要先指派一台域控制器来担当"全局编录"的角色，否则将影响用户的登录操作。

提示

指派"全局编录"的角色时，可以依次打开【开始】→【管理工具】→【Active Directory 站点和服务】→Sites→Default-First-Site-Name→Servers，展开要担当"全局编录"角色的服务器名称，右击【NTDS Settings 属性】选项，在弹出的快捷菜单中选择【属性】命令，在显示的【NTDS Settings 属性】对话框中选中【全局编录】复选框。

2）删除活动目录

**STEP 1** 以管理员身份登录 DC2，单击左下角的服务器管理器图标，在如图 2-41 所示的窗口中单击右上方的【管理】菜单下的【删除角色和功能】命令。

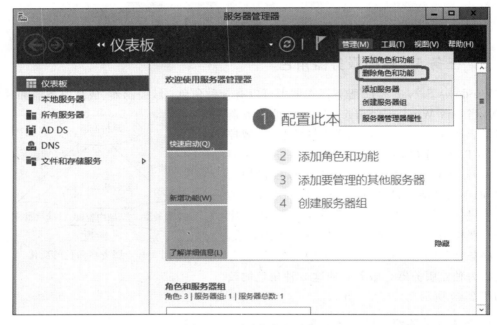

图 2-41　删除角色和功能

**STEP 2** 在如图 2-42 所示的对话框中取消选中【Active Directory 域服务】复选框，单击【删除功能】按钮。

**STEP 3** 出现如图 2-43 所示的界面时，单击【确定】按钮即将此域控制器降级。

**STEP 4** 如果在如图 2-44 所示界面中当前的用户有权删除此域控制器，则单击【下一步】按钮，否则单击【更改】按钮来输入新的账户与密码。

 提示

如果因故无法删除此域控制器（例如，在删除域控制器时，需要能够先连接到其他域控制器，但是却一直无法连接），或者是最后一台域控制器，此时选中图中的【强制删除此域控制器】复选框。

**STEP 5** 在如图 2-45 所示界面中选中【继续删除】复选框后，单击【下一步】按钮。

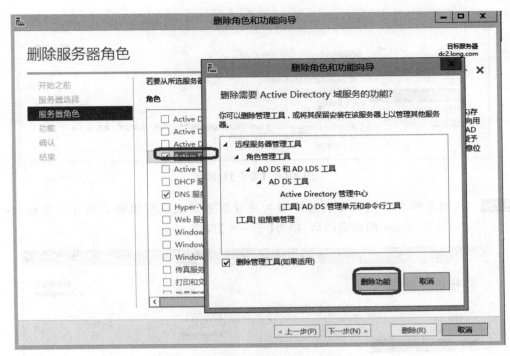

图 2-42　删除服务器角色和功能

图 2-43　验证结果

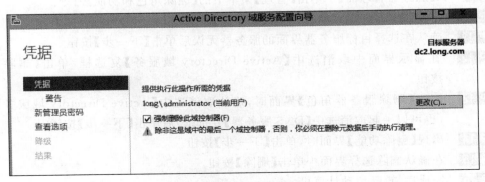

图 2-44　【凭据】对话框

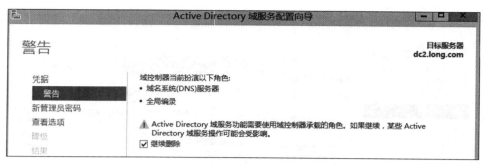

图 2-45 【警告】对话框

**STEP 6** 在图 2-46 中为这台即将被降级为独立服务器或成员服务器的计算机设置本地 Administrator 的新密码后,单击【下一步】按钮。

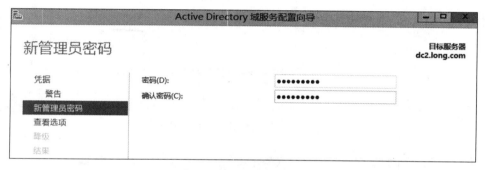

图 2-46 新管理员密码

**STEP 7** 在【查看选项】界面中单击【降级】按钮。

**STEP 8** 完成后会自动重新启动计算机,请重新登录(以域管理员登录,设置的是计算机的本地管理员密码)。

 **注意** 虽然这台服务器已经不再是域控制器了,不过此时其 Active Directory 域服务组件仍然存在,并没有被删除。因此,如果现在要再将其升级为域控制器,可以参考 2.3.4 小节的说明。

**STEP 9** 在【服务器管理器】中单击【管理】菜单下的【删除角色和功能】命令。

**STEP 10** 出现【开始之前】界面时,单击【下一步】按钮。

**STEP 11** 确认在选择目标服务器界面的服务器无误后单击【下一步】按钮。

**STEP 12** 在显示界面中取消选中【Active Directory 域服务】复选框,单击【删除功能】按钮。

**STEP 13** 回到【删除服务器角色】界面时,确认取消选中【Active Directory 域服务】选项(也可以一起取消选中【DNS 服务器】复选框)后单击【下一步】按钮。

**STEP 14** 出现【删除功能】界面时,单击【下一步】按钮。

**STEP 15** 在确认删除选择界面中单击【删除】按钮。

**STEP 16** 完成后,重新启动计算机。

**2. 成员服务器降级为独立服务器**

DC2 中删除 Active Directory 域服务后,降级为域 long. com 的成员服务器。现在将该成员服务器继续降级为独立服务器。

首先在 DC2 上以域管理员(long\administrator)或本地管理员(dc2\ administrator)身份登录。登录成功后,依次选择【开始】→【控制面板】→【系统和安全】→【系统】→【高级系统设置】命令,弹出【系统属性】对话框,选择【计算机名】选项卡,单击【更改】按钮;弹出【计算机名/域更改】窗口;在【隶属于】选项区中选择【工作组】单选按钮,并输入从域中脱离后要加入的工作组的名字(本例为 WORKGROUP),单击【确定】按钮;输入有权限脱离该域的账户的名称和密码,确定后重新启动计算机即可。

# 2.4　习题

**一、填空题**

1. 通过 Windows Server 2012 R2 操作系统组建客户机/服务器模式的网络时,应该将网络配置为_____。

2. 在 Windows Server 2012 R2 操作系统中活动目录存放在_____中。

3. 在 Windows Server 2012 R2 系统中安装_____后,计算机即成为一台域控制器。

4. 同一个域中的域控制器的地位是_____。域目录树中,子域和父域的信任关系是_____。独立服务器上安装了_____就升级为域控制器。

5. Windows Server 2012 R2 服务器的 3 种角色是_____、_____和_____。

6. 活动目录的逻辑结构包括_____、_____、_____和_____。

7. 物理结构的 3 个重要概念是_____、_____和_____。

8. 无论 DNS 服务器服务是否与 AD DS 集成,都必须将其安装在部署的 AD DS 目录林根级域的第_____台域控制器上。

9. Active Directory 数据库文件保存在_____。

10. 解决在 DNS 服务器中未能正常注册 SRV 记录的问题,需要重新启动_____服务。

**二、判断题**

1. 在一台 Windows Server 2012 R2 计算机上安装 AD 后,计算机就成了域控制器。
(　　)

2. 客户机在加入域时,需要正确设置首选 DNS 服务器地址,否则无法加入。(　　)

3. 在一个域中,至少有一台域控制器(服务器),也可以有多台域控制器。(　　)

4. 管理员只能在服务器上对整个网络实施管理。(　　)

5. 域中所有账户信息都存储于域控制器中。(　　)

6. OU 是可以应用组策略和委派责任的最小单位。(　　)

7. 一个 OU 只指定一个受委派管理员,不能为一个 OU 指定多个受委派管理员。
(　　)

8. 同一域目录林中的所有域都显式或者隐式地相互信任。(　　)

9. 一棵域目录树不能称为域目录林。 （　　）

## 三、简答题

1. 什么时候需要安装多棵域目录树？
2. 简述活动目录、域、活动目录树和活动目录林。
3. 简述信任关系。
4. 为什么在域中常常需要 DNS 服务器？
5. 活动目录中存放了什么信息？

# 实训项目　部署与管理活动目录

## 一、实训目的

- 掌握规划和安装局域网中的活动目录的方法。
- 掌握创建目录林根级域的方法。
- 掌握安装额外域控制器的方法。
- 掌握创建子域的方法。
- 掌握创建双向可传递的林信任的方法。
- 掌握备份与恢复活动目录的方法。
- 掌握将服务器 3 种角色相互转换的方法。

## 二、项目环境

随着公司的发展壮大，已有的工作组式的网络已经不能满足公司的业务需要，需要构筑新的网络结构。经过多方论证，确定了公司新的服务器拓扑结构（如图 2-3 所示）。

## 三、项目要求

根据图 2-3 所示的公司域环境，构建满足公司需要的域环境。具体要求如下。

- 创建域 long.com，域控制器的计算机名称为 DC1。
- 检查安装后的域控制器。
- 安装域 long.com 的额外域控制器，域控制器的计算机名称为 DC2。
- 利用介质文件创建 RODC 域控制器，其计算机名称为 DC3。
- 验证额外域控制器是否工作正常。
- 转换 DC2 域控制器为独立服务器。

## 四、实训指导

根据实训项目录像进行项目的实训，检查学习效果。

# 项目 3
# 建立域树和林

**项目背景**

　　未名公司不断发展壮大，并且兼并了我国台湾地区一家公司。现需要在北京、济南和台湾设立分公司。但台湾分公司有自己的域环境，不想重新建立新的域环境。从公司管理的角度，希望实现对各分公司资源的统一管理。作为信息部门领导，需要考虑并确定未名公司的域环境。在这个企业案例中，必然需要子域和域林。

**项目目标**

- 建立第一个域和子域。
- 建立林中的第二棵域目录树。
- 删除子域与域目录树。
- 更改域控制器的计算机名称。

## 3.1　相关知识

　　创建子域通常用于以下几种情况。
- 一个已经从公司中分离出来的独立经营的子公司。
- 有些公司的部门或小组基于对特殊技术的需要，而与其他部门相对独立地运行。
- 基于安全的考虑。

　　创建子域的好处主要有以下几个方面。
- 便于管理自身的用户和计算机，并允许采用不同于父域的管理策略。
- 有利于子域资源的安全管理。

　　在父子域环境中，由于父子域间会建立双向可传递的父子信任关系，因此父域用户默认可以使用子域的计算机；同理，子域用户也可以使用父域的计算机。图 3-1 是子域和目录林的示意图。

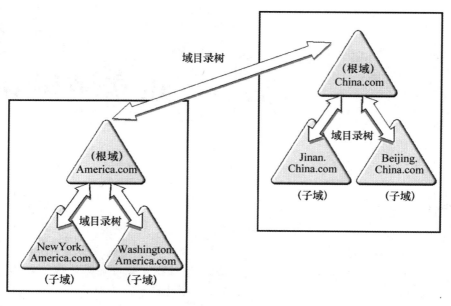

图 3-1　子域和域目录林的示意图

# 3.2　项目设计及准备

基于未名公司的情况，构建如图 3-2 所示的林结构。此林内包含左右两棵域目录树。

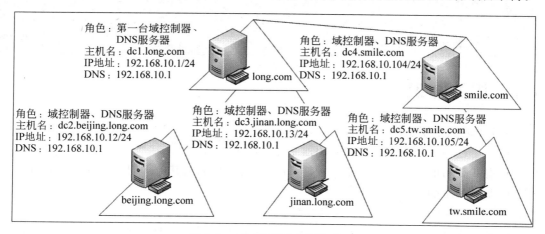

图 3-2　AD DS 网络规划拓扑图

- 左边的域目录树：它是这个林内的第一棵域目录树，其根域的域名为 long.com。根域下有两个子域，分别是 beijing.long.com 与 jinan.long.com，林名称以第一棵域目录树的根域名称来命名，所以这个林的名称就是 long.com。
- 右边的域目录树：它是这个林内的第二棵域目录树，其根域的域名为 smile.com。根域下只有一个子域 tw.smile.com。

建立域之前的准备工作与如何建立图中第一个域 long.com 的方法，都已经在项目 2 中介绍过了。本项目将只介绍如何建立子域（如图中的 beijing. long. com）与第二棵域目录树（如图中的 smile. com）。

# 3.3 项目实施

## 3.3.1 任务 1 创建子域及验证

下面通过将图 3-2 中 dc2. beijing. long. com 升级为域控制器的方式来建立子域 beijing. long. com，这台服务器可以是独立服务器或隶属于其他域的现有成员服务器。请先确定图 3-2 中的根域 long. com 已经建立完成。

### 1. 创建子域

**STEP 1** 在 DC2 上以管理员账户登录，打开【Internet 协议版本 4（TCP/IPv4）属性】对话框，按图 3-2 所示配置 DC2 计算机的 IP 地址、子网掩码以及 DNS 服务器，其中 DNS 服务器一定要设置为自身的 IP 地址和父域的域控制器的 IP 地址。

**STEP 2** 添加【Active Directory 域服务】角色和功能的过程，请参见 2.3.1 小节，这里不再赘述。

**STEP 3** 启动 Active Directory 安装向导（启动方法请参考 2.3.2 小节），当显示【部署配置】对话框时，选择【将新域添加到现有林】单选按钮，单击【未提供凭据】后面的【更改】按钮，出现【Windows 安全】对话框，输入有权限的用户 long\administrator 及其密码，如图 3-3 所示，单击【确定】按钮。

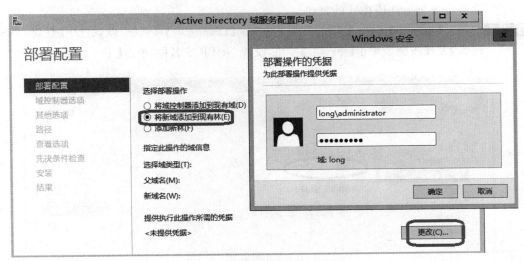

图 3-3 【部署配置】对话框

**STEP 4** 出现提供凭据的【部署配置】对话框，如图 3-4 所示。请选择或输入父域 long. com，输入新域名 beijing。

**STEP 5** 单击【下一步】按钮，显示【域控制器选项】对话框。

① 选择是否在此服务器上安装 DNS 服务器（默认会安装）。

② 选择是否将其设定为全局编录服务器（默认会设定）。

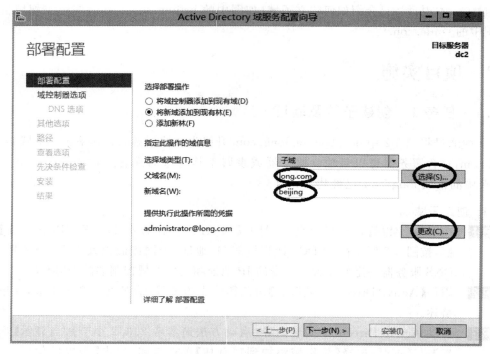

图 3-4　提供凭据的【部署配置】对话框

③ 选择是否将其设置为只读域控制器(默认不会设置)。

④ 设置目录服务还原模式的密码。

**STEP 6**　单击【下一步】按钮,显示如图 3-5 所示的【DNS 选项】对话框,默认选中【创建 DNS 委派】复选按钮。单击【下一步】按钮,设置 NetBIOS 名称,单击【下一步】按钮。

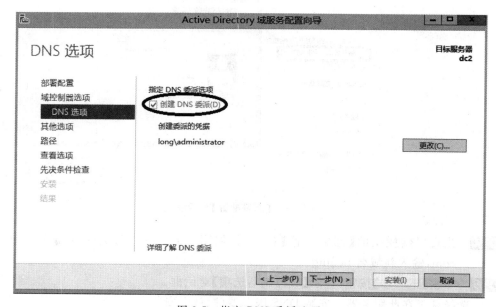

图 3-5　指定 DNS 委派选项

注意

此处选择【创建 DNS 委派】选项。在域中划分多个区域的主要目的是为了简化 DNS 的管理任务，即委派一组权威名称服务器来管理每个区域。采用这样的分布式结构，当域名称空间不断扩展时，各个域的管理员可以有效地管理各自的子域。本例中，安装完成后，beijing 子域的管理员会被委派管理 beijing. long. com 子域。

如果此处不选择【创建 DNS 委派】选项，创建子域完成后，可以打开 long. com 域的【DNS 管理器】，右击 long. com 域，在弹出的快捷菜单中选择【新建委派】（如图 3-6 所示）命令，再输入被委派的子域名称 beijing（如图 3-7 所示）。单击"添加"按钮，输入 dc2. beijing. long. com 被委派的 DNS 服务器名称，单击【解析】按钮，自动解析出此 NS 记录的 IP 地址。单击【确定】按钮（如图 3-8 所示），按提示完成 DNS 的区域委派。

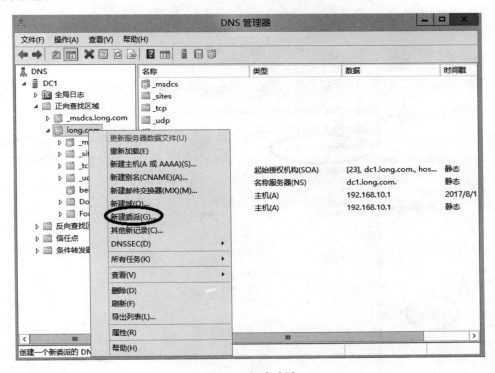

图 3-6 新建委派

**STEP 7** 持续单击【下一步】按钮，在【先决条件检查】对话框中如果顺利通过检查，就直接单击【安装】按钮，否则要按提示先排除问题。安装完成后会自动重新开机。

**2. 创建子域后的验证**

1）利用子域系统管理员或林根域系统管理员身份登录

dc2. beijing. long. com 重新开机后，可在此域控制器上利用子域系统管理员 beijing\administrator 或林根域系统管理员 long\administrator 身份登录，如图 3-9 所示。

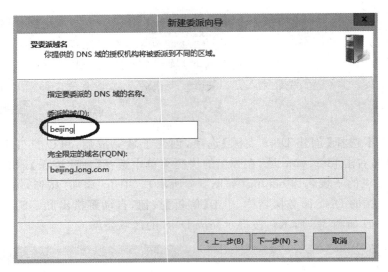

图 3-7　指定受委派域名

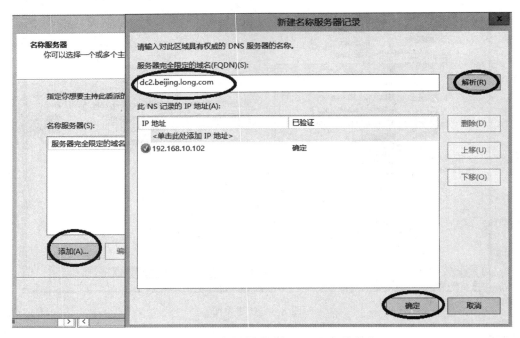

图 3-8　输入受委派的权威 DNS 服务器名称

图 3-9　利用子域系统管理员或林根域系统管理员身份登录

2) 查看 DNS 管理器

(1) 完成域控制器的安装后,因为它是此域中的第一台域控制器,故原本这台计算机内的本地用户账户会被转移到此域的 AD DS 数据库内。由于这台域控制器同时也安装了 DNS 服务器,因此其中会自动建立如图 3-10 所示的区域 beijing.long.com,它用来提供此区域的查询服务。

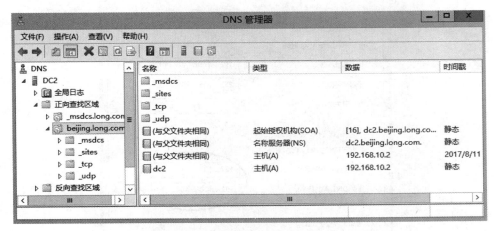

图 3-10　DNS 管理器中的 beijing.long.com 正向查找区域

(2) 此台 DNS 服务器(dc2.beijing.long.com)会将非 beijing.long.com 域(包含 long.com)的查询请求,通过转发器转给 long.com 的 DNS 服务器 dc1.long.com(192.168.10.1)来处理,可以在 DC2 的 DNS 管理器上单击服务器 DC2,再单击上方的属性图标,通过【转发器】选项卡来查看此设置,如图 3-11 所示。

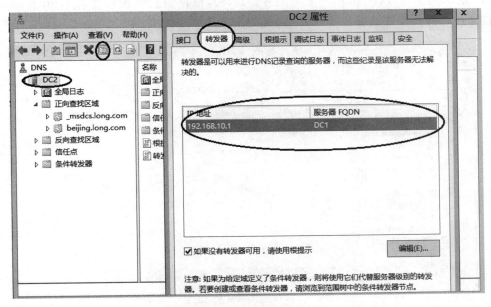

图 3-11　【转发器】选项卡

(3) 此服务器的首选 DNS 服务器会如图 3-12 所示被改为指向自己(127.0.0.1),其他

DNS 服务器指向 long.com 的 DNS 服务器 dc1.long.com(192.168.10.1)。

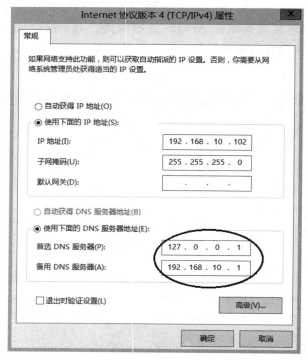

图 3-12　DC2 安装完成后 DNS 服务器设置的变化

　　(4) 在 long.com 的 DNS 服务器 dc1.long.com 内也会自动在区域 long.com 下建立如图 3-13 所示的委派域(beijing)与名称服务器(NS),以便当它接收到查询 beijing.long.com 的请求时,可将其转发给服务器 dc2.beijing.long.com 来处理。

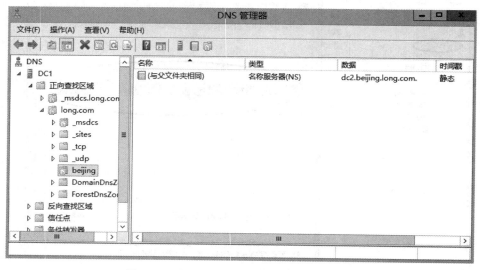

图 3-13　委派域(beijing)与名称服务器(NS)

### 3. 问题探究

**问题**：根域 long.com 的用户是否可以在子域 beijing.long.com 的成员计算机上登录？子域 beijing.long.com 的用户是否可以在根域 long.com 的成员计算机上登录？

**回答**：都可以。任何域的所有用户，默认都可在同一个林的其他域的成员计算机上登录，但域控制器除外，因默认只有隶属于 Enterprise Admins 组（位于林根域 long.com 内）的用户才有权限在所有域内的域控制器上登录。每一个域的系统管理员（Domain Admins），虽然可以在所属域的域控制器上登录，但却无法在其他域的域控制器上登录，除非另外被赋予允许本地登录的权限。

**请读者思考**：不妨在 ms1.long.com 成员计算机上利用子域的用户登录，看一下会有什么结果。（先在 beijing.long.com 上新建用户 jane，然后在 MS1 上使用子域用户 jane 登录。）登录界面如图 3-14 所示，看登录是否成功。只要子域安装成功，且委派正确，一定会登录成功。

图 3-14   在 MS1 上使用子域账户登录

## 3.3.2   任务 2   创建林中的第二棵域目录树

在现有林中新建第二棵（或更多棵）域目录树的方法：先建立此域目录树中的第一个域，而建立第一个域的方法是通过建立第一台域控制器的方式来实现的。

假设我们要新建一个如图 3-15 右侧所示的域 smile.com，由于这是该域目录树中的第一个域，所以它是这棵新域目录树的根域。我们要将 smile.com 域目录树加入林 long.com 中（long.com 是第一棵域目录树的根域的域名，也是整个林的林名称）。

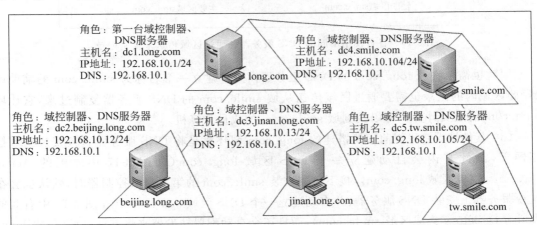

图 3-15   森林的网络架构图

可以通过建立图 3-15 中域控制器 dc4. smile. com 的方式来建立第二棵域目录树。但在建立第二棵域目录树前,更重要的工作是一定要熟悉 DNS 服务器相关内容,特别是 DNS 服务器架构。

### 1. 选择适当的 DNS 服务器架构

若要将 smile. com 域目录树加入林 long. com 中,就必须在建立域控制器 dc4. smile. com 时能够通过 DNS 服务器来找到林中的域命名操作主机(domain naming operations master),否则无法建立域 smile. com。域命名操作主机默认由林中第一台域控制器所扮演,以图 3-15 而言,就是 dc1. long. com。

另外,在 DNS 服务器内必须有一个名称为 smile. com 的主要查找区域以便让域 smile. com 的域控制器能够将自己登记到此区域内。域 smile. com 与 long. com 可以使用同一台 DNS 服务器,也可以各自使用不同的 DNS 服务器。

(1) 使用同一台 DNS 服务器:请在此台 DNS 服务器内另外建立一个名称为 smile. com 的主要区域,并启用动态更新功能。此时这台 DNS 服务器内同时拥有 long. com 与 smile. com 两个区域,这样,long. com 和 smile. com 的成员计算机都可以通过此台 DNS 服务器来找到对方。

(2) 各自使用不同的 DNS 服务器,并通过区域传送来复制记录:请在此台 DNS 服务器 (见图 3-16 右侧)内建立一个名称为 smile. com 的主要区域,并启用动态更新功能,还需要在此台 DNS 服务器内另外建立一个名称为 long. com 的辅助区域,此区域内的记录需要通过区域传送从域 long. com 的 DNS 服务器(见图 3-16 左侧)复制过来,它让域 smile. com 的成员计算机可以找到域 long. com 的成员计算机。

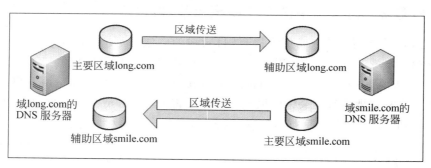

图 3-16　各自使用不同的 DNS 服务器并通过区域传送来复制记录

同时也需要在域 long. com 的 DNS 服务器内另外建立一个名称为 smile. com 的辅助区域,此区域内的记录也需要通过区域传送从域 smile. com 的 DNS 服务器复制过来,它让域 long. com 的成员计算机可以找到域 smile. com 的成员计算机。

(3) 其他情况:我们前面所搭建的 long. com 域环境是将 DNS 服务器直接安装到域控制器上,因此其内会自动建立一个 DNS 区域 long. com(如图 3-17 中左侧的 Active Directory 集成区域 long. com),接下来当安装 smile. com 的第一台域控制器时,默认也会在这台服务器上安装 DNS 服务器,并自动建立一个 DNS 区域 smile. com(如图 3-17 中右侧的 Active Directory 集成区域 smile. com),而且还会自动配置转发器来将其他区域(包含 long. com)的查询请求转给图 3-17 中左侧的 DNS 服务器,因此 smile. com 的成员计算机可以通过右侧的 DNS 服务器来同时查询 long.com 与 smile.com 区域的成员计算机。

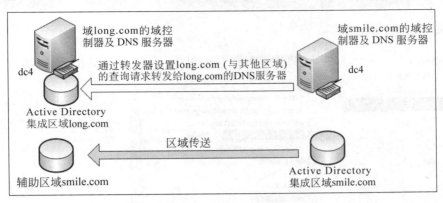

图 3-17  其他情况的 DNS 服务器架构

不过还必须在左侧的 DNS 服务器内自行建立一个 smile.com 辅助区域,此区域内的记录需要通过区域传递从右侧的 DNS 服务器复制过来,它让域 long.com 的成员计算机可以找到域 smile.com 的成员计算机。

也可以在左侧的 DNS 服务器内,通过条件转发器只将 smile.com 的查询转发给右侧的 DNS 服务器,这样就可以不需要建立辅助区域 smile.com,也不需要区域传送。由于右侧的 DNS 服务器已经使用转发器设置将 smile.com 之外的所有其他区域的查询,转发给左侧的 DNS 服务器,因此左侧 DNS 服务器请使用条件转发器,而不要使用普通的转发器,否则除了 long.com 与 smile.com 两个区域之外,其他区域的查询将会在这两台 DNS 服务器之间循环。

**2. 建立第二棵域目录树**

下面采用图 3-17 的 DNS 架构来建立林中第二棵域目录树 smile.com,且通过将图 3-17 中 dc4.smile.com 升级为域控制器的方式来建立此域目录树,这台服务器可以是独立服务器或隶属于其他域的现有成员服务器。

STEP 1　请先在图 3-17 右上角的服务器 dc4.smile.com 上安装 Windows Server 2012 R2,将其计算机名称设置为 DC5,IPv4 地址等的设置参考图 3-15(图中采用 TCP/IPv4)。注意将计算机名称设置为 DC5 即可,等升级为域控制器后,它就会自动被改为 dc4.smile.com。另外,首选 DNS 服务器的 IP 地址请指向 192.168.10.1,以便通过它来找到林中的域命名操作主机(也就是第一台域控制器 DC1),等 DC4 升级为域控制器与安装 DNS 服务器后,系统会自动将其首选 DNS 服务器的端口地址改为自己(127.0.0.1)。

STEP 2　在 DC4 上打开服务器管理器,单击仪表板处的【添加角色和功能】。

STEP 3　持续单击【下一步】按钮,在图 3-18 中选中 Active Directory 域服务,单击【安装】按钮。

STEP 4　持续单击【下一步】按钮,直到确认安装所选内容界面时单击【安装】按钮。

STEP 5　图 3-19 为完成安装后的界面,请单击【将此服务器提升为域控制器】超链接。

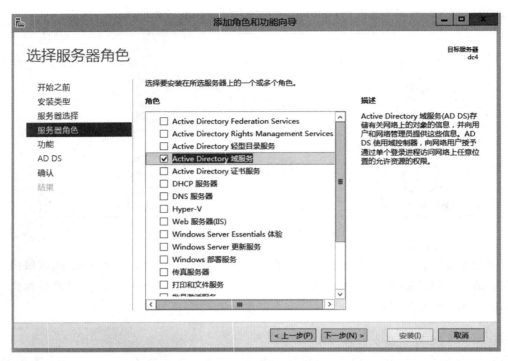

图 3-18　选择服务器角色

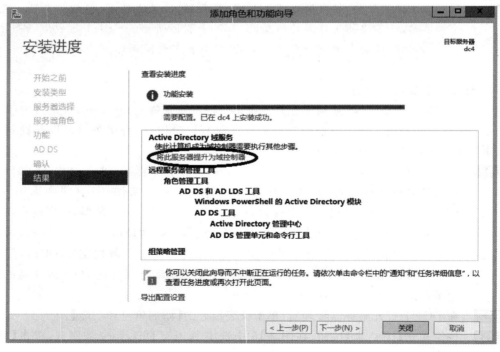

图 3-19　安装成功

STEP 6　如图 3-20 所示，选择将新域添加到现有林，域类型选择树域；输入要加入的林名称

long.com,输入新域名 smile.com 后单击【更改】按钮。

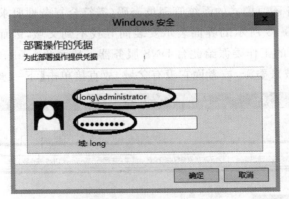

图 3-20　选择部署操作

**STEP 7**　如图 3-21 所示,输入有权限添加域目录树的用户账户(如 long\administrator)与密码后单击【确定】按钮。返回到前一个界面后单击【下一步】按钮。

图 3-21　Windows 安全

 **注 意**　只有林根域 long.com 内的 Enterprise Admins 组的成员才有权建立域目录树。

**STEP 8**　完成图 3-22 中的设置后单击【下一步】按钮。

• 选择新域的功能级别:此处假设选择 Windows Server 2012 R2。

图 3-22　域控制器选项

- 默认会直接在此服务器上安装 DNS 服务器。
- 默认会扮演全局编录服务器的角色。
- 新域的第一台域控制器不可以是只读域控制器（RODC）。
- 选择新域控制器所在的 AD DS 站点，目前只有一个默认的站点 Default-First-Site-Name 可供选择。
- 设置目录服务还原模式的系统管理员密码（需符合复杂性要求）。

**STEP 9** 出现如图 3-23 所示的界面表示安装向导找不到父域，因而无法设置父域将查询 smile.com 的工作委派给此台 DNS 服务器。然而此 smile.com 为根域，它并不需要通过父域来委派，或者说它没有父域，故直接单击【下一步】按钮即可。

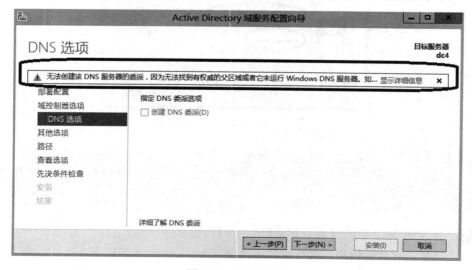

图 3-23　DNS 选项

**STEP 10** 在图 3-24 中单击【下一步】按钮。图中安装向导会为该域目录树设置一个 NetBIOS 格式的域名(不区分大小写),客户端也可以利用此 NetBIOS 名称来访问此域的资源。默认 NetBIOS 域名为 DNS 域名中第一个句点左边的文字,如 DNS 名称为 smile.com,则 NetBIOS 名称为 smile。

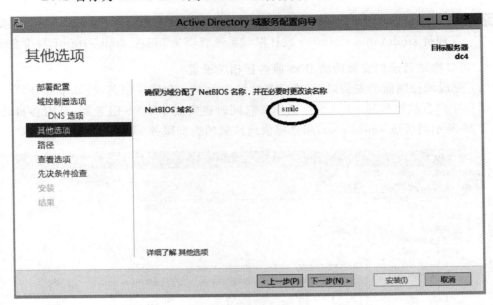

图 3-24 NetBIOS 名称

**STEP 11** 在图 3-25 中可直接确认进入下一步。

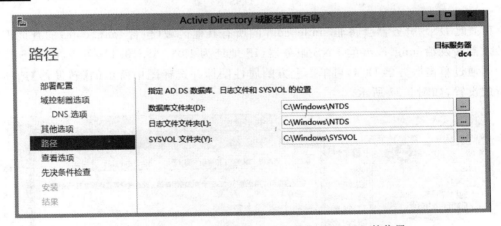

图 3-25 指定 AD DS 数据库、日志文件和 SYSVOL 的位置

**STEP 12** 在查看选项界面中单击【下一步】按钮。

**STEP 13** 在【先决条件检查】对话框中,若顺利通过检查,就直接单击【安装】按钮,否则请根据对话框提示先排除问题。

除了 long.com 的 DC1 之外，beijing.long.com 的 DC2 也必须在线，否则无法将跨域的信息（如架构目录分区、配置目录分区）复制给所有域，因而无法建立 smile.com 域与树状目录。

**STEP 14**  安装完成后会自动重新启动。可在此域控制器上利用域有 smile.com 的系统管理员 smile\administrator 或林根域系统管理员 long\administrator 身份登录。

### 3. 第二棵域目录树安装后的 DNS 服务器相关设置

（1）完成域控制器的安装后，因为它是此域中的第一台域控制器，故原本此计算机内的本地用户账户会被转移到 AD DS 数据库。它同时也安装了 DNS 服务器，其内会自动建立如图 3-26 所示的区域 smile.com，用来提供此区域的查询服务。

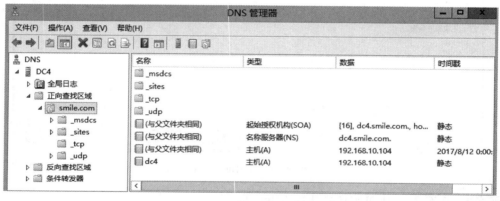

图 3-26  DNS 管理器

（2）此 DNS 服务器会将非 smile.com 的所有其他区域（包含 long.com）的查询请求通过转发器转发给 long.com 的 DNS 服务器（IP 地址为 192.168.10.1），可以在 DNS 管理控制台内通过单击服务器 DC4，再单击上方的属性图标并选择图中所示的【转发器】选项卡来查看此设置，如图 3-27 所示。

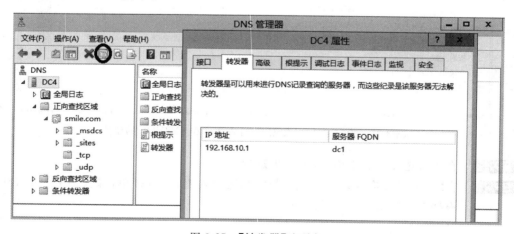

图 3-27  【转发器】选项卡

注意　　如果未配置相应的反向查找区域条目,则服务器 FQDN 将不可用。如何配置反向查找区域请参考《Windows Server 2012 网络操作系统项目教程(第4 版)》(ISBN:978-7-115-42210-1)。

(3) 这台服务器的首选 DNS 服务器的 IP 地址会如图 3-28 所示,被自动改为指向自己(127.0.0.1),而原本位于首选 DNS 服务器的 IP 地址(192.168.10.1)会被设置为备用 DNS服务器。

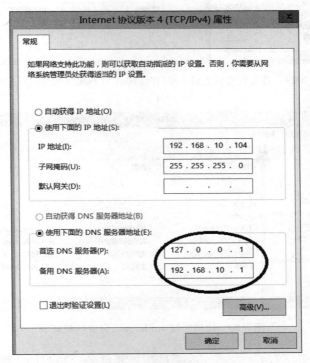

图 3-28　首选 DNS 服务器指向了自己

(4) 接着要到 DNS 服务器 dc1. long. com 内建立一个辅助区域 smile. com,以便让域long. com 的成员计算机可以查询到域 smile. com 的成员计算机。此区域内的记录将通过区域传送从 dc4. smile. com 复制过来,不过我们需要先在 dc4. smile. com 内设置允许此区域内的记录可以区域传送给 dc1. long. com(192.168.10.1)。如图 3-29 所示,选中区域 smile.com,单击上方的属性图标,再通过【区域传送】选项卡来设置。

(5) 接下来到 dc1. long. com 这台 DNS 服务器上添加正向辅助区域 smile. com,并选择从 dc4. smile. com(192.168.10.104)来执行区域传送操作,也就是其主机服务器是 dc4.smile. com(192.168.10.104),图 3-30 为完成后的界面,界面右侧的记录是从 dc4. smile.com 中通过区域传送传送过来的。

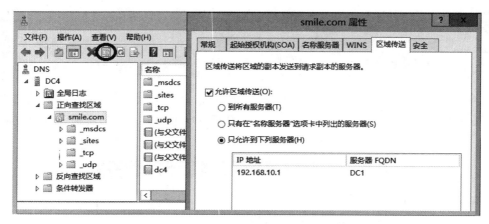

图 3-29　首先设置只允许 192.168.10.1 计算机区域传送（DC4 上）

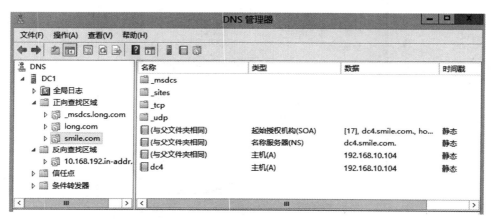

图 3-30　辅助区域 smile.com 完成区域复制

① 若区域 smile.com 前出现红色 X 符号，请先确认 dc4.smile.com 已允许区域传送给 dc1.long.com，然后选中 smile.com 区域并右击，选择从主服务器传输或从主服务器传送区域的新副本。

② 若要建立图 3-15 中 smile.com 下子域 tw.smile.com，请将 dc5.tw.smile.com 的首选 DNS 服务器指定到 dc4.smile.com（192.168.8.11）。

## 3.3.3　任务 3　删除子域与域目录树

我们将利用图 3-31 中左下角的域 beijing.long.com 来说明如何删除子域，同时利用右上角的域 smile.com 来说明如何删除域目录树。删除的方式是将域中的最后一台域控制器降级，也就是将 AD DS 从该域控制器删除。至于如何删除额外域控制器 dc1.long.com 与林根域 long.com 已经在项目 2 中介绍过，此处不再赘述。

必须是 Enterprise Admins 组内的用户才有权删除子域或域目录树。由于删除子域与域目录树的步骤类似，因此下面利用删除子域 beijing.long.com 为例来说明，而且假设图中

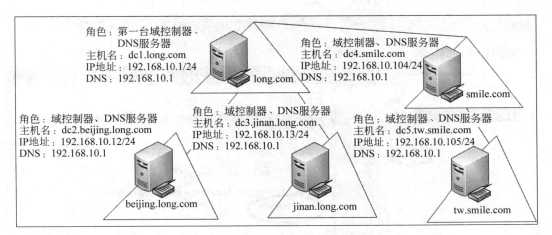

图 3-31　AD DS 网络规划拓扑图

的 dc2. beijing. long. com 是这个域中的最后一台域控制器。具体操作步骤如下。

**STEP 1** 到域控制器 dc2. beijing. long. com 上利用 long\administrator 身份（Enterprise Admins 组的成员）登录，打开【服务器管理器】，选中图 3-32 中【管理】菜单下的 【删除角色和功能】选项。

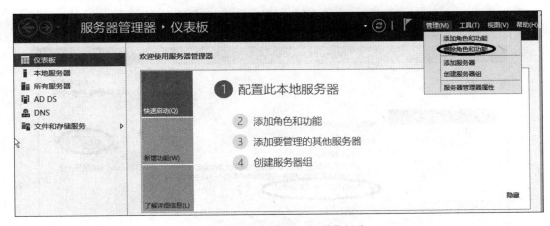

图 3-32　【删除角色和功能】选项

**STEP 2** 持续单击【下一步】按钮，直到出现如图 3-33 所示的界面时，取消选中 Active Directory 域服务，单击【删除功能】按钮，然后单击【将此域控制器降级】超链接。

**STEP 3** 当前登录的用户为 long\administrator，其有权删除此域控制器，故请在图 3-34 中 直接单击【下一步】按钮（否则需单击【更改】按钮来输入新的账户与密码）。同时 因它是此域的最后一台域控制器，故需选中【域中的最后一台域控制器】复选框。

**STEP 4** 在图 3-35 中选中【继续删除】选项后单击【下一步】按钮。

**STEP 5** 出现如图 3-36 所示的界面时，可选择是否要删除 DNS 区域与应用程序目录分区。 由于图中选择了将 DNS 区域删除，因此也请将父域（long. com）内的 DNS 委派区 域（beijing）一同删除，也就是选中【删除 DNS 委派】复选框。再单击【下一步】 按钮。

图 3-33　单击【将此域控制器降级】超链接

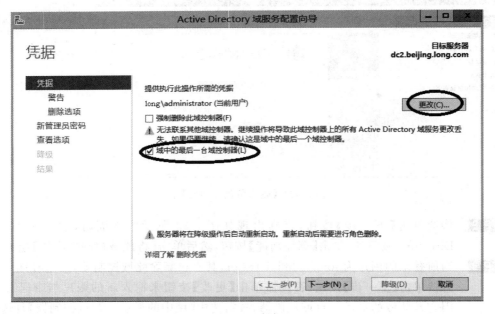

图 3-34　凭据

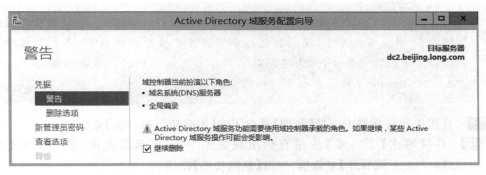

图 3-35　警告信息

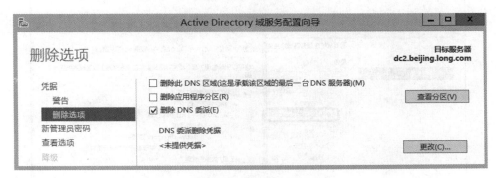

图 3-36　删除选项

　　　　　若你没有权限删除父域的 DNS 委派区域，请通过单击【更改】按钮来输入 Enterprise Admins 内的用户账户（如 long\administrator）与密码。

**STEP 6**　在图 3-37 中，为这台即将被降级为独立服务器的计算机设置其本地 Administrator 的新密码（需符合密码复杂性要求）后单击【下一步】按钮。

图 3-37　新管理员密码

**STEP 7**　在【查看选项】界面中单击【降级】按钮。
**STEP 8**　完成后会自动重新启动计算机，请重新登录。

> 注意　虽然此服务器已经不再是域控制器,不过其 Active Directory 域服务组件仍然存在,并没有被删除,因此若之后要再将其升级为域控制器,请单击服务器管理器上方的旗帜符号,单击将此服务器提升为域控制器。下面将继续执行移除 Active Directory 域服务组件的步骤。

**STEP 9**　在服务器管理器中选择【管理】菜单下的【删除角色和功能】命令。

**STEP 10**　持续单击【下一步】按钮直到出现如图 3-38 所示的界面,取消选中【Active Directory 域服务】复选框,单击【删除功能】按钮。

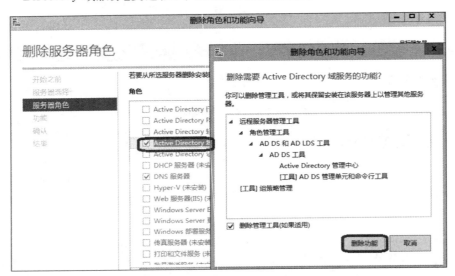

图 3-38　删除服务器角色和功能

**STEP 11**　回到【删除服务器角色】界面时,确认【Active Directory 域服务】已经被取消选中(也可以同时取消选中【DNS 服务器】复选框)后单击【下一步】按钮。

**STEP 12**　出现删除功能界面时,单击【下一步】按钮。

**STEP 13**　在确认删除选项界面中单击【删除】按钮。

**STEP 14**　完成后,重新启动计算机。

### 3.3.4　任务4　更改域控制器的计算机名称

若因为公司组织变更或为了让管理工作更为方便而需要更改域控制器的计算机名称,此时可以使用 netdom.exe 程序。至少是隶属于 Domain Admins 组内的用户才有权更改域控制器的计算机名称。下面将域控制器 dc4.smile.com 改名为 newdc4.smile.com。

**STEP 1**　以系统管理员身份到 dc4.smile.com 登录,选中左下角的开始图标并右击在命令窗口(或打开 Windows PowerShell 窗口)执行下面的命令(见图 3-39)。

```
netdom computername dc4.smile.com /add:newdc4.smile.com
```

其中,dc4.smile.com(主要的计算机名称)为当前的旧计算机名称,而 newdc4.smile.com 为新计算机名称,它们都必须是 FQDN。上述命令会替这台计算机另外添加 DNS 计算

图 3-39 更改域控制器名称

机名称 newdc4. smile. com(与 NetBIOS 计算机名称 NEWDC4),并更新此计算机账户在 AD DS 中的 SPN(Service Principal Name)属性,也就是在这个 SPN 属性内同时拥有当前的旧计算机名称与新计算机名称。注意新计算机名称与旧计算机名称的后缀需相同,如都是 smile. com。

提示 　　SPN 是一个包含多重设置值(Multivalue)的名称,它是根据 DNS 主机名来建立的。SPN 用来代表某台计算机所支持的服务,其他计算机可以通过 SPN 来与这台计算机的服务通信。

**STEP 2** 可以通过执行 adsiedit. msc 来查看在 AD DS 内添加的信息:按"■■＋R"键,运行 adsiedit. msc,选中 ADSI 编辑器并右击,选择【连接到】命令,再在打开的对话框中直接单击【确定】按钮(采用默认命名上下文),如图 3-40 所示。展开到 CN=DC4 节点,单击工具栏中图标来添加计算机名称 NEWDC4 与 newdc4. smile. com。

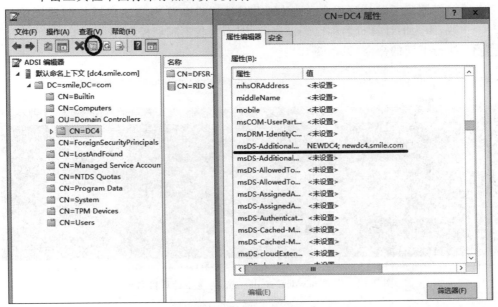

图 3-40 查看并修改计算机名称

**STEP 3** 如图 3-41 所示继续向下浏览到属性 servicePrincipalName,对其双击后可从图中看到添加在 SPN 属性内与新计算机名称有关的属性值。

图 3-41　查看 SPN 属性内与新计算机名称有关的属性值

**STEP 4** 请等待一段足够长的时间,以便让 SPN 属性复制到此域内的所有域控制器,而且管辖此域的所有 DNS 服务器都接收到新记录后,再继续下面删除旧计算机名称的步骤,否则因为有些客户端通过 DNS 服务器所查询到的计算机名称可能是旧的,同时其他域控制器可能仍然通过旧计算机名称来与这台域控制器通信,如果已经删除了旧计算机名称,则利用旧计算机名称来与这台域控制器通信时会失败,因为旧计算机名称已经被删除,因而会找不到域控制器。

**STEP 5** 执行下面的命令(见图 3-42):

```
netdom computername dc4.smile.com /makeprimary: newdc4.smile.com
```

图 3-42　设置 newdc4.smile.com 为主要计算机名称(1)

此命令会将新计算机名称 newdc4.smile.com 设置为主要计算机名称。

**STEP 6**  重新启动计算机。

重启计算机后,打开【DNS 管理器】窗口,发现在【DNS 服务器】内登记了新计算机名称的记录,但同时旧计算机的静态记录也一直存在,如图 3-43 所示。

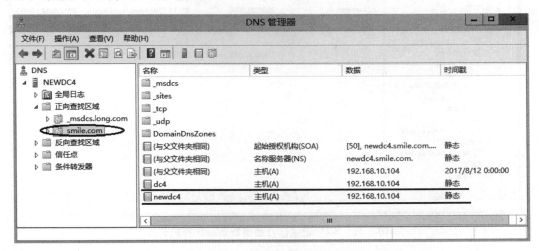

图 3-43  设置 newdc4. smile. com 为主要计算机名称(2)

**STEP 7**  以系统管理员身份到 dc4. smile. com 登录,选中左下角的开始图标并右击,在命令窗口(或打开 Windows PowerShell 窗口)中执行下面的命令(如图 3-44 所示)。

```
netdom computername newdc4.Smile.com  /remove: dc4.Smile.com
```

图 3-44  删除当前的旧计算机名称

此命令会将当前的旧计算机名称删除,在删除此计算机名称之前,客户端计算机可以同时通过新旧计算机名称来找到这台域控制器。

**STEP 8**  打开【DNS 管理器】窗口,查看相关 SRV 记录,发现已经更新到 newdc4. smile. com,但旧计算机的静态的主机记录将一直存在,直到手动删除,如图 3-45 所示。

也可以直接通过打开【服务器管理器】并在本地服务器中修改计算机名称,然而这种方法会将当前的旧计算机名称直接删除,换成新计算机名称,也就是新旧计算机名称不会并存。这个计算机账户的新 SPN 属性与新 DNS 记录会延迟一段时间后才复制到其他域控制器与 DNS 服务器,因而在这段时间内,有些客户端通过这些 DNS 服务器或域控制器来查找这台域控制器时,仍然会使用旧计算机名称,但是因为旧计算机名称已经被删除,故会找不到这台域控制器,因此建议采用 netdom 命令来修改域控制器的计算机名称。

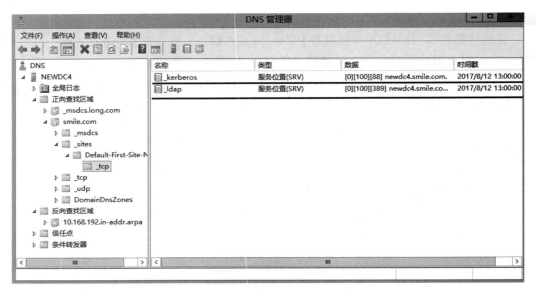

图 3-45　SRV 记录已自动更新到新计算机名称

# 3.4　习题

**一、选择题**

1. 公司有一个总部和一个分部。现将运行 Microsoft Windows Server 2012 的只读域控制器(RODC)部署在分部,你需要确保分部的用户能够使用 RODC 登录到域。你该怎么做?(　　)

　　A. 在分部再部署一个 RODC

　　B. 在总部部署一台桥头服务器

　　C. 在 RODC 上配置密码复制策略

　　D. 使用【Active Directory 站点和服务】控制台减少所有连接对象的复制时间间隔

2. 公司有一个总部和一个分部,有一个单域的 Active Directory 林。总部有两个运行 Windows Server 2012 的域控制器,并且分别命名为 DC1 和 DC2。分部有一台 Windows Server 2012 只读域控制器(RODC),名称为 DC3。所有域控制器都承担着 DNS 服务器角色,并都配置为 Active Directory 集成区域。DNS 区域只允许安全更新,现需要在 DC3 上启用动态 DNS 更新。你该怎么做?(　　)

　　A. 在 DC3 上运行"Ntdsutil. exe ＞ DS Behavior"命令

　　B. 在 DC3 上运行"Dnscmd. exe /ZoneResetType"命令

　　C. 在 DC3 上将 Active Directory 域服务重新安装为可写域控制器

　　D. 在 DC1 上安装自定义应用程序目录分区,配置该分区以存储 Active Directory
　　　集成区域

3. 你有一个 Active Directory 域。所有域控制器都运行 Windows Server 2012,并且配置为 DNS 服务器。该域包含一个 Active Directory 集成的 DNS 区域。现需要确保系统从

DNS 区域中自动删除过期的 DNS 记录。你该怎么做?(　　　)

    A. 从区域的属性中启用清理

    B. 从区域的属性中禁用动态更新

    C. 从区域的属性中修改 SOA 记录的 TTL

    D. 从命令提示符下运行 ipconfig /flushdns

4. 有一台运行 Windows Server 2012 的域控制器,名称为 DC1。DC1 被配置为 contoso.com 的 DNS 服务器,现要在名为 Server1 的成员服务器上安装 DNS 服务器角色,并已经创建了 contoso.com 的标准辅助区域,同时将 DC1 配置为该区域的主服务器,需要确保 Server1 收到来自 DC1 的区域复制。你该怎么做?(　　　)

    A. 在 Server1 上添加条件转发器

    B. 在 DC1 上修改 contoso.com 区域的权限

    C. 在 DC1 上修改 contoso.com 区域的区域传送设置

    D. 将 Server1 计算机账户添加到 DNSUpdateProxy 组

5. 网络由一个 Active Directory 林组成,该林包含一个名为 contoso.com 的域。所有域控制器都运行 Windows Server 2012,并且配置为 DNS 服务器。现有两个 Active Directory 集成区域:contoso.com 和 nwtraders.com。如果需要确保用户能够修改 contoso.com 区域中的记录,则必须防止用户修改 nwtraders.com 区域中的 SOA 记录,你该怎么做?(　　　)

    A. 从【DNS 管理器】控制台中修改 contoso.com 区域的权限

    B. 从【DNS 管理器】控制台中修改 nwtraders.com 区域的权限

    C. 从【Active Directory 用户和计算机】控制台中运行【控制委派向导】

    D. 从【Active Directory 用户和计算机】控制台中修改 Domain Controllers 组织单位(OU)的权限

6. 网络包含一个 Active Directory 林。所有域控制器都运行 Windows Server 2012,并且都配置为 DNS 服务器。现有一个 contoso.com 的 Active Directory 集成区域。假设有一台基于 UNIX 的 DNS 服务器。如果需要配置 Windows Server 2012 环境,以允许 contoso.com 区域传送到基于 UNIX 的 DNS 服务器。应在【DNS 管理器】控制台中执行什么操作?(　　　)

    A. 禁用递归　　　　　　　　　　B. 创建存根区域

    C. 创建辅助区域　　　　　　　　D. 启用 BIND 辅助区域

**二、简答题**

1. 你正在分支机构中部署域控制器。该分支机构没有高度安全的服务器机房,因此你对服务器的安全性有所担忧。为了加强域控制器部署的安全性,可以利用哪两种 Windows Server 2012 功能?

2. 你正在分支机构中部署 RODC。现需要确保,即使分支机构的 WAN 连接不可用,分支机构中的所有用户仍可完成身份验证。但只有在分支机构中正常登录的用户才能如此。则应该如何配置密码复制策略?

3. 你需要使用从介质安装选项来安装域控制器,需要执行哪些步骤来完成此过程?

4. 客户端计算机如何确定自己位于哪个站点?

5. 列出 Active Directory 集成区域的至少 3 项好处。

6. Active Directory 集成区域动态更新的默认状态是什么?标准主要区域动态更新的默认状态是什么?哪些组有权执行安全动态更新?

# 管理域用户账户和组

## 项目背景

　　当安装完操作系统并完成操作系统的环境配置后,管理员应规划一个安全的网络环境,为用户提供有效的资源访问服务。Windows Server 2012 R2 通过建立账户(包括用户账户和组账户)并赋予账户合适的权限,保证使用网络和计算机资源的合法性,以确保数据访问、存储和交换服从安全需要。

　　如果是单纯工作组模式的网络,需要使用【计算机管理】工具来管理本地用户和组;如果是域模式的网络,则需要通过【Active Directory 管理中心】和【Active Directory 用户和计算机】工具管理整个域环境中的用户和组。

## 项目目标

- 理解管理域用户账户。
- 掌握一次同时添加多个用户账户的方法。
- 掌握管理域组账户的方法。
- 掌握组的使用原则。

## 4.1　相关知识

　　域系统管理员需要为每一个域用户分别建立一个用户账户,让他们可以利用这个账户来登录域、访问网络上的资源。域系统管理员同时也需要了解如何有效利用组,以便高效地管理资源的访问。

　　域系统管理员可以利用【Active Directory 管理中心】或【Active Directory 用户和计算机】管理控制台来建立与管理域用户账户。当用户利用域用户账户登录域后,便可以直接连接域内的所有成员计算机,访问有权访问的资源。换句话说,域用户在一台域成员计算机上成功登录后,当他要连接域内的其他成员计算机时,并不需要再登录到被访问的计算机,这个功能被称为单点登录。

本地用户账户并不具备单点登录的功能,也就是说利用本地用户账户登录后,当要再连接其他计算机时,需要再次登录到被访问的计算机。

在服务器还没有升级成为域控制器之前,原本位于其本地安全数据库内的本地账户,会在升级为域控制器后被转移到 AD DS 数据库内,并且是被放置到 Users 容器内的,可以通过【Active Directory 管理中心】来查看,如图 4-1 中所示(可先单击上方的树视图图标),同时这台服务器的计算机账户会被放置到图中的组织单位 Domain Controllers 内。其他加入域的计算机账户默认会被放置到图中的容器 Computers 内。

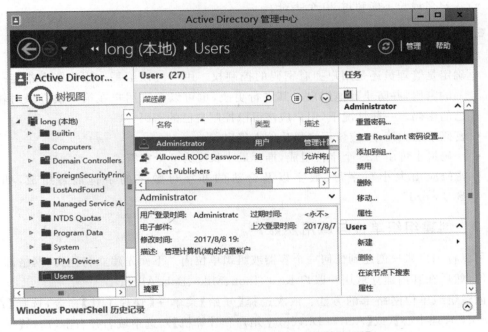

图 4-1　【Active Directory 管理中心】的【树视图】

也可以通过【Active Directory 用户和计算机】来查看,如图 4-2 所示。

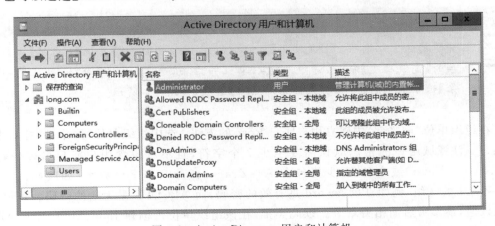

图 4-2　Active Directory 用户和计算机

只有在建立域内的第一台域控制器时,该服务器原来的本地账户才会被转移到 AD DS 数据库,其他域控制器原有的本机账户并不会被转移到 AD DS 数据库,而是会被删除。

### 4.1.1 规划新的用户账户

遵循以下规则和约定可以简化账户创建后的管理工作。

**1. 命名约定**

- 本地账户必须在本地计算机上唯一。
- 账户名不能包含以下字符: * ; ? / \ [ ] : | = , + < > "
- 账户名最长不能超过 20 个字符。

**2. 密码原则**

- 一定要给 Administrator 账户指定一个密码,以防止他人随便使用该账户。
- 确定是管理员还是用户拥有密码的控制权。用户可以给每个用户账户指定一个唯一的密码,并防止其他用户对其进行更改,也可以允许用户在第一次登录时输入自己的密码。一般情况下,用户应该可以控制自己的密码。
- 密码不能太简单,应该不容易让他人猜出。
- 密码最多可由 128 个字符组成,推荐最小长度为 8 个字符。
- 密码应由大小写字母、数字以及合法的非字母数字的字符混合组成,如"P@$ $ word"。

### 4.1.2 创建组织单位与域用户账户

可以将用户账户创建到任何一个容器或组织单位内。下面先建立名称为"网络部"的组织单位,然后在其内建立域用户账户 Rose、Jhon、Mike、Bob、Alice。

创建组织单位网络部的方法:依次选择【开始】菜单→【管理工具】命令,选择【Active Directory 管理中心】(或【Active Directory 用户和计算机】),选中域名并右击,选择【新建】命令,创建组织单位的界面并输入组织单位名称为"网络部",如图 4-3 所示,然后单击【确定】按钮。

图中默认已经选中【防止意外删除】复选框,因此无法将此组织单位删除,除非取消选中此选项。若是使用【Active Directory 用户和计算机】:选择【查看】菜单的【高级功能】命令,选中此组织单位并右击,选择【属性】命令,取消选中【对象】选项卡下的【防止对象被意外删除】选项,如图 4-4 所示。

在组织单位"网络部"内建立用户账户 Rose 的方法:选中组织单位"网络部"并右击,新建用户。注意域用户的密码默认需要至少 7 个字符,且不可包含用户账户名称(指用户 SamAccountName)或全名,至少要包含 A～Z、a～z、0～9、非字母数字(如!、$、≠}、%) 4 组字符中的 3 组,例如,P@ssword 是有效的密码,而 ABCDEF 是无效的密码。若要修改此默认值,请参考后面相关章节。以此类推,在该组织单位内创建 Jhon、Mike、Bob、Alice 4 个账户(如果 Mike 账户已经存在,请将其移动到"网络部"组织单位中)。

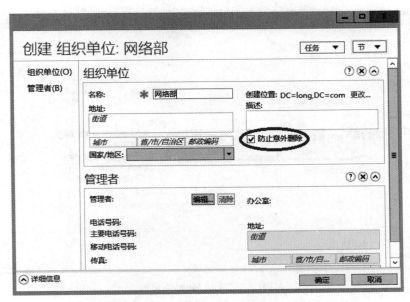

图 4-3　在【Active Directory 管理中心】创建组织单位

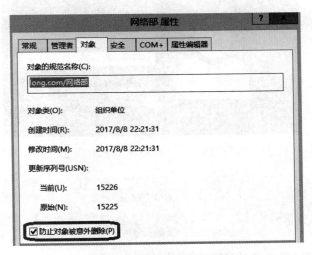

图 4-4　【网络部 属性】对话框

## 4.1.3　用户登录账户

域用户可以到域成员计算机上（域控制器除外）利用两种账户来登录域，它们分别是图 4-5 中的"用户 UPN 登录"与"用户 SamAccountName 登录"。一般的域用户默认是无法在域控制器上登录的（Alice 用户是在【Active Directory 管理中心】控制台打开的）。

- 用户 UPN 登录：UPN（User Principal Name，用户主体名称）的格式与电子邮件账户相同，如图 4-6 中的 Alice@long.com，这个名称只能在隶属于域的计算机上登录域时使用。在整个林内，这个名称必须是唯一的。请在 MS1 成员服务器上登录。

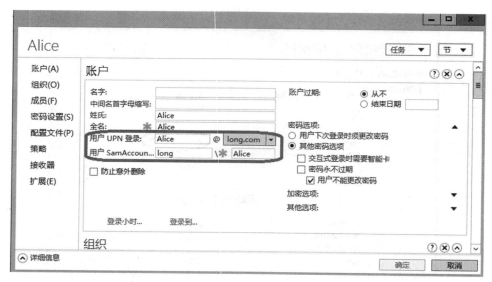

图 4-5　Alice 域账户属性

图 4-6　用户 UPN 登录

注 意　　请在 MS1 成员服务器上登录域，默认一般域用户不能在域控制器上本地登录，除非给予其"允许本地登录"权限。

- UPN 并不会随着账户被移动到其他域而改变，举例来说，用户 Alice 的用户账户位于 long.com 域内，其默认的 UPN 为 Alice@long.com，之后即使此账户被移动到林中的另一个域内，如 smile.com 域，其 UPN 仍然是 Alice@long.com，并没有被改变，因此 Alice 仍然可以继续使用原来的 UPN 登录。
- 用户 SamAccountName 登录：如图 4-5 中的 long\Alice，这是旧格式的登录账户。Windows 2000 之前版本的旧客户端需要使用这种格式的名称来登录域。在隶属于域的 Windows 2000 及之后的计算机上也可以采用这种名称来登录，如图 4-7 所示。在同一个域内，这个名称必须是唯一的。

图 4-7　用户 SamAccountName 登录

 **提 示**　在【Active Directory 用户和计算机】管理控制台中,"用户 UPN 登录"与"用户 SamAccountName 登录"分别被称为"用户登录名称"与"用户登录名称（Windows 2000 前版）"。

## 4.1.4　创建 UPN 的后缀

用户账户的 UPN 后缀默认是账户所在域的域名,例如,用户账户被建立在 long. com 域内,则其 UPN 后缀为 long. com。在下面这些情况下,用户可能希望能够改用其他替代后缀。

- 因 UPN 的格式与电子邮件账户相同,故用户可能希望其 UPN 可以与电子邮件账户相同,以便让其无论是登录域或收发电子邮件,都可使用一致的名称。
- 若域目录树状内有多层子域,则域名会太长,例如,network. jinan. long. com,故 UPN 后缀也会太长,这将造成用户在登录时的不便。

我们可以通过新建 UPN 后缀的方式来让用户拥有替代后缀,具体操作步骤如下。

**STEP 1**　单击左下角的【开始】图标,选择管理工具中的【Active Directory 域和信任关系】,在打开的窗口中单击【Active Directory 域和信任关系】后,再单击上方工具栏中的属性图标,如图 4-8 所示。

图 4-8　Active Directory 域和信任关系

**STEP 2**　在图 4-9 中输入替代的 UPN 后缀后单击【添加】按钮,再单击【确定】按钮。后缀不一定是 DNS 格式,如可以是 smile. com,也可以是 smile。

**STEP 3**　完成后,就可以通过【Active Directory 管理中心】（或【Active Directory 用户和计算机】）管理控制台来修改用户的 UPN 后缀,此例修改为 smile,如图 4-10 所示。请在成员服务器 MS1 上以 alice@smile 登录域,看是否登录成功。

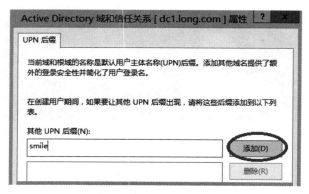

图 4-9　添加 UPN 后缀

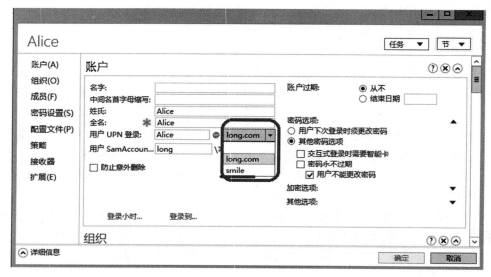

图 4-10　修改用户 UPN 登录

## 4.1.5　域用户账户的一般管理

一般管理工作是指重设密码、禁用（启用）账户、移动账户、删除账户、更改登录名称与解除锁定等。如图 4-11 所示，可以单击想要管理的用户账户（如图中的 Alice），然后通过右侧的选项来设置。

- 重置密码：当用户忘记密码或密码使用期限到期时，系统管理员可以利用此处为用户设置一个新的密码。
- 禁用账户（或启用账户）：若某位员工因故在一段时间内无法来上班，此时可以先将该员工的账户禁用，待该员工回来上班后，再将其重新启用即可。若用户账户已被禁用，则该用户账户图形上会有一个向下的箭头符号（如图 4-11 中的用户 Mike）。
- 移动账户：可以将账户移动到同一个域内的其他组织单位或容器。
- 重命名：重命名以后（可通过选中用户账户并右击，再选中【属性】命令的方法），该用户原来所拥有的权限与组关系都不会受到影响。例如，当某员工离职时，可以暂时

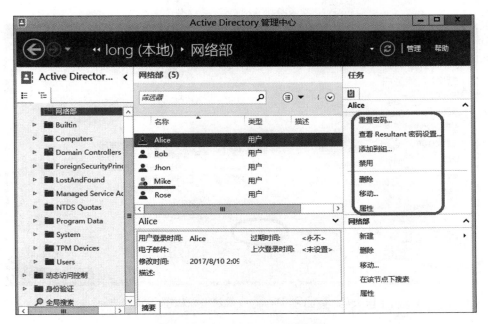

图 4-11　Active Directory 管理中心

先将其用户账户禁用,等到新进员工来接替他的工作时,再将此账户名称改为新员工的名称、重新设置密码、更改登录账户名称、修改其他相关个人信息,然后再重新启用此账户。

说明:①在每一个用户账户创建完成之后,系统都会为其建立一个唯一的安全标识符(Security Identifier,SID),而系统是利用这个 SID 来代表该用户的,同时权限设置等都是通过 SID 来记录的,并不是通过用户名称,例如,某个文件的权限列表内,它会记录着哪些 SID 具备哪些权限,而不是哪些用户名称拥有哪些权限。②由于用户账户名称或登录名称更改后,其 SID 并没有被改变,因此用户的权限与组关系都不变。③可以通过双击用户账户或右方的属性来更改用户账户名称与登录名称等相关设置。

- 删除账户:若这个账户以后再也用不到,就可以将此账户删除。当将账户删除后,即使再新建一个相同名称的用户账户,此新账户也不会继承原账户的权限与组关系,因为系统会给予这个新账户一个新的 SID,而系统是利用 SID 来记录用户的权限与组关系的,不是利用账户名称,因此对系统来说,这是两个不同的账户,当然就不会继承原账户的权限与组关系。

- 解除被锁定的账户:可以通过组策略管理器的账户策略来设置用户输入密码失败多少次后,就将此账户锁定,而系统管理员可以利用下面方法来解除锁定:双击该用户账户,单击图 4-12 中的【解锁账户】按钮(账户被锁定后才会有此选项)。

 要设置域账户策略:在组策略管理器中选中 Default Domain Policy GPO(或其他域级别的 GPO)并右击,再选择【编辑】命令,依次展开【计算机配置】→【策略】→【Windows 设置】→【安全设置】→【账户策略】。

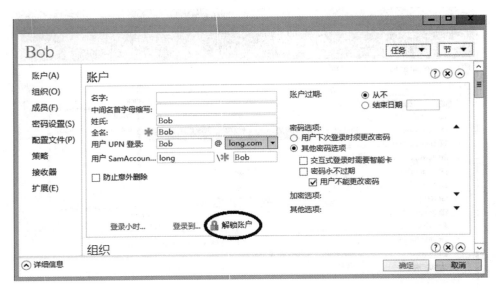

图 4-12　【Active Directory 管理中心】中的 Bob 账户

## 4.1.6　设置域用户账户的属性

每一个域用户账户内都有一些相关的属性信息，例如，地址、电话与电子邮件地址等，域用户可以通过这些属性来查找 AD DS 数据库内的用户，例如，通过电话号码来查找用户，因此为了更容易地找到所需的用户账户，这些属性信息应该越完整越好。我们将通过【Active Directory 管理中心】来介绍用户账户的部分属性，请先双击要设置的用户账户 Alice。

### 1.　组织信息的设置

组织信息是指显示名称、职务、部门、地址、电话、电子邮件、网页等，如图 4-13 中的组织节点所示，这部分的内容都很简单，请自行浏览这些字段。

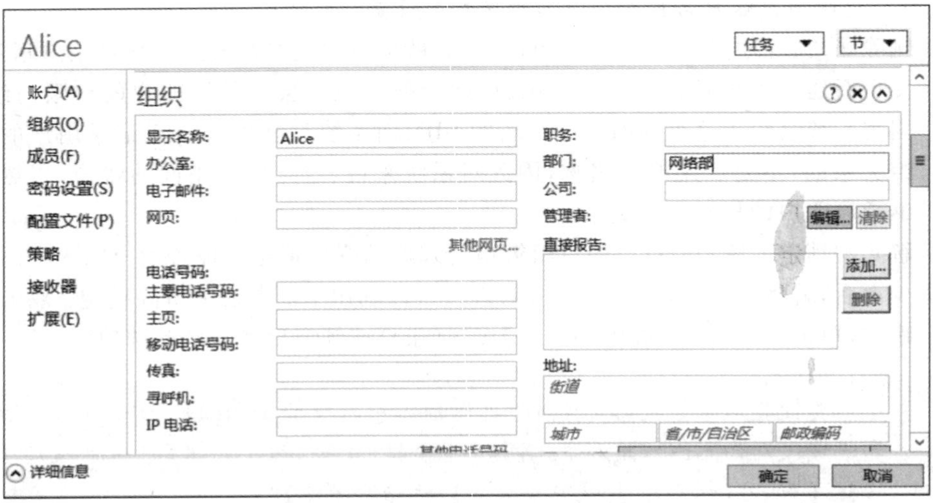

图 4-13　【Active Directory 管理中心】中的 Alice 账户的组织信息

### 2. 账户过期的设置

如图 4-14 所示,通过账户节点内的账户过期来设置账户的有效期限,默认为"永不过期",若要设置过期时间,请单击结束日期,然后输入格式为 yyyy/m/d 的过期日期即可。

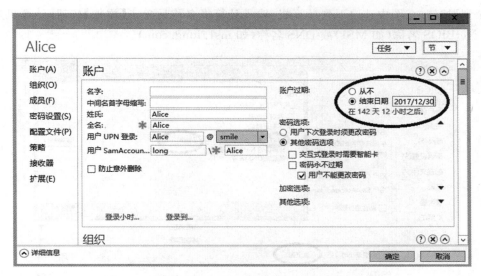

图 4-14　【Active Directory 管理中心】中的 Alice 账户

### 3. 登录时段的设置

登录时段用来指定用户可以登录到域的时间段,默认是任何时间段都可以登录域。若要改变设置,请单击图 4-15 中的【登录小时】按钮,然后通过【登录小时数】对话框来设置。图中横轴每一方块代表一个小时,纵轴每一方块代表一天,填满方块与空白方块分别代表允许与不允许登录的时间段,默认开放所有的时间段。选好时段后单击【允许登录】或【拒绝登录】来允许或拒绝用户在上述时间段登录。比如,我们允许 Alice 在工作时间(周一到周五的 8:00 到 18:00)登录。

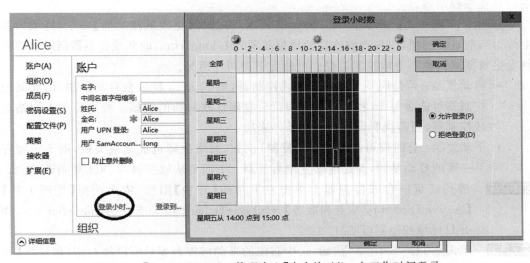

图 4-15　【Active Directory 管理中心】中允许 Alice 在工作时间登录

**4. 限制用户只能够通过某些计算机登录**

一般域用户默认可以利用任何一台域成员计算机(域控制器除外)来登录域,不过我们也可以通过下面的方法来限制用户只可以利用某些特定计算机来登录域:单击图 4-16 中的【登录到】按钮,在图中选中下列计算机,输入计算机名称后单击【添加】按钮,计算机名称可以为 NetBIOS 名称(如 MS1)或 DNS 名称(如 ms1. long. com)。

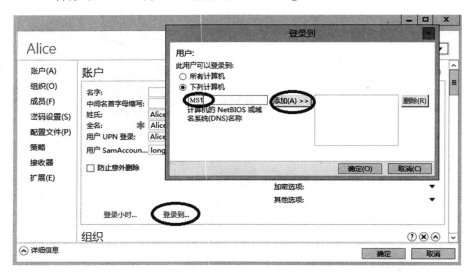

图 4-16 【Active Directory 管理中心】允许 Alice 只能在 MS1 上登录

## 4.1.7 在域控制器间进行数据复制

若域内有多台域控制器(如 DC1、DC2、DC3),则在修改 AD DS 数据库内的数据时,例如,利用【Active Directory 管理中心】(或【Active Directory 用户和计算机】)来新建、删除、修改用户账户或其他对象,则这些变更数据会先被存储到所连接的域控制器,之后再自动被复制到其他域控制器。

如图 4-17 所示,选中域名 long. com,并右击,再选择【更改域控制器】命令,将域控制器更改为当前域控制器,出现当前连接的域控制器 dc1. long. com,而此域控制器何时会将其最新变更数据复制给其他域控制器呢? 可分为下面两种情况。

- 自动复制:若是同一个站点内的域控制器,则默认 15 秒后会自动复制,因此其他域控制器可能会等 15 秒或更久时间就会收到这些最新的数据。若是位于不同站点的域控制器,则需视所设置的复制条件来决定。
- 手动复制:有时候可能需要手动复制,例如,网络故障造成复制失败,而不希望等到下一次的自动复制,而是能够立刻再复制。下面要从域控制器 DC1 复制到 DC2。

**STEP 1** 请到任意一台域控制器上单击左下角的【开始】图标,依次选择【管理工具】→【Active Directory 站点和服务】→Sites→Default-First-Site-Name→Servers,并展开目标域控制器(DC2)。

**STEP 2** 单击 NTDS Settings 按钮,选中右侧的来源域控制器(DC1)并右击,再选择【立即复制】命令,如图 4-18 所示。

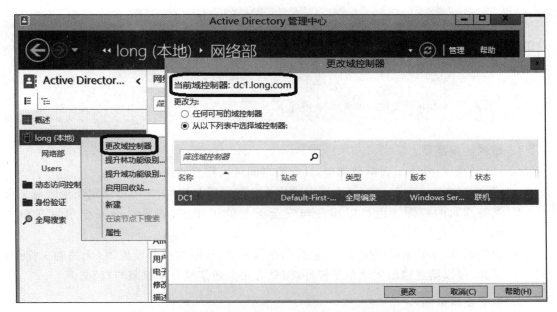

图 4-17　【Active Directory 管理中心】中的当前域控制器

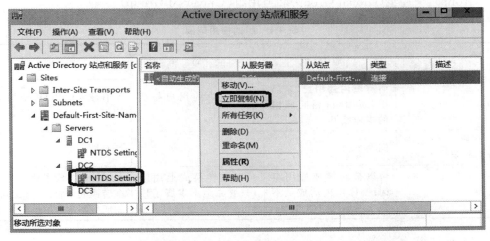

图 4-18　【Active Directory 站点和服务】对应的【立即复制】命令

与组策略有关的设置会先被存储到扮演 PDC 模拟器操作主机角色的域控制器内，然后再由 PDC 模拟器操作主机复制给其他的域控制器。

## 4.1.8　域组账户

如果能够使用组（Group）来管理用户账户，则必定能够减轻许多网络管理负担。例如，当针对网络部组设置权限后，此组内的所有用户都会自动拥有此权限，因此就不需要针对每一个用户来设置。

域组账户也都有唯一的安全标识符。命令如下：whoami /usesr：显示当前用户的信息和安全标识符(SID)。

whoami /groups：显示当前用户的组成员信息、账户类型、安全标识符(SID)和属性。

whoami /?：显示该命令的常见用法。

**1. 域内的组类型**

AD DS 的域组分为下面两种类型,且它们之间可以相互转换。

- 安全组(Security Group)：它可以被用来分配权限与权利,如可以指定安全组对文件具备读取的权限。也可以用在与安全无关的工作上,如可以给安全组发送电子邮件。
- 通信组(Distribution Group)：它被用在与安全(权限与权利设置等)无关的工作上,例如,可以给通信组发送电子邮件,但是无法为通信组分配权限与权利。

**2. 组的使用范围**

从组的使用范围来看,域内的组分为以下 3 种(如表 4-1 所示)：本地域组(Domain Local Group)、全局组(Global Group)和通用组(Universal Group)。

表 4-1　组的使用范围

| 组<br>特性 | 本 地 域 组 | 全 局 组 | 通 用 组 |
|---|---|---|---|
| 可包含的成员 | 所有域内的用户、全局组、通用组；相同域内的本地域组 | 相同域内的用户与全局组 | 所有域内的用户、全局组、通用组 |
| 可以在哪一个域内被分配权限 | 同一个域 | 所有域 | 所有域 |
| 组转换 | 可以被转换成通用组(只要原组内的成员不包含本地域组即可) | 可以被转换成通用组(只要原组不隶属于任何一个全局组即可) | 可以被转换成本地域组；可以被转换成全局组(只要原组内的成员不含通用组即可) |

1)本地域组

本地域组主要被用来分配其所属域内的访问权限,以便可以访问该域内的资源。

- 其成员可以包含任何一个域内的用户、全局组、通用组,也可以包含相同域内的本地域组,但无法包含其他域内的本地域组。
- 本地域组只能够访问该域内的资源,无法访问其他不同域内的资源。换句话说,当设置权限时,只可以设置相同域内的本地域组的权限,无法设置其他不同内的域本地域组的权限。

2)全局组

全局组主要用来组织用户,也就是可以将多个即将被赋予相同权限(权利)的用户账户,加入同一个全局组内。

- 全局组内的成员,只可以包含相同域内的用户与全局组。

- 全局组可以访问任何一个域内的资源,也就是说可以在任何一个域内设置全局组的权限(这个全局组可以位于任何一个域内),以便让此全局组具备权限来访问该域内的资源。

3)通用组

通用组可以在所有域内被分配访问权限,以便访问所有域内的资源。

- 通用组具备万用领域的特性,其成员可以包含林中任何一个域内的用户、全局组,通用组,但是无法包含任何一个域内的本地域组。
- 通用组可以访问任何一个域内的资源,也就是说可以在任何一个域内来设置通用组的权限(这个通用组可以位于任何一个域内),以便让此通用组具备权限来访问该域内的资源。

### 4.1.9  建立与管理域组账户

#### 1. 组的新建、删除与重命名

要创建域组时,可以在【Active Directory 管理中心】中展开域名,再单击容器或组织单位,然后新建组,然后在图 4-19 中输入组名、输入供旧版操作系统来访问的组名、选择组类型与组范围等。若要删除组,选中组账户并右击,然后选择【删除】命令即可。

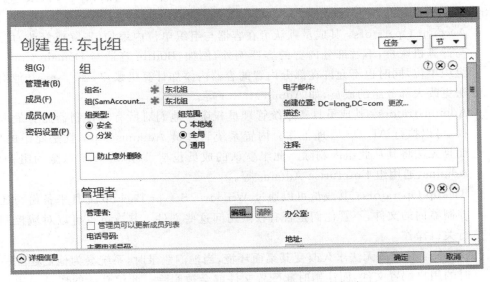

图 4-19  在【Active Directory 管理中心】中创建组

#### 2. 添加组的成员

若要将用户、组等加入组内,在如图 4-20 中单击【添加】按钮,再选取要被加入的成员后单击【确定】按钮。本例将 Alice、Bob、Jhon 加入东北组。

#### 3. AD DS 内置的组

AD DS 有许多内置组,它们分别隶属于本地域组、全局组、通用组与特殊组。

1)内置的本地域组

这些本地域组本身已被赋予了一些权利与权限,以便让其具备管理 AD DS 域的能力。

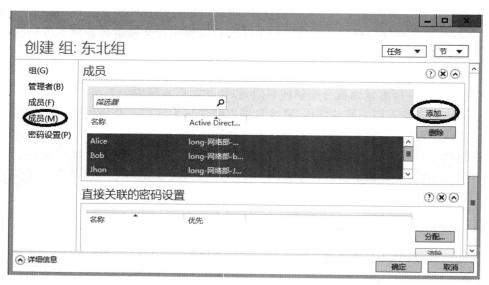

图 4-20　在【Active Directory 管理中心】中添加组成员

只要将用户或组账户加入这些组内，这些账户也会自动具备相同的权利与权限。下面是 Builtin 容器内常用的本地域组。

- Account Operators：其成员默认可在容器与组织单位内添加（删除或修改）用户、组与计算机账户，不过部分内置的容器例外，例如，Builtin 容器与 Domain Controllers 组织单位，同时也不允许在部分内置的容器内添加计算机账户，如 Users。他们也无法更改大部分组的成员，如 Administrator 等。

- Administrators：其成员具备系统管理员权限。他们对所有域控制器拥有最大控制权，可以执行 AD DS 管理工作。内置系统管理员 Administrator 就是此组的成员，而且无法将其从此组内删除。此组默认的成员包括 Administrator、全局组 Domain Admins、通用组 Enterprise Admins 等。

- Backup Operators：其成员可以通过 Windows Server Backup 工具来备份与还原域控制器内的文件，不管他们是否有权限访问这些文件。其成员也可以对域控制器执行关机操作。

- Guests：其成员无法永久改变其桌面环境，当他们登录时，系统会为他们建立一个临时的用户配置文件，而注销时此配置文件就会被删除。此组默认的成员为用户账户 Guest 与全局组 Domain Guests。

- Network Configuration Operators：其成员可在域控制器上执行常规网络配置工作，例如，变更 IP 地址，但不可以安装、删除驱动程序与服务，也不可以执行与网络服务器配置有关的工作，如 DNS 与 DHCP 服务器的设置。

- Performance Monitor Users：其成员可监视域控制器的运行情况。

- Pre-Windows 2000 Compatible Access：此组主要是为了与 Windows NT 4.0（或更早版本的操作系统）兼容。其成员可以读取 AD DS 域内的所有用户与组账户。其默认的成员为特殊组 Authenticated Users。只有在用户的计算机是 Windows NT 4.0（或更早版本的操作系统）时，才将用户加入此组内。

- Print Operators：其成员可以管理域控制器上的打印机，也可以将域控制器关闭。
- Remote Desktop Users：其成员可以远程计算机，通过远程桌面来登录。
- Server Operators：其成员可以备份与还原域控制器内的文件；锁定与解锁域控制器；将域控制器上的硬盘格式化；更改域控制器的系统时间；将域控制器关闭等。
- Users：其成员仅拥有一些基本权限，例如，执行应用程序，但是他们不能修改操作系统的设置，不能修改其他用户的数据，不能将服务器关闭。此组默认的成员为全局组 Domain Users。

2）内置的全局组

AD DS 内置的全局组本身并没有任何的权利与权限，但是可以将其加入具备权利或权限的本地域组，或另外直接分配权利或权限给此全局组。这些内置全局组位于 Users 容器内。

下面列出了较常用的全局组。

- Domain Admins：域成员计算机会自动将此组加入其本地域组 Administrators 内，因此 Domain Admins 组内的每一个成员，在域内的每一台计算机上都具备系统管理员权限。此组默认的成员为域用户 Administrator。
- Domain Computers：所有的域成员计算机（域控制器除外）都会被自动加入此组内。我们会发现 MS1 就是在该组的一个成员。
- Domain Controllers：域内的所有域控制器都会被自动加入此群内。
- Domain Users：域成员计算机会自动将此组加入其本地组 Users 内，因此 Domain Users 内的用户将享有本地组 Users 所拥有的权利与权限，例如，拥有允许本机登录的权利。此组默认的成员为域用户 Administrator，而以后新建的域用户账户都自动隶属于此组。
- Domain Guests：域成员计算机会自动将此组加入本地组 Guests 内。此组默认的成员为域用户账户 Guest。

3）内置的通用组

- Enterprise Admins：此组只存在于林根域，其成员有权管理林内的所有域。此组默认的成员为林根域内的用户 Administrator。
- Schema Admins：此组只存在于林根域，其成员具备管理架构（Schema）的权利。此组默认的成员为林根域内的用户 Administrator。

**4. 特殊组账户**

除了前面所介绍的组之外，还有一些特殊组，而你无法更改这些特殊组的成员。下面列出了几个经常使用的特殊组。

- Everyone：任何一位用户都隶属于这个组。若 Guest 账户被启用，则在分配权限给 Everyone 时需小心，因为若一位在你计算机内没有账户的用户，通过网络来登录你的计算机时，他会被自动允许利用 Guest 账户来连接，此时因为 Guest 也隶属于 Everyone 组，所以他将具备 Everyone 所拥有的权限。
- Authenticated Users：任何利用有效用户账户来登录此计算机的用户都隶属于此组。
- Interactive：任何在本机登录的用户都隶属于此组。

- Network：任何通过网络来登录此计算机的用户都隶属于此组。
- Anonymous Logon：任何未利用有效的普通用户账户来登录的用户都隶属于此组。Anonymous Logon 默认并不隶属于 Everyone 组。
- Dialup：任何利用拨号方式连接的用户都隶属于此组。

### 4.1.10 掌握组的使用原则

为了让网络管理更为容易，同时也为了减少以后维护的负担，在利用组来管理网络资源时，建议尽量采用下面的原则，尤其是大型网络。

- A、G、DL、P 原则。
- A、G、G、DL、P 原则。
- A、G、U、DL、P 原则。
- A、G、G、U、DL、P 原则。

其中，A 代表用户账户（user Account）；G 代表全局组（Global group）；DL 代表本地域组（Domain Local group）；U 代表通用组（Universal group）；P 代表权限（Permission）。

**1. A、G、DL、P 原则**

A、G、DL、P 原则就是先将用户账户（A）加入全局组（G），再将全局组加入本地域组（DL）内，然后设置本地域组的权限（P），如图 4-21 所示。以此图为例来说，只要针对图中的本地域组来设置权限，则隶属于该本地域组的全局组内的所有用户都自动会具备该权限。

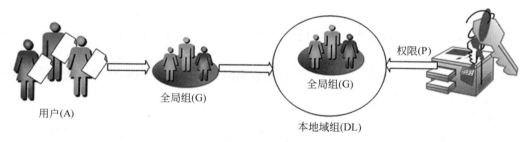

图 4-21　A、G、DL、P 原则

举例来说，若甲域内的用户需要访问乙域内的资源，则由甲域的系统管理员负责在甲域建立全局组，将甲域用户账户加入此组内；而乙域的系统管理员则负责在乙域建立本地域组，设置此组的权限，然后将甲域的全局组加入此组内；之后由甲域的系统管理员负责维护全局组内的成员，而乙域的系统管理员则负责维护权限的设置，如此便可以将管理的负担分散。

**2. A、G、G、DL、P 原则**

A、G、G、DL、P 原则就是先将用户账户（A）加入全局组（G），将此全局组加入另一个全局组（G）内，再将此全局组加入本地域组（DL）内，然后设置本地域组的权限（P），如图 4-22 所示。图中的全局组（G3）内包含两个全局组（G1 与 G2），它们必须是同一个域内的全局组，因为全局组内只能够包含位于同一个域内的用户账户与全局组。

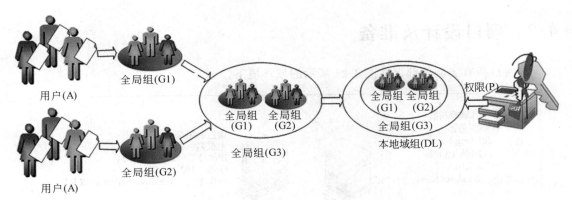

图 4-22   A、G、G、DL、P 原则

### 3. A、G、U、DL、P 原则

全局组 G1 与 G2 若不是与 G3 在同一个域内,则无法采用 A、G、G、DL、P 原则,因为全局组(G3)内无法包含位于另外一个域内的全局组,此时需将全局组 G3 改为通用组,也就是需要改用 A、G、U、DL、P 原则(见图 4-23),此原则是先将用户账户(A)加入全局组(G),将此全局组加入通用组(U)内,再将此通用组加入本地域组(DL)内,然后设置本地域组的权限(P)。

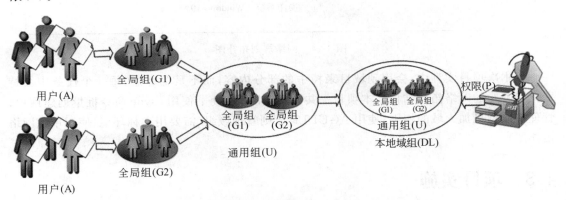

图 4-23   A、G、U、DL、P 原则

### 4. A、G、G、U、DL、P 原则

A、G、G、U、DL、P 原则与前面两种类似,在此不再重复说明。

也可以不遵循以上的原则来使用组,不过会有以下缺点。

- 直接将用户账户加入本地域组内,然后设置此组的权限。它的缺点是无法在其他域内设置此本地域组的权限,因为本地域组只能够访问所属域内的资源。
- 直接将用户账户加入全局组内,然后设置此组的权限。它的缺点是如果你的网络内包含多个域,而每个域内都有一些全局组需要对此资源具备相同的权限,则需要分别替每一个全局组设置权限,这种方法比较浪费时间,会增加网络管理的负担。

## 4.2　项目设计及准备

本项目所有实例都部署在图 4-24 所示的域环境下。

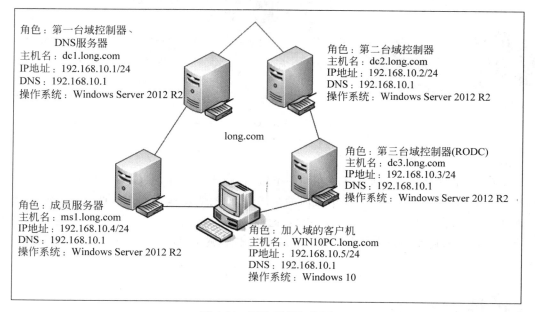

角色：第一台域控制器、
　　　DNS服务器
主机名：dc1.long.com
IP地址：192.168.10.1/24
DNS：192.168.10.1
操作系统：Windows Server 2012 R2

角色：第二台域控制器
主机名：dc2.long.com
IP地址：192.168.10.2/24
DNS：192.168.10.1
操作系统：Windows Server 2012 R2

long.com

角色：第三台域控制器(RODC)
主机名：dc3.long.com
IP地址：192.168.10.3/24
DNS：192.168.10.1
操作系统：Windows Server 2012 R2

角色：成员服务器
主机名：ms1.long.com
IP地址：192.168.10.4/24
DNS：192.168.10.1
操作系统：Windows Server 2012 R2

角色：加入域的客户机
主机名：WIN10PC.long.com
IP地址：192.168.10.5/24
DNS：192.168.10.1
操作系统：Windows 10

图 4-24　网络规划拓扑图

在本次项目实训中,会用到域目录树中的部分内容,而不是全部,在每一个任务中会特别交代需要的网络拓扑结构。本项目一共要完成以下任务:使用 csvde 命令批量创建用户;管理将计算机加入域的权限;使用 AGUDLP 原则管理域组(需要用到林环境,使用单独网络拓扑图)。

# 4.3　项目实施

下面开始实现具体任务,实施任务的顺序遵循由简到难的原则,先进行"域用户的导入与导出"。

### 4.3.1　任务 1　使用 csvde 命令批量创建用户

在 dc1.long.com 上实现域用户的导入,在 ms1.long.com 上进行验证。

**1. 任务背景**

未名公司基于 Windows Server 2012 活动目录管理公司用户和计算机,公司计算机已经全部加入域中,接下来需要根据人事部的公司员工名单为每一位员工创建域账户。

公司拥有员工近千人,并且平均每月都有近百名新员工入职,域管理员经常需要花费大量时间用于域用户的管理上,因此域管理员希望能通过导入的方式批量创建、禁用、删除用户,以提高工作效率。

**2. 任务分析**

对于流动性比较大的公司,频繁地注册大量的域账户可以采用账户的导入功能将用户导入域中,然后再通过批处理脚本来批量更改这些用户的特定信息,如设置密码等。

针对本项目,可以利用 csvde 命令导入域账户,参考步骤如下。

① 利用 csvde 命令导出域账户(结果为 csv 文件)。

② 打开导出的 csv 文件,按照公司用户属性信息要求删除一些无关项,并删除所有的用户记录。保存该文件后,该文件即可用作用户导入的模板文件。

③ 将需要注册的用户信息按要求填入模板文件的相应位置。

④ 利用 csvde 命令导入域账户,新导入的账户默认为禁用状态。

⑤ 利用现有脚本,并对脚本中的操作对象做设置,然后批量执行更改新用户的属性值(如密码),完成域用户的导入。

**注意**　　如果需要注册的域用户属于多个部门(在 AD 中一般属于多个 OU),可以将这些需要注册的用户先全部导入一个新 OU(Organizational Unit,组织单位)中,待完成相关属性修改后再拖到相应 OU 中。

**3. 任务实施**

该项任务的实施步骤如下。

1) 在 dc1. long. com 上导出域用户

**STEP 1**　在【运行】命令行中输入 cmd,打开命令窗口,或者直接单击左下角的 PowerShell 图标打开命令窗口。

**STEP 2**　使用"csvde -d "OU=network,DC=long,DC=com" -f c:\test\network. csv"命令导出 network 这个 OU 里面的所有用户到 C 盘的 test 目录下,文件名为 network. csv,如图 4-25 所示。

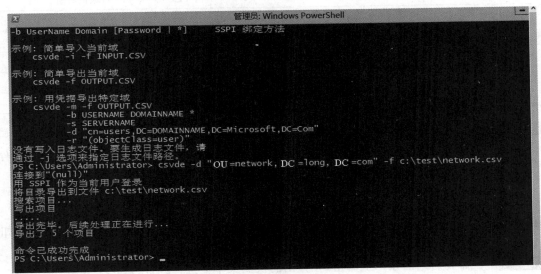

图 4-25　域用户的导出

network 这个 OU 下的所有用户一共有 4 个，但导出了 5 个项目，为什么呢？细读 network.csv 文件可以看到，第二行是 OU 本身，也即组织单位 network 的属性数据。第 3～6 行是 4 个用户的账户属性数据。

**STEP 3** 可以对这个导出的 csv 文件稍做修改（删除无须输入的列、清空用户）并作为导入的模板文件，然后填入新员工相应信息中（推荐使用 Excel 修改文件）。

**STEP 4** 将修改好的用户注册文件保存为 csv 格式。

2）在 dc1.long.com 上导入域用户

**STEP 1** 我们将利用记事本（notepad）来说明如何建立供 csvde.exe 使用的文件，此文件的内容如图 4-26 所示。

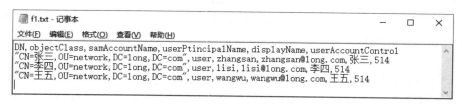

图 4-26　导入文件模板

图中第二行及以后都是要建立的每一个用户账户的属性数据，各属性数据之间利用逗号（,）隔开。第一行用来定义第二行及以后相对应的每一个属性。例如第一行的第一个字段为 DN（Distinguished Name），表示第二行开始每一行的第一个字段代表新对象的存储路径；又例如第一行的第二个字段为 objectClass，表示第二行开始每一行的第二个字段代表新对象的对象类型。

下面利用图 4-26 中的第二行数据来进行说明，如表 4-2 所示。

表 4-2　属性及说明

| 属　　性 | 值　与　说　明 |
|---|---|
| DN（Distinguished Name） | CN＝张三，OU＝network，DC＝long，DC＝com：对象的存储路径 |
| objectClass | User：对象种类 |
| samAccountName | zhangsan：用户 samAccountName 登录 |
| userPtincipalName | zhangsan@long.com：用户 UPN 登录 |
| displayName | zhangsan：显示名称 |
| userAccountControl | 514：表示停用此账户（512 表示启用） |

**STEP 2** 文件建立好后，请打开命令提示符窗口（或单击 Windows PowerShell 图标），然后执行下面的命令（如图 4-27 所示），假设文件名为 f1.txt，且文件位于 C:\test 文件夹内：

```
csvde -i -f C:\test\f1.txt
```

**STEP 3** 打开【Active Directory 管理中心】，可以看到执行命令后所建立的新账户，如图 4-28 所示，图中向下的箭头符号表示账户被停用。

**STEP 4** 在需要启用的账户上右击，在弹出的快捷菜单上选择【启用】命令，如图 4-29 所示。

**STEP 5** 给用户设置密码。

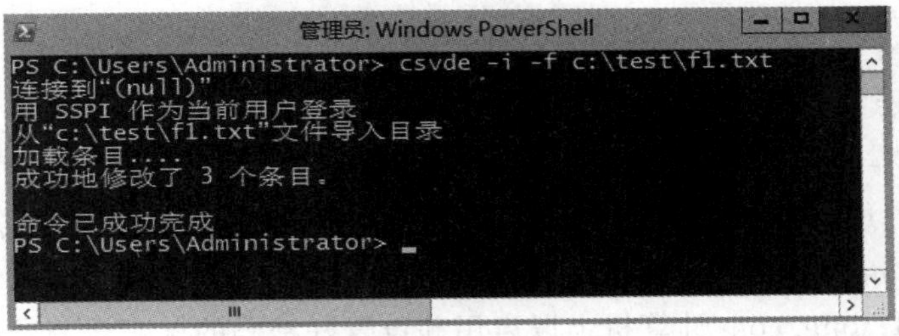

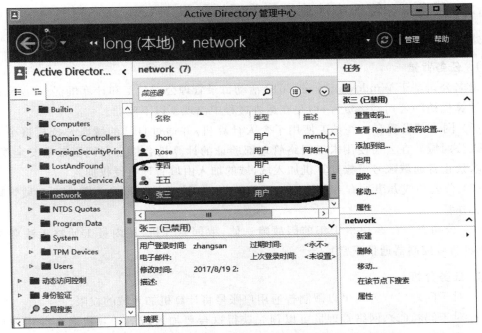

图 4-27　成功导入 3 个域账户

图 4-28　成功导入域账户后的【Active Directory 管理中心】

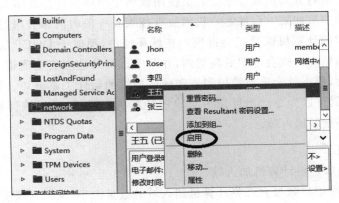

图 4-29　启用账户

首先建一个文本文档并写入以下内容：

```
net user zhangsan 123456@a
net user lisi 123456@b
net user wangwu 123456@c
```

把该文件保存为 bat 格式，如 ff. bat。

**STEP 6**　直接在 ff. bat 文件上单击，成功运行后，各账户的密码就更新成功了。

3) 在 ms1. long. com 上验证

**STEP 1**　在 ms1. long. com 计算机上以启用并设置好密码的域账户登录域 long. com。

**STEP 2**　查看是否成功。

## 4.3.2　任务2　管理将计算机加入域的权限

需要用到 dc1. long. com 和 ms1. long. com。

**1. 任务背景**

未名公司基于 Windows Server 2012 活动目录管理公司员工和计算机，公司仅允许加入域的计算机访问公司网络资源，但是在运维过程中出现了以下问题。

（1）网络部发现有一些员工使用了个人计算机，并通过自己的域账号授权将个人计算机加入公司域。在公司使用未经网络管理部验证的计算机会给公司网络带来安全隐患，公司要求禁止普通域账号授权计算机加入域，域的加入由域管理员授权加入。

（2）分公司或办事处有一台计算机需要加入域，但是分公司或办事处没有域管理员时该怎么办？

（3）公司有一台客户机半年前因故障送修，取回后开机，域内员工始终无法登录到域（客户机与域控制器通信正常）。

**2. 任务分析**

- 对于问题（1），公司可以限制普通用户账号将计算机加入域的权限。

- 对于问题（2），网络管理员可以预先获得这台要加入域的计算机名和使用该计算机的域用户账号，然后在域控制器上创建计算机账号，并授权该用户账号将该计算机加入域。最后分公司或办事处人员使用该域用户将该计算机加入域。

- 对于问题（3），如果一台域客户机因故有相当长一段时间未登录过域，那么这台域客户机对应的计算机账号就会过期。在域环境中，类似于 DHCP 服务器与客户机，域控制器和域客户机会定期更新契约，并基于该契约建立安全通道。如果契约过期并完全失效，那么就会导致域控制器和域客户机的信任关系破坏。如果要修复它们的信任关系，可以先在活动目录中删除该计算机账号，然后用该计算机的管理员账号退出域再重新加入域。

**3. 任务实施**

1) 禁止普通账户将计算机加入域

通过修改普通用户账号允许将计算机加入域的数量由 10 改为 0 来实现。

**STEP 1**　在 dc1. long. com 上，在【服务器管理器】主窗口下打开【ADSI 编辑器】，右击【ADSI 编辑器】，在弹出的快捷菜单中选择【连接到(c)…】命令，如图 4-30 所示。

**STEP 2**　在弹出的【连接设置】中保持默认设置并单击【确定】按钮，打开【默认命名上下文

[dc1. long. com]】,如图 4-31 所示。

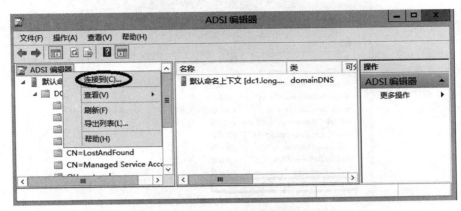

图 4-30　ADSI 编辑器

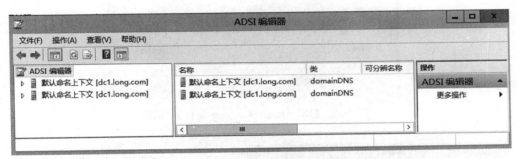

图 4-31　在 ADSI 上默认命名上下文[dc1. long. com]

> **提示**　ADSI 编辑器在前面已经使用命令打开并编辑过(更改域控制器名称的相关内容),所以存在【默认命名上下文[dc1. long. com]】的条目。如果存在该条目,前面两个步骤可以省略。

**STEP 3**　展开【默认命名上下文[dc1. long. com]】,右击【DC＝long,DC＝com】,选择【属性】命令,在弹出的【属性】对话框中找到 ms-DS-MachineAccountQuota,如图 4-32 所示。

**STEP 4**　将 ms-DC-MachineAccountQuota 默认值 10 改为 0,这样普通用户加域的数量就为 0 台,即普通用户不可以将计算机加入域。

**STEP 5**　使用域用户 Alice 将一台普通客户机加入域,结果不成功,并提示"已超出此域所允许创建的计算机账户的最大值",如图 4-33 所示。

**STEP 6**　使用域管理员账号 administrator 授权时,提示"欢迎加入 long. com 域",如图 4-34 所示。

　2) 通过授权普通域用户将指定计算机加入域

　有一台 network 部的计算机,计算机名为 WIN10PC,该计算机是分配给 Alice 使用的,因此公司决定通过授权 Alice 将该计算机加入域。

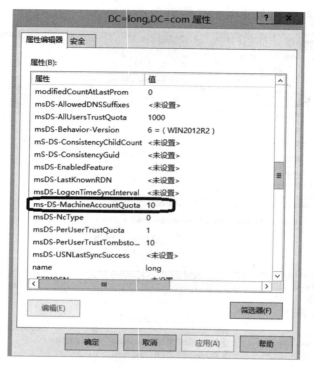

图 4-32 【DC=long,DC=com 属性】对话框

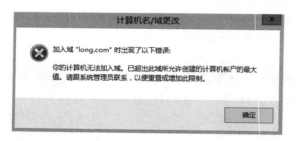

图 4-33 普通用户加入域操作不成功

图 4-34 管理员账户成功加入域

**STEP 1** 右击域控制器的【Active Directory 用户和计算机】的 network,在弹出的快捷菜单中选择【新建】→【计算机】命令,如图 4-35 所示。

**STEP 2** 在弹出如图 4-36 所示的【新建对象-计算机】对话框中输入计算机名"WIN10PC",并单击【更改(c)...】按钮,选择授权将该计算机加入域的用户或组账号。

**STEP 3** 在弹出的如图 4-37 所示的【选择用户或组】对话框中的最后一个文本框中输入 Alice 的域账号 Alice@long.com,单击【确定】按钮,结果如图 4-38 所示。

**STEP 4** 右击新建的计算机账号 WIN10PC,在弹出的快捷菜单中查看该账户的【常规】属性和【操作系统】属性,结果如图 4-39 所示。该计算机账号目前可以理解为预注册,它的很多信息还不完整,这需要计算机加入域后再由域控制器根据客户机信息自动完善。

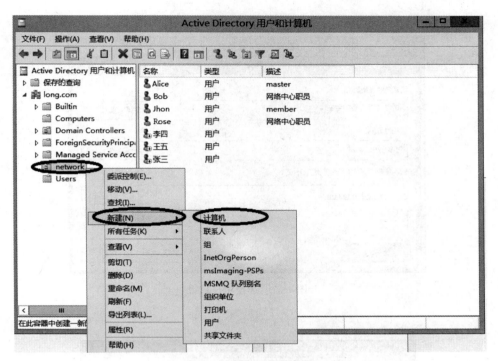

图 4-35　新建计算机账号

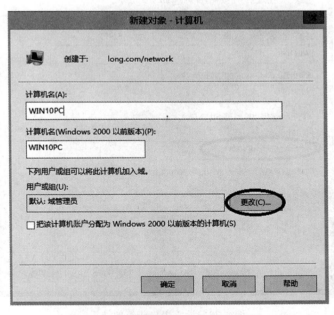

图 4-36　【新建对象-计算机】对话框

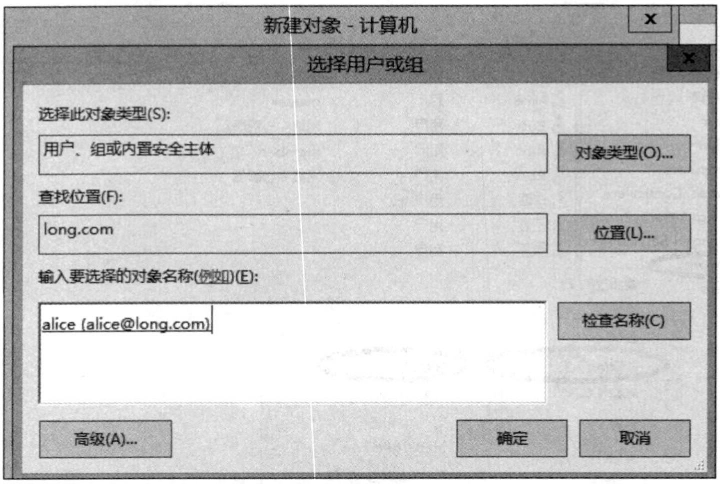


图 4-37　选择用户或组

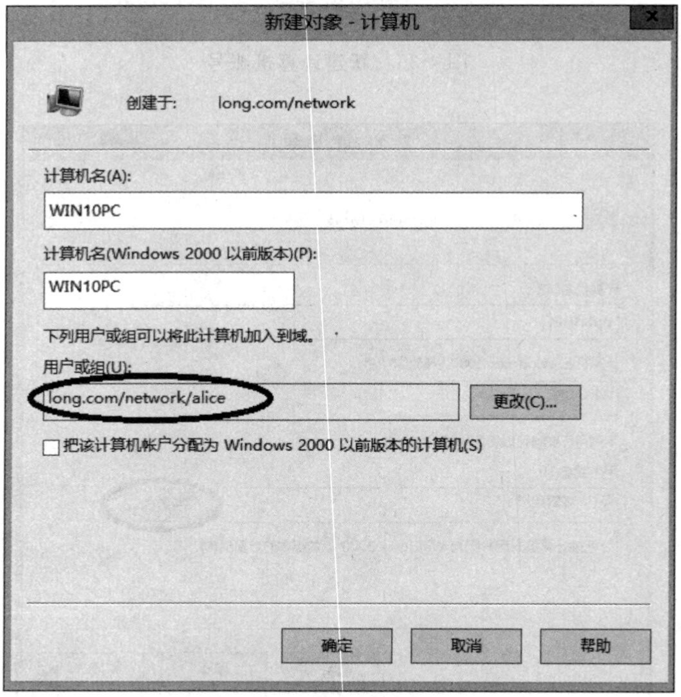


图 4-38　设置用户或组的结果

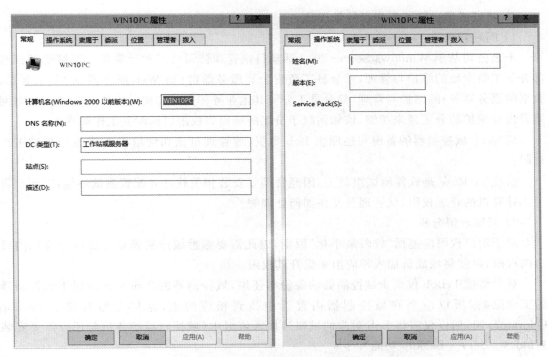

图 4-39 【WIN10PC 属性】对话框的【常规】和【操作系统】选项卡

**STEP 5** 在 WIN10PC 客户机使用域账号 Alice 加入域后,系统提示"成功加入域",此时域普通账号并不受"普通用户允许将计算机加入域的数量属性"的限制。计算机 WIN10PC 加入成功后,结果如图 4-40 所示,其客户机相关信息已经由域控制器自动补充完。

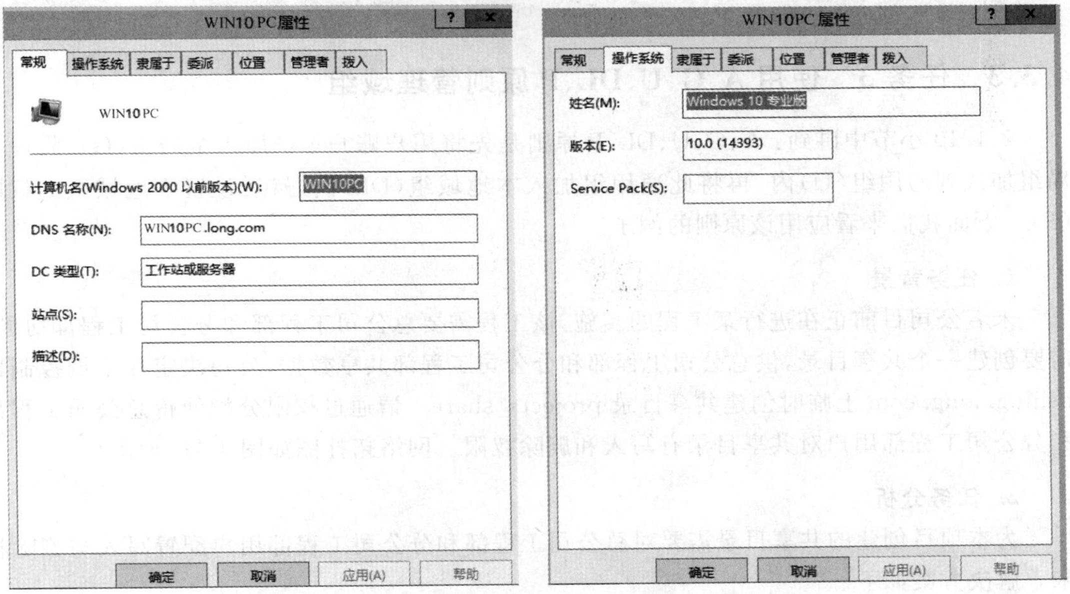

图 4-40  添加完信息

**4. 将域成员设定为客户机的管理员**

1）问题背景

未名公司基于 Windows Server 2012 活动目录管理公司员工和计算机。网络管理部有部分员工负责域的维护与管理，部分员工负责公司服务器群（如 Web 服务器、FTP 服务器、数据库服务器等）的维护与管理，部分员工分管其他业务部门计算机的维护与管理。面对网络管理与维护的分工越来越细，该如何赋予员工的域操作权限以匹配其工作职责呢？

情境 1：域控制器的备份与还原由 Bob 负责，域管理员该如何给 Bob 设置合理的工作权限？

情境 2：Rose 是软件测试组员工，因经常需要安装相关软件并配置测试环境，需要获得工作计算机的管理权限，域管理员又该如何处理呢？

2）问题求解分析

对于用户权限应遵循"权限最小化"原则，因此需要熟悉域控制器和域成员计算机内置组的权限，以便将域成员加入相应组来提升其权限。

对于情境 1，Bob 仅负责域控制器的备份与还原，域控制器的备份与还原属于域控制器的工作范畴，所以应当在域控制器内置组中找到相应的组，这里显然对应于 Backup Operators 组，所以仅需将 Bob 对应的域账号加入该组中（域控制器的备份与还原需要安装 Windows Server Backup 功能）。

对于情境 2，Rose 的要求是提升他的工作计算机的管理权限，属于域成员计算机的工作范畴，所以应当将 Rose 的域账号加入他的工作计算机的本地管理员组即可。

假设 Jhon 既负责域控制器的网络配置，又负责域控制器的性能监测，那么对于域控制器的内置组是没有相对应的内置组的，但是可以让他的域账户属于 Network Configuration Operators 和 Performance Log Users 组。

## 4.3.3 任务 3 使用 A、G、U、DL、P 原则管理域组

4.1.10 小节中讲到：A、G、U、DL、P 原则是先将用户账户（A）加入全局组（G），将此全局组加入到通用组（U）内，再将此通用组加入本地域组（DL）内，然后设置本地域组的权限（P）。下面我们来看应用该原则的例子。

**1. 任务背景**

未名公司目前正在进行某工程的实施，该工程需要总公司工程部和分公司工程部协同，需要创建一个共享目录，供总公司工程部和分公司工程部共享数据，公司决定在子域控制器 beijing.long.com 上临时创建共享目录 projects_share。请通过权限分配使得总公司工程部和分公司工程部用户对共享目录有写入和删除权限。网络拓扑图如图 4-41 所示。

**2. 任务分析**

为本项目创建的共享目录需要对总公司工程部和分公司工程部用户配置写入与删除权限。解决方案如下。

（1）在总公司 DC1 和分公司 DC2 上创建相应工程部员工用户。

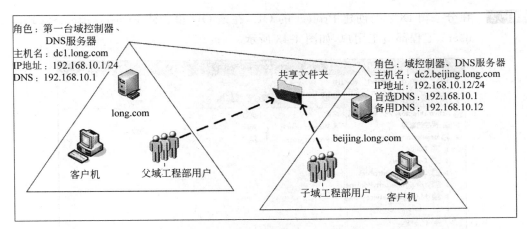

图 4-41  运行 A、G、U、DL、P 原则管理组示意图

（2）在总公司 DC1 上创建全局组 Project_Long_Gs，并将总公司工程部用户加入该全局组；在分公司上创建全局组 Project_Beijing_Gs，并将分公司工程部用户加入该全局组。

（3）在总公司 DC1（林根）上创建通用组 Project_Long_Us，并将总公司和分公司的工程全局组配置为成员。

（4）在子公司 DC2 上创建本地域组 Project_Beijing_DLs，并将通用组 Project_Long_Us 加入本地域组。

（5）创建共享目录 Projects_Share，配置本地域组权限为读/写权限。

实施后面临的问题如下。

- 总公司工程部员工新增或减少。总公司管理员直接对工程部用户进行 Project_Long_Gs 全局组的加入与退出。
- 分公司工程部员工新增或减少。分公司管理员直接对工程部用户进行 Project_Beijing_Gs 全局组的加入与退出。

**3. 任务实施**

STEP 1　在总公司 DC1 上创建 Project 的 OU，在该 OU 里创建 Project_userA 和 Project_userB 工程部员工用户，如图 4-42 所示。

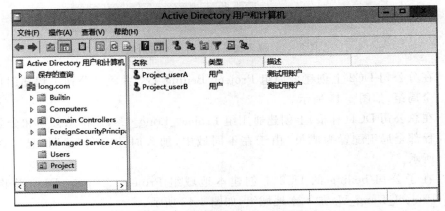

图 4-42  在父域上创建工程部员工

**STEP 2** 在分公司 DC2 上创建 Project 的 OU，在该 OU 里创建 Project_user1 和 Project_user2 工程部员工用户，如图 4-43 所示。

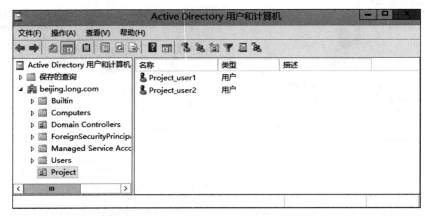

图 4-43  在子域上创建工程部员工

**STEP 3** 在总公司 DC1 上创建全局组 Project_Long_Gs，并将总公司工程部用户加入该全局组，如图 4-44 所示。

图 4-44  将父域工程部用户添加到组

**STEP 4** 在分公司 DC2 上创建全局组 Project_Beijing_Gs，并将分公司工程部用户加入该全局组，如图 4-45 所示。

**STEP 5** 在总公司 DC1（林根）上创建通用组 Project_Long_Us，并将总公司和分公司的工程部全局组配置为成员（由于在不同域中，加入时注意"位置"信息），如图 4-46 所示。

**STEP 6** 在子公司 beijing 的 DC2 上创建本地域组 Project_Beijing_DLs，并将通用组 Project_Long_Us 加入本地域组，如图 4-47 所示。

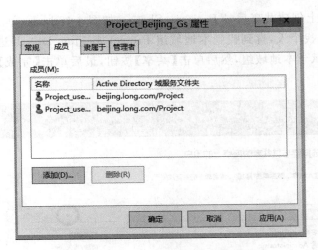

图 4-45　将子域工程部用户添加到组

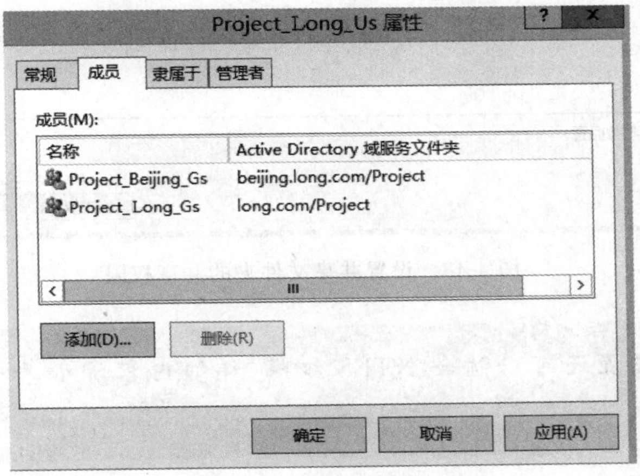

图 4-46　将全局组添加到通用组

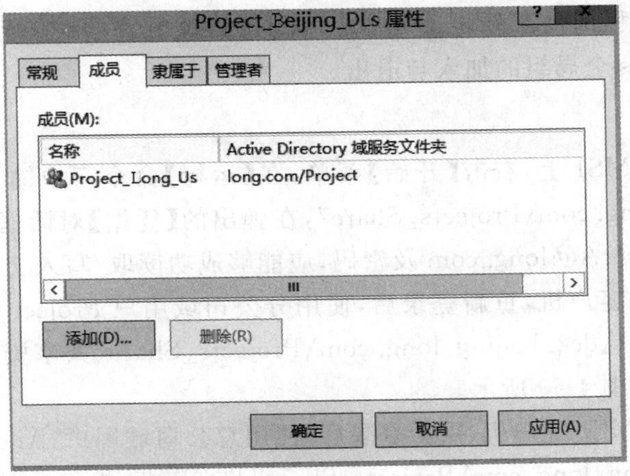

图 4-47　将通用组添加到本地域组

STEP 7    在 DC2 上创建共享目录 Projects_Share。如图 4-48 所示，单击图中圈定的向下箭头，再查找个人，直到找到本地域组 Project_Beijing_DLs 并进行添加，再将读/写的权限赋予本地域组，然后单击【共享】按钮，最后单击【完成】按钮完成共享目录的设置。

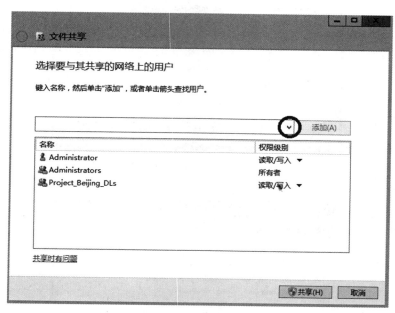

图 4-48    设置共享文件夹的共享权限

注 意
　　权限设置还可以结合 NTFS 权限，详细内容请参考相关书籍，在此不再赘述。

STEP 8    总公司工程部员工新增或减少：总公司管理员直接对工程部用户进行 Project_Long_Gs 全局组的加入与退出。

STEP 9    分公司工程部员工新增或减少：分公司管理员直接对工程部用户进行 Project_Beijing_Gs 全局组的加入与退出。

### 4. 测试验证

STEP 1    在客户机 MS1 上，右击【开始】菜单，在【运行】命令行中输入 UNC 路径"\\dc2.beijing. long. com\Projects_Share"，在弹出的【凭据】对话框中输入总公司域用户 Project_userA@long. com 及密码，应能够成功读取/写入文件，如图 4-49 所示。

STEP 2    注销 MS1 客户机，重新登录后，使用分公司域用户 Project_user1@beijing. long. com 访问"\\dc2. beijing. long. com\Projects_Share"共享资源，能够成功读取/写入文件，如图 4-50 所示。

STEP 3    再次注销 MS1 客户机，重新登录后，使用总公司域用户"Alice@long. com"访问"\\dc2. beijing. long. com\Projects_Share"共享资源，提示没有访问权限，因为 Alice 用户不是工程部用户，如图 4-51 所示。

图 4-49 访问共享目录(1)

图 4-50 访问共享目录(2)

图 4-51 提示没有访问权限

# 4.4 习题

**一、填空题**

1. 账户的类型分为_____、_____和_____。

2. 根据服务器的工作模式,组分为_____和_____。

3. 工作组模式下,用户账户存储在_____中;域模式下,用户账户存储在_____中。

4. 活动目录中,组按照能够授权的范围,分为_____、_____和_____。

5. 如果你创建了一个名为 Helpdesk 的全局组,其中包含所有帮助台账户。你希望帮助台人员能在本地桌面计算机上执行任何操作,包括取得文件所有权。最好使用_____内置组。

二、选择题

1. 在设置域账户属性时,(　　)项目是不能被设置的。

　　A. 账户登录时间　　　　　　　　　　B. 账户的个人信息

　　C. 账户的权限　　　　　　　　　　　D. 指定账户登录域的计算机

2. 下列(　　)账户名不是合法的账户名。

　　A. abc_234　　　　B. Linux book　　　C. doctor *　　　　D. addeofHELP

3. 下面(　　)用户不是内置本地域组成员。

　　A. Account Operator　　　　　　　　B. Administrator

　　C. Domain Admins　　　　　　　　　D. Backup Operators

4. 公司有一个总部和 10 个分部。每个分部有一个 Active Directory 站点,其中包含一个域控制器。只有总部的域控制器被配置为全局编录服务器。你需要在分部域控制器上停用【通用组成员身份缓存】(UGMC)选项。应在(　　)上停用 UGMC。

　　A. 站点　　　　　　B. 服务器　　　　　C. 域　　　　　　D. 连接对象

5. 公司有一个单域的 Active Directory 林,该域的功能级别是 Windows Seryer 2012,你执行以下活动。

- 创建一个全局通信组。
- 将用户添加到该全局通信组。
- 在 Windows Server 2012 成员服务器上创建一个共享文件夹。
- 将该全局通信组放入有权访问该共享文件夹的域本地组中。
- 你需要确保用户能够访问该共享文件夹。

你该怎么做?(　　)

　　A. 将林功能级别提升为 Windows Server 2012

　　B. 将该全局通信组添加到 Domain Administrators 组中

　　C. 将该全局通信组的组类型更改为安全组

　　D. 将该全局通信组的作用域更改为通用通信组

三、简答题

1. 简述工作组和域的区别。

2. 简述通用组、全局组和本地域组的区别。

3. 你负责管理自己所属组的成员的账户以及对资源的访问权。组中的某个用户离开了公司,你希望在几天内将有人来代替该员工? 对于以前用户的账户,你应该如何处理?

4. 你需要在 AD DS 中创建数百个计算机账户,以便为无人参与安装预先配置这些账户。创建如此大量的账户的最佳方法是什么?

5. 用户报告说,他们无法登录到自己的计算机。错误消息表明计算机和域之间的信任关系中断。如何修正该问题?

6. BranchOffice_Admins 组对 BranchOffice_OU 中的所有用户账户有完全控制权限。对于从 BranchOffice_OU 移入 HeadOffice_OU 的用户账户,BranchOffice_Admins 对该账户将有何权限?

# 4.5　实践训练

未名公司网络拓扑如图 4-52 所示。

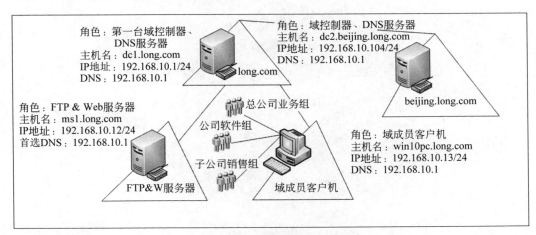

图 4-52　未名公司网络拓扑图

目前,公司正在进行集团办公自动化项目的开发,该项目由总公司软件组和分公司软件组共同研发,由总公司业务组负责需求调研,分公司销售组负责前期推广宣传。为促进该项目的良好运转,总公司决定在一台成员服务器上搭建 FTP 服务,用于数据共享和网站发布。为此公司在 FTP 服务器的 FTP 站点根目录下创建了两个子目录:【数据共享】和【网站发布】,并做以下权限部署。

(1) 允许软件组对这两个目录写入、删除和读取权限。

(2) 允许业务组写入、删除和读取【数据共享】目录。

(3) 允许销售组读取【网站发布】目录。

(4) 不允许用户修改 FTP 主目录。

请给出配置方案并实施。

# 第二部分

# 配置与管理组策略

- 项目 5  使用组策略管理用户工作环境
- 项目 6  利用组策略部署软件与限制软件运行
- 项目 7  管理组策略

# 使用组策略管理用户工作环境

## 项目背景

　　管理员在管理信息技术(IT)基础结构的工作中,面临着日益复杂的难题。他们必须针对更多类型的员工(如移动用户、信息工作者,或者承担严格限定任务的其他人,如数据输入员)实现并维护自定义的桌面配置。

　　Windows Server 2012 的组策略和 Active Directory 域服务(AD DS)基础结构使 IT 管理员能自动管理用户和计算机,从而简化管理任务并降低 IT 成本。利用组策略和 AD DS,管理员可有效地实施安全设置、强制实施 IT 策略,并在给定站点、域或一系列组织单位(OU)中统一分发软件。

## 项目目标

- 组策略概述。
- 利用组策略来管理计算机与用户环境。
- 利用组策略来限制访问可移动存储设备。
- 组策略的委派管理。
- Starter GPO 的设置与使用。

## 5.1　相关知识

　　组策略是一种能够让系统管理员充分管理与控制用户工作环境的功能,通过它可以确保用户拥有符合组织要求的工作环境,并能够限制用户,这样不但可以让用户拥有适当的环境,也可以减轻系统管理员的管理负担。

　　本节介绍如何使用组策略来简化在 Active Directory 环境中管理计算机和用户。将了解组策略对象(GPO)结构以及如何应用 GPO,还有应用 GPO 时的某些例外情况。

　　本节还将讨论 Windows Server 2012 提供的组策略功能,这些功能也有助于简化计算机和用户管理。

### 5.1.1　组策略

　　组策略是一种技术,它支持 Active Directory 环境中计算机和用户的一对多管理,其特点如图 5-1 所示。

> 组策略使 IT 管理员能实现用户和计算机的一对多管理自动化。

> 使用组策略可以实现如下功能：
> - 应用标准配置
> - 部署软件
> - 强制实施安全设置
> - 强制实施一致的桌面环境

> 本地组策略对本地用户和域用户以及本地计算机设置总是有效。

图 5-1　组策略

通过编辑组策略设置，并针对目标用户或计算机设计组策略对象（GPO），可以集中管理具体的配置参数。这样，只更改一个 GPO，就能管理成千上万的计算机或用户。

组策略对象是应用于选定用户和计算机的设置的集合。组策略可控制目标对象的环境的很多方面，包括注册表、NTFS 文件系统安全性、审核和安全性策略、软件安装和限制、桌面环境、登录/注销脚本等。

通过链接，一个 GPO 可与 AD DS 中的多个容器关联。反过来，多个 GPO 也可链接到一个容器。

### 1. 域级策略

域级策略只影响属于该域的用户和计算机。默认情况下存在两个域级策略，如表 5-1 所示。

表 5-1　默认域级策略（域策略、域控制器策略）

| 策　　　略 | 描　　　述 |
| --- | --- |
| 默认域策略 | 此策略链接到域容器，并且影响该域中的所有对象 |
| 默认域控制器策略 | 此策略链接到域控制器的容器，并且影响该容器中的对象 |

可以创建其他域级策略，然后将其链接到 AD DS 中的各种容器，以将具体配置应用于选定对象。例如，提供额外安全性设置的 GPO 可应用于包含应用程序服务器计算机账户的组织单位。又如，GPO 可限制某个组织单位中用户的桌面环境。

### 2. 本地组策略

Windows 2000 Server 或更高版本的操作系统都有本地组策略。此策略影响本地计算机以及登录到该计算机的任何用户，包括从该本地计算机登录到域的域用户。

在工作组或单机情况下，只有本地组策略可用于控制计算机环境。

本地组策略设置存储在本地计算机上的％systemroot％\system32\GroupPolicy 文件

夹中,该文件夹为隐藏文件夹。

## 5.1.2　组策略的功能

组策略提供的主要功能如下。

- 账户策略的设置:如设置用户账户的密码长度、密码使用期限、账户锁定策略等。
- 本地组策略的设置:如审核策略的设置、用户权限的分配、安全性的设置等。
- 脚本的设置:如登录与注销、启动与关机脚本的设置。
- 用户工作环境的设置:如隐藏用户桌面上所有的图标,删除【开始】菜单中的运行、搜索/关机等选项,在【开始】菜单中添加注销选项,删除浏览器的部分选项,强制通过指定的代理服务器上网等。
- 软件的安装与删除:用户登录或计算机启动时,自动为用户安装应用软件,自动修复应用软件或自动删除应用软件。
- 限制软件的执行:通过各种不同的软件限制策略来限制域用户只能运行指定的软件。
- 文件夹的重定向:如改变文件、【开始】菜单等文件夹的存储位置。
- 限制访问可移动存储设备:如限制将文件写 AU 盘,以免企业内机密文件轻易被带离公司。
- 其他的系统设置:如让所有的计算机都自动信任指定的 CA(Certificate Authority),限制安装设备驱动程序(Device Driver)等。

可以在 AD DS 中针对站点(Site)、域(Domain)与组织单位(OU)来设置组策略。组策略内包含计算机配置与用户配置两部分。

- 计算机配置:当计算机开机时,系统会根据计算机配置的内容来设置计算机的环境。举例来说,若你针对域 long.com 设置了组策略,则此组策略内的计算机设置就会被应用到这个域内的所有计算机上。
- 用户配置:当用户登录时,系统会根据用户配置的内容来设置用户的工作环境。举例来说,若针对组织单位 sales 设置了组策略,则其中的用户配置就会被应用到这个组织单位内的所有用户。

## 5.1.3　组策略对象

组策略是通过组策略对象(Group Policy Object,GPO)来设置的,而你只要将 GPO 链接到指定的站点、域或组织单位,此 GPO 内的设置值就会影响到该站点、域或组织单位内的所有用户与计算机。

### 1. 内置的 GPO

AD DS 域有两个内置的 GPO(见表 5-1),分别如下。

- Default Domain Policy:此 GPO 默认已经被链接到域,因此其设置值会被应用到整个域内的所有用户与计算机。
- Default Domain Controller Policy:此 GPO 默认已经被链接到组织单位 Domain Controllers,因此其设置值会被应用到 Domain Controllers 内的所有用户与计算机(Domain Controllers 内默认只有域控制器的计算机账户)。

可以使用【管理工具】中的【组策略管理】（如图 5-2 所示）的方法来验证 Default Domain Policy 与 Default Domain Controller Policy GPO 分别已经被链接到域 long.com 与组织单位 Domain Controllers。

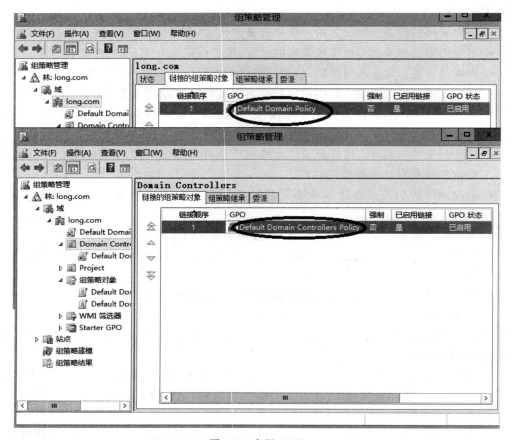

图 5-2　内置 GPO

注 意　在尚未彻底了解组策略以前，请暂时不要随意更改 Default Domain Policy 或 Default Domain Controller Policy 这两个 GPO 的设置值，以免影响系统的运行。

### 2. GPO 的内容

GPO 的内容被分为 GPC 与 GPT 两部分，它们分别被存储到不同的位置。

1）GPC

GPC（Group Policy Container）：存储在 AD DS 数据库内，它记载着此 GPO 的属性与版本等数据。域成员计算机可通过属性来得知 GPT 的存储位置，而域控制器可利用版本来判断其所拥有的 GPO 是否为最新版本以便作为是否需要从其他域控制器复制最新 GPO 的依据。

可以通过下面的方法来查看 GPC：依次选择并打开【开始】→【管理工具】→【Active

Directory 管理中心】，再依次单击树视图图标，单击域（如 long），展开 System 容器，如图 5-3 所示，选择 Policies 选项，图中间圈起来的部分为 Default Domain Policy 与 Default Domain Controller Policy 这两个 GPO 的 GPC，图中的数字分别是这两个 GPO 的 GUID（Global Unique Identifier）。

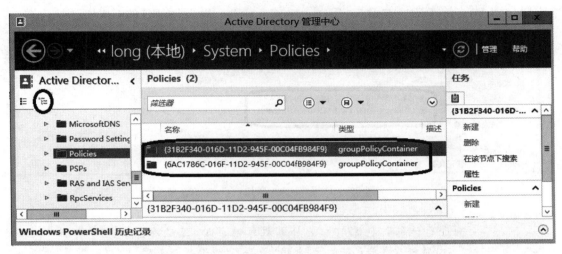

图 5-3　查看 GPC

如果要查询 GPO 的 GUID，例如，要查询 Default Domain Policy GPO 的 GUID，可以使用如图 5-4 所示的方法，即在组策略管理控制台中打开 Default Domain Policy，再打开【详细信息】选项卡，选择【唯一 ID】。

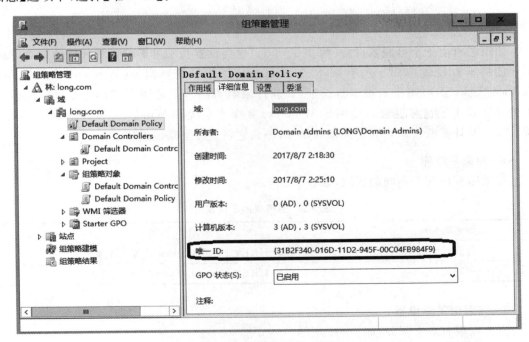

图 5-4　查询 GPO 的 GUID

2）GPT

GPT(Group Policy Template)：用来存储 GPO 的设置值与相关文件，它是一个文件夹，而且被建立在域控制器的"％systemroot％\SYSVOL\sysvol\域名\Policies"文件夹内。系统利用 GPO 的 GUID 来当作 GPT 的文件夹名称，例如，图 5-5 中两个 GPT 文件夹分别是 Default Domain Policy 与 Default Domain Controller Policy GPO 的 GPT。

图 5-5　GPT(Group Policy Template)

　　　　每一台计算机也都有本地计算机策略，可以通过在【运行】命令行中输入 MMC 后，再依次单击【添加/删除】管理单元→【选择组策略对象】编辑器，最后再分别单击【添加】、【确定】、【完成】按钮来建立管理本地计算机策略的工具。本地计算机策略的设置数据被存储在本地计算机的"％systemroot％\System32\GroupPolicy"文件夹内，它是一个隐藏文件夹。

## 5.1.4　组策略设置

组策略有上千个可配置设置(约 2400 个)。这些设置几乎可影响计算环境的每个方面。不可能将所有设置应用于所有版本的 Windows 操作系统。例如，Windows 7 操作系统 Service Pack(SP)2 附带的很多新设置(如软件限制策略)，只适用于该操作系统。同样，数百种新设置中的很多设置只适用于 Windows 8 操作系统和 Windows Server 2012 操作系统。如果对计算机应用它无法处理的设置，那么它将直接忽略该设置。

### 1. 组策略结构

组策略分成两个不同的领域，如表 5-2 所示。

表 5-2　组策略的不同领域

| 组策略领域 | 作　　用 |
| --- | --- |
| 计算机配置 | 影响 HKEY Local Machine 注册表配置单元 |
| 用户配置 | 影响 HKEY Current User 注册表配置单元 |

### 2. 配置组策略设置

每个领域有 3 个部分，如表 5-3 所示。

表 5-3　组策略的设置

| 策略部分 | 作　用 |
| --- | --- |
| 软件设置 | 软件可部署到用户或计算机。部署到用户的软件特定于该用户。部署到计算机上的软件对该计算机的所有用户可用 |
| Windows 设置 | 包含针对用户和计算机的脚本设置与安全性设置，以及针对用户配置的 Internet Explorer 维护 |
| 管理模板 | 包含数百个设置，这些设置修改注册表以控制用户或计算机环境的各个方面 |

## 5.1.5　首选项设置

只有域的组策略才有首选项设置功能，本地计算机策略并无此功能。

- 策略设置是强制性设置，客户端应用这些设置后就无法更改（有些设置虽然客户端可以自行变更设置值，不过下次应用策略时，仍然会被改为策略内的设置值）；而首选项设置是非强制性的，客户端可自行更改设置值，因此首选项设置适合用来当作默认值。

- 若要过滤策略设置，必须针对整个 GPO 来过滤，例如某个 GPO 已经被应用到 sales，但是我们可以通过过滤设置来让其不要应用到 sales 经理 Alice，也就是整个 GPO 内的所有设置项目都不会被应用到 Alice，而首选项设置可以针对单一设置项目来过滤。

- 如果在策略设置与首选项设置内有相同的设置项目，而且都已做了设置，但是其设置值却不相同，则以策略设置优先。

1）设备安装

通过策略，可以用阻止用户安装驱动程序的方法限制用户安装某些特定类型的硬件设备。

通过首选项可以禁用设备和端口，但它不会阻止设备驱动程序的安装，它也不会阻止具有相应权限的用户通过设备管理器启用设备或端口。

如果想完全锁定并阻止某个特定设备的安装和使用，可以将策略和首选项配合起来使用，用首选项来禁用已安装的设备，通过策略设置阻止该设备驱动的安装。

策略位置：计算机配置→策略→管理模板→系统→设备安装限制

首选项位置：计算机配置→首选项→控制面板设置→设备

2）文件和文件夹

通过策略可以为重要的文件和文件夹创建特定的访问控制列表（ACL）。然而，只有目标文件或文件夹存在的情况下，ACL 才会被应用。

通过首选项，可以管理文件和文件夹。对于文件，可以通过从源计算机复制的方法来创建、更新、替换或删除；对于文件夹，可以指定在创建、更新、替换或删除操作时，是否删除文件夹中现存的文件和子文件夹。

因此，可以用首选项来创建一个文件或文件夹，通过策略对创建的文件或文件夹设置 ACL。需要注意的是，在首选项的设置中应该选择【只应用一次而不再重新应用】选项，否则，创建、更新、替换或删除的操作会在下一次组策略刷新时被重新应用。

策略位置：计算机配置→策略→Windows 设置→安全设置→文件系统

首选项位置：计算机配置→首选项→Windows 设置→文件（夹）

3）Internet Explorer

在计算机配置中，策略（Internet Explorer）配置了浏览器的安全增强并帮助锁定 Internet 安全区域设置。

在用户配置中，策略（Internet Explorer）用于指定主页、搜索栏、链接、浏览器界面等。在用户配置中的首选项（Internet 选项）中，允许设置 Internet 选项中的任何选项。

因为策略是被管理的而首选项是不被管理的，当用户想要强制设定某些 Internet 选项时，应该使用策略设置。尽管也可以使用首选项来配置 Internet Explorer，但是因为首选项是非强制性的，所以用户可以自行更改设置。

策略位置：计算机配置（用户配置）→策略→管理模板→Windows 组件→Internet Explorer

首选项位置：用户配置→首选项→控制面板设置→Internet 设置

4）打印机

通过策略，可以设置打印机的工作模式、计算机允许使用的打印功能、用户允许对打印机的操作等。

通过首选项可以映射和配置打印机，这些首选项包括配置本地打印机以及映射网络打印机。

因此，可以运用首选项为客户机创建网络打印机或本地打印机，通过策略来限制用户和客户机的打印相关功能的设置。

策略位置：计算机配置（用户配置）→策略→管理模板→控制面板→打印机

首选项位置：用户配置→首选项→控制面板设置→打印机

5）【开始】菜单

通过策略设置，可以控制和限制【开始】菜单选项和不同的【开始】菜单行为。例如，可以指定是否要在用户注销时清除最近打开的文档历史，或是否在【开始】菜单上禁用拖放操作，还可以锁定任务栏，移除系统通知区域的图标以及关闭所有气球通知等。

通过首选项，可以如同控制面板中的任务栏和【开始】菜单属性对话框一样来配置。

6）用户和组

通过策略设置，可以限制 AD 组或计算机本地组的成员。

通过首选项设置，可以创建、更新、替换或删除计算机的本地用户和本地组。

对于计算机本地用户，可以进行以下操作。

① 重命名用户账号。

② 设置用户密码。

③ 设置用户账号的状态标识（如账号禁用标识）。

对于计算机本地组，首选项可以进行以下操作。

① 重命名组。

② 添加或删除当前用户。

③ 删除成员用户或成员组。

策略位置：计算机配置→策略→Windows 设置→安全设置→受限制的组

首选项位置：计算机配置（用户配置）→首选项→控制面板设置→本地用户和组

### 5.1.6    组策略的应用时机

当你修改了站点、域或组织单位的 GPO 设置值后,这些设置值并不是立刻就对其中的用户与计算机有效,而是必须等 GPO 设置值被应用到用户或计算机后才有效。GPO 设置值内的计算机配置与用户配置的应用时机并不相同。

**1. 计算机配置的应用时机**

域成员计算机会在下列场景中应用 GPO 的计算机配置值。

- 计算机开机时会自动应用。
- 若计算机已经开机,则会每隔一段时间自动应用。
  - ➢ 域控制器:默认是每隔 5 分钟自动应用一次。
  - ➢ 非域控制器:默认是每隔 90~120 分钟自动应用一次。
  - ➢ 不论策略设置值是否发生变化,都会每隔 16 小时自动应用一次安全设置策略。
- 手动应用:到域成员计算机上打开命令提示符或 Windows PowerShell 窗口,执行 gpupdate /target:computer /force 命令。

**2. 用户配置的应用时机**

域用户会在下列场景中应用 GPO 的用户配置值。

- 用户登录时会自动应用。
- 若用户已经登录,则默认会每隔 90~120 分钟自动应用一次。且不论策略设置值是否发生变化,都会每隔 16 小时自动应用一次安全设置策略。
- 手动应用:到域成员计算机上打开命令提示符或 Windows PowerShell 窗口,执行 gpupdate /target:user /force 命令。

 ① 执行 gpupdate/force 命令会同时应用计算机配置与用户配置。② 部分策略设置需要计算机重新启动或用户登录才有效,如软件安装策略与文件夹重定向策略。

### 5.1.7    组策略处理顺序

默认情况下,组策略具有继承性,即链接到域的组策略会应用到域内的所有 OU,如果 OU 下还有 OU,则链接到上级 OU 的组策略默认也会应用到下级 OU 中。

但应用于用户或计算机的 GPO 并非都有相同的优先顺序。GPO 是按照特定顺序应用的。此顺序意味着后被处理的设置可能覆盖先被处理的设置。例如,应用在域级的限制访问控制面板的策略,可能会被应用于 OU 级的策略取消。

组策略通常会根据活动目录对象的隶属关系按顺序应用对应的组策略,组策略应用顺序如图 5-6 所示。

(1)本地组策略。

(2)站点级 GPO。

(3)域级 GPO。

(4)组织单位 GPO。

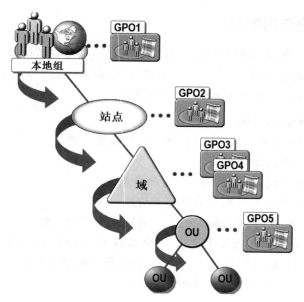

图 5-6　组策略处理顺序

（5）任何子组织单位 GPO。

在组策略应用中，计算机策略总是先于用户策略，默认情况下，如果图 5-6 所示的组策略间存在设置冲突，则按"就近原则"，后应用的组策略设置将生效。

# 5.2　项目设计及准备

未名公司决定实施组策略来管理用户桌面以及配置计算机安全性。公司已经实施了一种 OU 配置，在该配置中，顶级 OU 代表不同的地点，每个地点 OU 中的子 OU 代表不同的部门。用户账户与其工作站计算机账户处于同一个容器中。服务器计算机账户分散在各个 OU 中。

企业管理员创建了一个 GPO 部署计划。公司要求你创建 GPO 或编辑 GPO，以使某些策略可应用于所有域对象。部分策略是必须实施的策略。你还需要创建将只应用于一小部分域对象的策略设置，并且希望使计算机设置和用户设置有不同的策略。公司要求你配置组策略对象，以使特定设置应用于用户桌面和计算机。

本项目主要的管理计算机与用户的工作环境的设置如下：计算机配置的管理模板策略、用户配置的管理模板策略、账户策略、用户权限分配策略、安全选项策略、登录/注销、启动/关机脚本与文件夹重定向。

本项目要用到 dc1.long.com 域控制器、WIN8-1（安装了 Windows 8 操作系统）和 MS1（安装了 Windows Server 2012 的成员服务器）加入域的客户计算机。

## 5.3 项目实施

### 5.3.1 任务1 管理"计算机配置的管理模板策略"

在 dc1.long.com 上设置计算机配置的策略：显示"关闭事件追踪程序"和用户以前交互式登录的信息。下面在域 long.com 上实现该策略，在默认的 Default Domain Controller Policy GPO 上设置。

**1. 用户将计算机关机时，系统就不会再要求用户提供关机的理由**

下面以域控制器 dc1.long.com 为例进行设置。

**STEP 1** 请到域控制器 dc1.long.com 上利用系统管理员身份登录。

**STEP 2** 选择【开始】→【管理工具】→【组策略管理】命令，打开【组策略管理编辑器】控制台。

**STEP 3** 如图 5-7 所示，展开到 Domain Controllers，选中右侧的 Default Domain Controllers Policy 并右击，选择【编辑】命令。

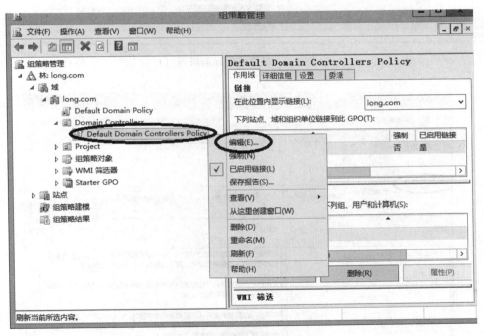

图 5-7 组策略管理

**STEP 4** 如图 5-8 所示，依次展开【计算机配置】→【策略】→【管理模板】→【系统】，双击【显示"关闭事件追踪程序"】。

**STEP 5** 在图 5-9 中，选中【已禁用】单选按钮，单击【应用】按钮后，再单击【确定】按钮。

**STEP 6** 重启计算机使策略生效；或者在命令行输入"gpupdate /force"，强制应用组策略生效。（后面的例子都需要使组策略生效后再验证结果，不再一一赘述。）

**STEP 7** 当再次关闭 DC1 或重启 DC1 时，直接关闭或重启，不再出现提示信息对话框。

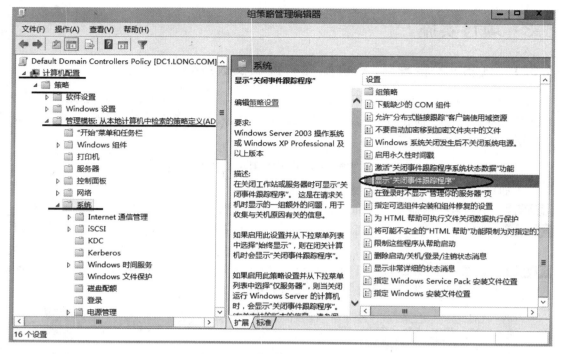

图 5-8　组策略管理编辑器(1)

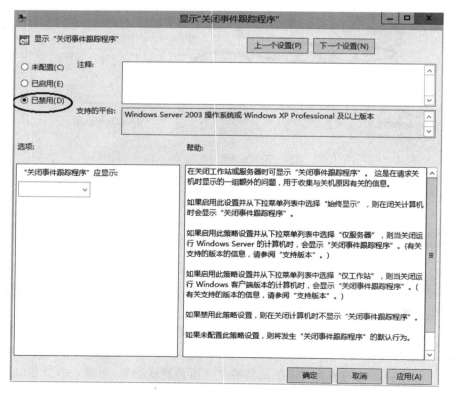

图 5-9　显示"关闭事件跟踪程序"

**2. 目标：显示用户以前交互式登录的信息**

STEP 1　重复上面的步骤 1～步骤 3。

STEP 2　如图 5-10 所示，在左侧窗格中选中【Windows 登录选项】，在右侧窗格中双击【在用户登录期间显示以前登录信息】选项。

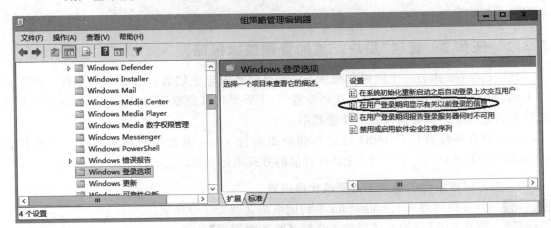

图 5-10　组策略管理编辑器（2）

STEP 3　在图 5-11 中，选中【已启用】单选按钮，再单击【应用】按钮后，再单击【确定】按钮。

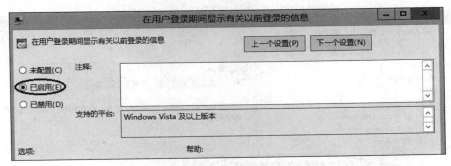

图 5-11　【在用户登录期间显示有关以前登录的信息】对话框

STEP 4　重启计算机使策略生效；或者在命令行输入"gpupdate /force"，强制应用组策略生效。

STEP 5　当注销 DC1 或重启 DC1 时，登录成功后显示以前登录的信息，如图 5-12 所示。

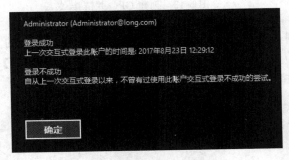

图 5-12　显示以前登录的信息

思考：如果上述组策略应用到 Default Domain Policy 上会有何不同？请读者思考。

若你在客户端计算机上通过本地计算机策略来启用此策略，但是此计算机并未加入域功能等级为 Windows Server 2008(含)以上的域，则用户在这台计算机登录时将无法获取登录信息，也无法登录。

## 5.3.2 任务 2 管理"用户配置的管理模板策略"

域 long.com 内有一个组织单位 sales，而且已经限定它们需通过企业内部的代理服务器上网，而为了避免用户自行修改这些设置值，下面要将其浏览器 Internet Explorer 的连接选项卡内更改代理服务器设置的功能禁用。

由于目前并没有任何 GPO 被链接到组织单位 sales，因此我们将先建立一个链接到 sales 的 GPO，然后通过修改此 GPO 设置值的方式来达到目的。

### 1. 指定组织单位的用户无法更改代理设置

**STEP 1** 到域控制器 dc1.long.com 上利用系统管理员身份登录。

**STEP 2** 依次选择【开始】→【管理工具】→【组策略管理】命令。

**STEP 3** 如图 5-13 所示，在左侧窗格中选中 sales 并右击，选择【在这个域中创建 GPO 并在此处链接】命令。

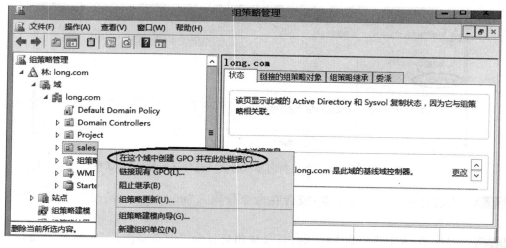

图 5-13 创建 GPO 并链接

**STEP 4** 也可以先通过选中组策略对象并右击后选择【新建】命令的方法来建立 GPO，然后再通过选中组织单位 sales 右击后选择【链接现有 GPO】命令的方法来将上述 GPO 链接到组织单位 sales。

若要备份或还原 GPO，则选中组策略对象并右击，再选择【备份或从备份还原】命令。

STEP 5　在图 5-14 中为此 GPO 命名（如 sales 的 GPO）后单击【确定】按钮。

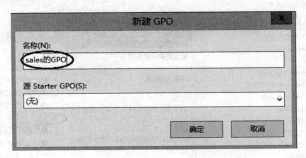

图 5-14　新建 GPO

STEP 6　如图 5-15 所示，选中这个新建的 GPO 并右击，再选择【编辑】命令。

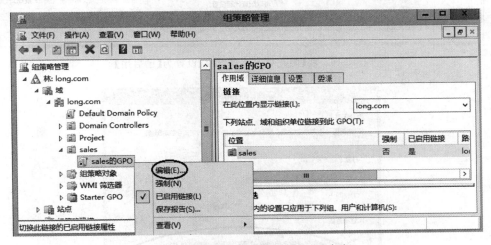

图 5-15　【组策略管理】中的【编辑】命令

STEP 7　如图 5-16 所示，将右侧【阻止更改代理设置】设置为【已启用】。

STEP 8　利用 sales 内的任何一个用户账户，例如 Jane，到任何一台域成员计算机（MS1）上登录。（登录前重启设置组策略的计算机，或者运行 gpupdate/force 命令，使设置的组策略生效。）

STEP 9　在 Internet Explorer【Internet 选项】对话框中，单击【连接】选项卡下【局域网设置】按钮，从图 5-17 中可知无法修改代理服务器的设置。

### 2.“用户配置→策略→管理模板”的其他设置

• 限制用户只可以或不可以运行指定的 Windows 应用程序：其设置方法为在【系统】中双击右侧的【只运行指定的 Windows 应用程序或不运行指定的 Windows 应用程序】。在添加程序时，请输入该应用程序的执行文件名称，如 eMule.exe。

　　思考题：如果用户利用资源管理器更改此程序的文件名，这个策略是否就无法发挥作用？

　　答案：是的，不过可以利用软件限制策略来达到限制用户执行此程序的目的，即使其文件名已被改名。

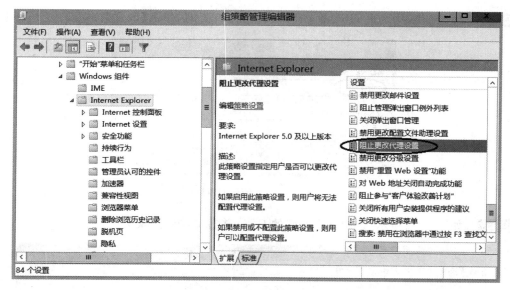

图 5-16　将【阻止更改代理设置】设置为【已启用】

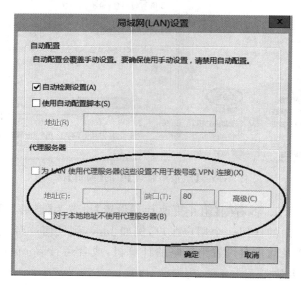

图 5-17　sales 成员 Jane 无法更改代理服务器的设置

- 隐藏或只显示在【控制面板】内指定的项目：用户在【控制面板】内将看不到被隐藏起来的项目或只能看到被指定要显示的项目。操作方法：在【控制面板】中双击右边的隐藏指定的【控制面板】项或只显示指定的【控制面板】项。在添加项目时，请输入项目名称，如鼠标、用户账户等。
- 禁用按 Ctrl＋Alt＋Del 组合键后所出现界面中的选项：用户按这 3 个键后，将无法使用界面中被禁用的选项，如更改密码、启动任务管理器（或任务管理器）、注销等。其设置方法：在【系统】中选择 Ctrl＋Alt＋Del 项。
- 隐藏和禁用桌面上所有的项目：其设置方法为依次选择【桌面】→【隐藏和禁用桌面上的所有项目】命令。用户登录后的传统桌面上（非 Modern UI）所有项目都会被隐藏,选中桌面并右击也无效。

- 删除 Internet Explorer 的【Internet 选项】中的部分选项卡:用户将无法选择【Internet 选项】对话框中被删除的选项卡,如【安全性】、【连接】、【高级】等选项卡。其设置方法为选择【Windows 组件】→Internet Explorer 命令,双击右边的【Internet 控制面板】。
- 删除【开始】菜单中的【关机】、【重新启动】、【睡眠】及【休眠】命令:其设置方法为通过【开始】菜单和任务栏双击右侧要删除并阻止访问的【关机】、【重新启动】、【睡眠】及【休眠】命令。在用户的【开始】菜单中,这些功能的图标会被删除或无法使用,按 Ctrl+Alt+Del 组合键后也无法选择它们。

### 5.3.3　任务 3　配置账户策略

可以通过账户策略来设置密码的使用规则与账户锁定方式。在设置账户策略时,请注意以下几点。

- 针对域用户所设置的账户策略需通过域用户的 GPO 来设置才有效,例如,通过域的 Default Domain Policy GPO 未设置,此策略会被应用到域内所有用户。通过站点或组织单位的 GPO 所设置的账户策略,对域用户不起作用。
- 账户策略不但会被应用到所有的域用户账户,也会被应用到所有域成员计算机内的本地用户账户中。
- 若要针对某个组织单位(图 5-18 中的 sales)来设置账户策略,则这个账户策略只会被应用到位于此组织单位的计算机(如图中的 MS1)的本机用户账户而已,但是对位于此组织单位内的域用户账户(如图中的 Jane 等)却没有影响。

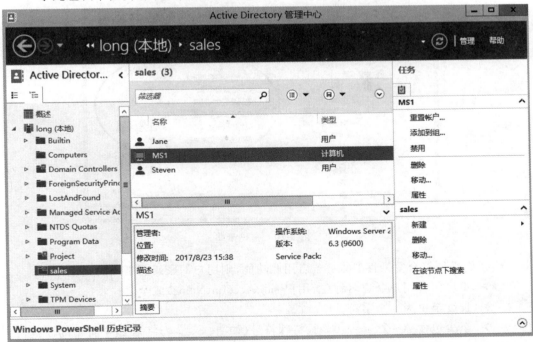

图 5-18　sales 组织单位

注意 ①若域与组织单位都设置了账户策略,且设置有冲突时,则此组织单位内的成员计算机的本地用户账户会采用域的设置。②域成员计算机也有自己的本地账户策略,不过若其设置与域/组织单位的设置有冲突,则采用域/组织单位的设置。

设置域账户策略的步骤:选中 Default Domain Policy GPO(或其他域级别的 GPO)并右击选择【编辑】命令。如图 5-19 所示,依次展开【计算机配置】→【策略】→【Windows 设置】→【安全设置】→【账户策略】。

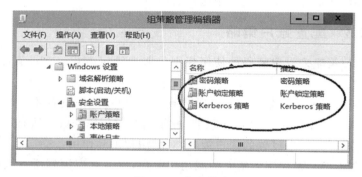

图 5-19　账户策略

## 1. 密码策略

如图 5-20 所示,单击【密码策略】后就可以设置下面的策略。

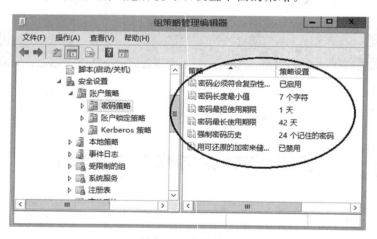

图 5-20　密码策略

- 密码必须符合复杂性要求:若启用此功能,则用户的密码有下面的规范。
  ➤ 不可包含用户账户名称(指用户 samAccountName)或全名。
  ➤ 长度至少为 6 个字符。
  ➤ 至少包含 A～Z、a～z、0～9、特殊符号(如"!、$、♯、％")4 组字符中的 3 组。
因此 123ABCdef 是有效的密码,而 87654321 是无效的密码,因为它只使用数字这一种字符。又如,若用户账户名称为 Alice,则 123ABCAlice 是无效的密码,因为包含用户账户名称。AD DS 域与独立服务器默认是启用此策略的。

- 密码长度最小值:用来设置用户账户的密码最少需要几个字符。此处可为 0～14,若为 0,表示用户账户可以没有密码。AD DS 域的默认值为 7,独立服务器的默认值为 0。
- 密码最短使用期限:用来设置用户密码的最短使用期限(可为 0～998 天)。在期限未到前,用户不得更改密码。若此处为 0,表示用户可以随时变更密码,AD DS 域的默认值为 1,独立服务器的默认值为 0。
- 密码最长使用期限:用来设置用户密码的最长使用期限(可为 0～999 天)。用户在登录时,若密码使用期限已到,系统会要求用户更改密码。若此处为 0,表示密码没有使用期限限制。AD DS 域与独立服务器的默认值都是 42 天。
- 强制密码历史:用来设置是否要记录用户曾经使用过的旧密码,以便决定用户在修改密码时,是否可以重复使用旧密码。此处可被设置为以下的值。
  - ➢ 1～24:表示要保存密码历史记录。例如,若设置为 5,则用户的新密码不可与前 5 次所使用过的旧密码相同。
  - ➢ 0:表示不保存密码的历史记录,因此密码可以重复使用。也就是用户更改密码时,可以将其设置为以前曾经使用过的任何一个旧密码。
  - ➢ AD DS 域的默认值为 24,独立服务器的默认值为 0。
- 用可还原的加密来存储密码:如果有应用程序需要读取用户的密码,以便验证用户身份,就可以启用此功能,不过它相当于用户密码没有加密,因此不安全。默认为禁用。

**2. 账户锁定策略**

可以通过图 5-21 中的【账户锁定策略】来设置锁定用户账户的方式。

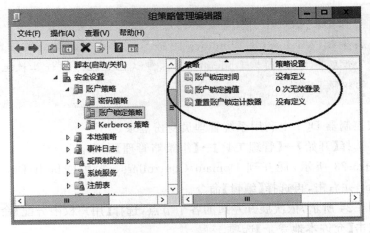

图 5-21 账户锁定策略

- 账户锁定时间:用来设置锁定账户的时间,时间过后会自动解除锁定。此处可为 0～99999 分钟,若为 0 分钟表示永久锁定,不会自动被解除锁定,此时需由系统管理员手动来解除锁定(账户被锁定后在账户属性里会有此【解除锁定】选项)。

- 账户锁定阈值：我们可以让用户在多次登录失败后（密码错误），就将该用户账户锁定，在未被解除锁定之前，用户无法再利用此账户来登录。此处用来设置登录失败次数，其值可为 0～999。默认值为 0，表示账户永远不会被锁定。
- 重置账户锁定计数器：【锁定计数器】用来记录用户登录失败的次数，其初始值为 0，用户若登录失败，则锁定计数器的值就会加 1；若登录成功，则锁定计数器的值就会归零。若锁定计数器的值等于账户锁定阈值，该账户就会被锁定。

## 5.3.4　任务 4　配置用户权限分配策略

系统默认只有某些组（如 administrators）内的用户，才有权在扮演域控制器角色的计算机上登录，而普通用户 Alice 在域控制器上登录时，屏幕上会出现类似图 5-22 所示的警告信息，且无法登录，除非他们被赋予允许本地登录的权限。

图 5-22　不允许本地登录域控制器

### 1. 在域控制器上开放"允许本地登录"权限

下面假设要让域 long 内 Domain Users 组内的用户可以在域控制器上登录。我们将通过默认的 Default Domain Controller Policy GPO 来设置，也就是说要让这些用户在域控制器上拥有允许本地登录的权限。

①一般来说，域控制器等重要的服务器不应该开放普通用户登录。②要在成员服务器、Windows 8、Windows 10 等非域控制器的客户端计算机上练习，则下面的步骤可省略，因为 Domain Users 默认已经在这些计算机上拥有允许本地登录的权限。

**STEP 1**　到域控制器 DC1 上利用系统管理员身份登录。

**STEP 2**　依次选择【开始】→【管理工具】→【组策略管理】命令。

**STEP 3**　如图 5-23 所示，展开到 Domain Controllers，选中 Default Domain Controllers Policy 并右击，再选择【编辑】命令。

**STEP 4**　如图 5-24 所示，依次展开左边的各个节点，选择【用户权限分配】命令，在右侧窗格中双击【允许本地登录】选项。

**STEP 5**　如图 5-25 所示，单击【添加用户或组】按钮，输入或选择域 long 内的 Domain Users 组，再单击两次【确定】按钮。由此图中可看出默认只有 Account Operators、Administrators 等组才拥有允许本地登录的权限。

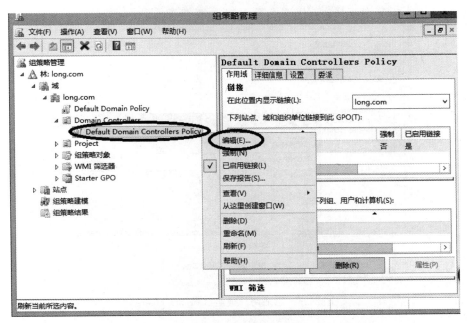

图 5-23　组策略管理

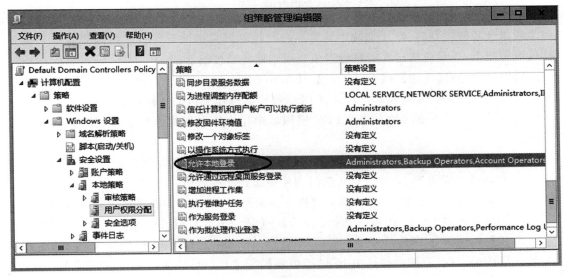

图 5-24　设置用户权限分配

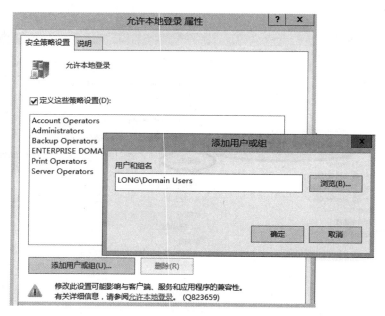

图 5-25　添加用户或组（Domain Users）

**STEP 6** 完成操作后，必须等这个策略应用到 Domain Controllers 内的域控制器后才有效（见前面的说明）。待应用完成后，就可以利用任何一个域用户账户到域控制器上登录，来测试允许本地登录功能是否正常。

另外，如果域内有多台域控制器，由于策略设置默认会先被存储到扮演 PDC 模拟器操作主机角色的域控制器（默认是域中的第一台域控制器），因此要等这些策略设置被复制到其他域控制器，然后再将这些策略设置值应用到这些域控制器。

可以依次选择【开始】→【管理工具】→【Active Directory 用户和计算机】命令，选中域名并右击，再通过 PDC 选项卡来查看扮演 PDC 模拟器操作主机的域控制器。

系统可以利用下面两种方式将 PDC 模拟器操作主机内的组策略设置复制到其他域控制器。

- 自动复制：PDC 模拟器操作主机默认 15 秒后会自动将其复制出去，因此其他的域控制器可能需要等 15 秒或更久的时间才会收到此设置值。
- 手动立即复制：假设 PDC 模拟器操作主机是 DC1，而我们要将组策略设置手动复制到域控制器 DC2。则依次选择【开始】→【管理工具】→【Active Directory 站点和服务】→ Sites → Default-First-Site-Name → Servers → 目标域控制器（DC2），NTDS Settings→在右侧窗格选中 PDC 模拟器操作主机（DC1）并右击，再选择【立即复制】命令。

**2. 其他用户权限分配**

可以通过图 5-26 中的【用户权限分配】将执行特殊操作的权限分配给用户或组（此图以 Default Domain Controller Policy GPO 为例）。

要分配任何一个权限给用户，可以双击该权限，在图 5-26 中单击【添加用户或组】按钮，然后选择【用户或组】命令。

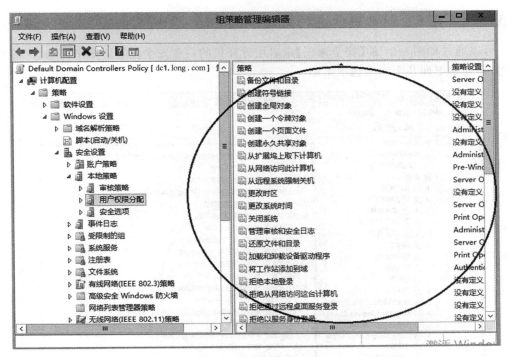

图 5-26　用户权限分配

下面列举几个比较常用的权限策略来说明。

- 允许本地登录：允许用户直接在本台计算机上按 Ctrl＋Alt＋Del 组合键登录。
- 拒绝本地登录：与前一个权限刚好相反。此权限优先于前一个权限。
- 将工作站添加到域：允许用户将计算机加入域。

注意　　　每一个域用户账户默认有 10 次将计算机加入域的机会，不过一旦拥有将工作站添加到域的权限后，其次数就没有限制。

- 关闭系统：允许用户将此计算机关闭。
- 从网络访问此计算机：允许用户通过网络上其他计算机来连接、访问此计算机。
- 拒绝从网络访问此计算机：与前一个权限刚好相反。此权限优先于前一个权限，
- 从远程系统强制关机：允许用户从远程计算机来将此台计算机关机。
- 备份文件和目录：允许用户备份硬盘内的文件与文件夹。
- 还原文件和目录：允许用户还原所备份的文件与文件夹。
- 管理审核和安全记录：允许用户指定要审核事件，也允许用户查询与清除安全记录。
- 更改系统时间：允许用户更改计算机的系统日期与时间。
- 加载或卸载设备驱动程序：允许用户加载或卸载设备的驱动程序。
- 取得文件或其他对象的所有权：允许夺取其他用户所拥有的文件、文件夹或其他对象的所有权。

### 5.3.5　任务5　配置安全选项策略

可以通过如图 5-27 的【安全选项】来启用计算机的一些安全设置。图中以 sales 的 GPO 为例,并列举下面几个安全选项策略。

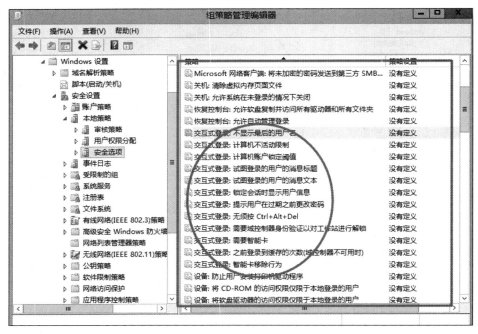

图 5-27　安全选项策略

- "交互式登录:无须按 Ctrl＋Alt＋Del 组合键" 让登录界面不要再显示类似按 Ctrl＋ Alt＋Del 组合键登录的提示(这是 Windows 8.1 等客户端的默认值)。
- "交互式登录:不显示最后的用户名" 让客户端的登录界面上不要显示上一次登录 的用户名。
- "交互式登录:提示用户在过期之前更改密码" 用来设置在用户的密码过期前几 天,提示用户更改密码。
- "交互式登录:之前登录到缓存的次数(域控制器不可用时)" 域用户登录成功后, 其账户信息会被存储到用户计算机的缓存区。若之后此计算机因故无法与域控制 器连接,该用户还可通过缓存区的账户数据来验证身份与登录。可以通过此策略来 设置缓存区内账户数据的数量,默认为记录 10 个登录用户的账户数据。
- "交互式登录:试图登录的用户的消息标题、试图登录的用户的消息文本" 若用户 在登录时按 Ctrl＋Alt＋Del 组合键后,界面上能够显示你希望用户看到的提示信 息,请通过这两个选项来设置,其中一个用来设置提示信息的标题文字,一个用来设 置提示信息的内容。
- "关机:允许系统在未登录的情况下关闭计算机" 让登录界面的右下角能够显示关 机图标,以便在不需要登录的情况下就可直接通过此图标将计算机关机(这是 Windows 8.1 等客户端的默认值)。

### 5.3.6 任务6 登录/注销、启动/关机脚本

可以让域用户登录时,其系统就自动执行登录脚本(Script),而当用户注销时,就自动执行注销脚本。另外,也可以让计算机在开机启动时自动执行启动脚本,而关机时自动执行关机脚本。

**1. 登录脚本的设置**

下面利用文件名为 logon.bat 的批处理文件来练习登录脚本。请利用记事本(Notepad)来建立此文件,该文件内只有一条如下所示的命令,此命令会在"C:\"下新建文件夹 TestDir。

```
Mkdir C:\TestDir
```

下面利用组织单位 sales 的 GPO 进行说明。

**STEP 1** 依次单击【开始】→【管理工具】→【组策略管理】按钮,展开到组织单位 sales,选中 sales 的 GPO 并右击,选择【编辑】命令。

**STEP 2** 如图 5-28 所示,展开【用户配置】→【策略】→【Windows 设置】→【脚本(登录/注销)】,双击右侧的【登录】选项,再单击【显示文件】按钮。

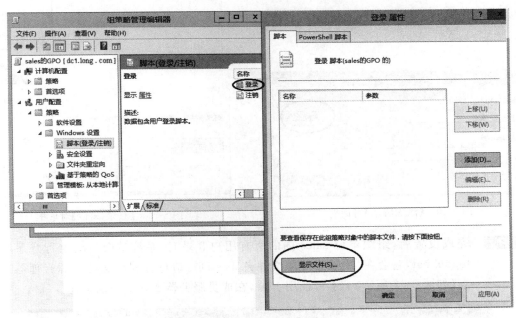

图 5-28 脚本登录

**STEP 3** 出现图 5-29 所示的界面时,请将登录脚本 logon.bat 粘贴到界面中的文件夹内,此文件夹位于域控制器的 SYSVOL 文件夹内,其完整路径为(其中的 GUID 是 sales 的 GPO 的 GUID): %systemroot%\SYSVOL\sysvol\域名\Policies\{GUID}\User\Scripts\Logon。

**STEP 4** 关闭 Logon 对话框,回到前面图 5-28 所示界面,单击【添加】按钮。

**STEP 5** 在图 5-30 中通过【浏览】按钮来从图 5-29 的文件夹内选择登录脚本文件 logon.bat,完成后单击【确定】按钮。

**STEP 6** 回到图 5-31 所示的界面并单击【确定】按钮。

图 5-29　logon 文件

图 5-30　【添加脚本】对话框

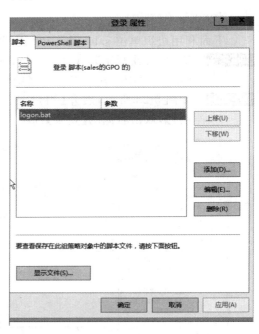

图 5-31　【登录 属性】对话框

**STEP 7**　完成设置后，组织单位 sales 内的所有用户登录时，系统就会自动执行登录脚本 logon.bat，它会在"C:\"下建立文件夹 TestDir，请自行利用文件资源管理器来检查（如图 5-32 所示）。本例使用 Jane，在成员服务器 MS 上登录验证。

图 5-32　利用文件资源管理器来检查结果

注意　　若客户端是 Windows Server 2012,需等一段时间才看得到上述登录脚本的执行结果(本次实验等了约 7 分钟)。

#### 2. 注销脚本的设置

下面利用文件名为 logon. bat 的批处理文件来练习注销脚本。请利用记事本来建立此文件,只有一条命令,此指令会将"C:\TestDir"文件夹删除。

```
rmdir C:\TestDir
```

下面利用组织单位 sales 的 GPO 进行说明。

**STEP 1** 先将前一个登录脚本的设置删除,也就是单击图 5-31 中的 logon. bat 后再单击【删除】按钮,以免干扰验证本实验的结果。

**STEP 2** 下面演示的步骤与前一个登录脚本的设置类似,不再重复,不过在图 5-28 中选择【注销】选项并修改文件名为 logoff. bat。

**STEP 3** 在客户端计算机上使用命令"gpupdate /force"以便立即应用上述策略上的设置或在客户端计算机上利用注销、再重新登录的方式来应用上述策略的设置。

**STEP 4** 再次注销,这时候就会执行注销脚本 logoff. bat 来删除"C:\TestDir",请再登录后利用文件资源管理器来确认"C:\TestDir"已被删除(请先确认 logon. bat 已经删除,否则它又会建立此文件夹)。

#### 3. 启动/关机脚本的设置

可以利用图 5-33 中组织单位 sales 的 GPO 为例来说明,以图中计算机名称为 ms1. long. com 的计算机来练习启动/关机脚本。若要练习的计算机不是位于组织单位 sales 内,

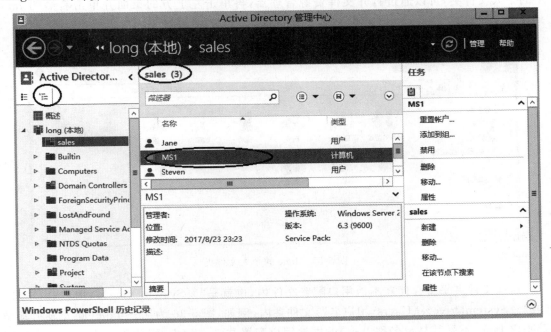

图 5-33　Active Directory 管理中心

而是位于容器 Computers 内，则请通过域级别的 GPO 来练习（如 Default Domain Controller Policy GPO），或将计算机账户移动到组织单位 sales 内。

由于启动/关机脚本的设置步骤与登录/注销脚本的设置类似，故此处不再重复，不过在图 5-34 中改为使用计算机配置。可以直接利用前面的登录/注销脚本的示例文件来练习。

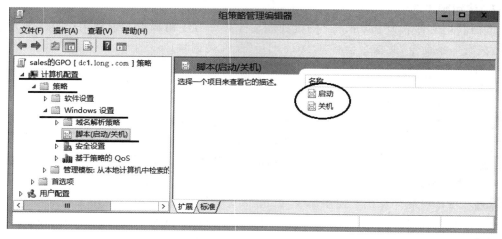

图 5-34　使用计算机配置

## 5.3.7　任务 7　文件夹重定向

可以利用组策略来将用户的某些文件夹的存储位置重定向到网络共享文件夹内，这些文件夹包括文件、图片、音乐等，如图 5-35 所示，此图为用户 Jane 在 ms1.long.com 计算机上的个人文件夹，可以通过打开文件资源管理器，再单击左上方的桌面并单击右侧的 Jane 来获取此界面。

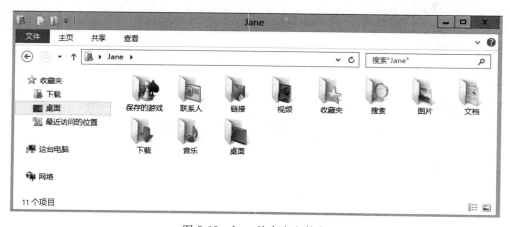

图 5-35　Jane 的个人文件夹

这些文件夹平常存储在本地用户配置文件内，也就是"％SystemDrive％\用户\用户名"（或"％SystemDrive％\Users\用户名"）文件夹内，例如，图 5-36 为用户 Jane（此处显示其登录账户 Jane，不是其显示名称 Jane）的本地用户配置文件文件夹，因此用户换到另一台计算机登录,就无法访问到这些文件夹,而如果能够将其存储位置改为(重定向到)网络共享文件夹,则用户到任何一台域成员计算机上登录时,都可通过此共享文件夹来访问这些文件夹内的文件。

图 5-36　用户 Jane 的本地用户配置个人文件夹

 　注　意　　　图 5-36 以 Windows Server 2012 的客户端为例,不同的客户端可以被重定向的文件夹也不相同,例如,Windows XP 等旧版操作系统只有 Application Data、【我的文档】、【我的图片】与【开始】菜单可以被重定向。

### 1. 将"文档"文件夹重定向

用户 Jane 可以通过选中图 5-36 中的文档并右击后选择【属性】命令(如图 5-37 所示)的方法来得知其文档当前存储在本地用户配置文件的"C:\Users\jane"下。

下面利用将组织单位 sales 内所有用户(包含 Jane)的文档文件夹重定向,来说明如何将此文件夹重定向到另一台计算机上的共享文件夹。

**STEP 1**　在任何一台域成员计算机上建立一个文件夹,例如,将在服务器 DC1 上建立文件夹"C:\StoreDoc",然后要将组织单位业务部内所有用户的文档文件夹重定向到此数据内。

**STEP 2**　将此文件夹设置为共享文件夹,共享权限设为"读取","写入"权限赋给 Everyone(系统会同时将完全控制的共享权限与 NTFS 权限赋予 Everyone)。其共享名默认为文件夹名称 StoreDoc,建议将共享文件夹隐藏起来,也就是将共享名最后一个字符设置为 $ 符号,如 StoreDoc $ 。

**STEP 3**　到域控制器上选择【开始】→【管理工具】→【组策略管理】命令,展开到组织单位 sales,选中 sales 的 GPO 并右击后选择【编辑】命令。

**STEP 4**　如图 5-38 所示,依次展开【用户配置】→【策略】→【Windows 设置】→【文件夹重定向】，再单击【文档】按钮，然后单击上方的属性图标。

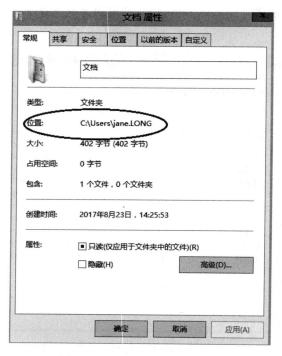

图 5-37　用户 Jane 的文档属性

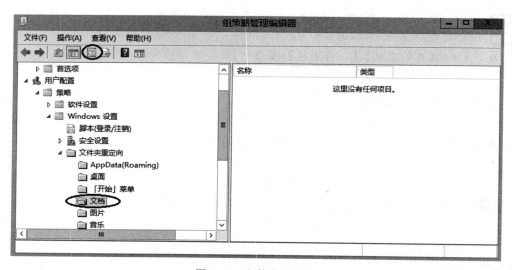

图 5-38　文件夹重定向

**STEP 5**　参照图 5-39 来设置，完成后单击【确定】按钮。图中的根路径指向我们所建立的共享文件夹"\\dc1\storedoc"（一定是 UNC 路径，否则客户端无法访问），系统会在此文件夹下自动为每一位登录的用户分别建立一个专用文件夹，例如，账户名称为 Jane 的用户登录后，系统会自动在"\\dc1\storedoc"下建立一个名称为 Jane 的文件夹。

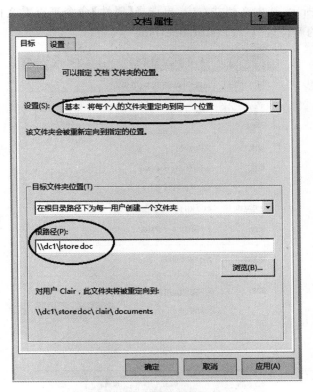

图 5-39  设置文档的属性

图中在【设置】选项中共有下面几种选项。

- 基本-将每个人的文件夹重定向到同一个位置：它会将组织单位 sales 内所有用户的文件夹都重定向。
- 高级-为不同的用户组指定位置：它会将组织单位 sales 内隶属于特定组的用户的文件夹重定向。
- 未配置：不执行重定向。

另外，图中的【目标文件夹位置】选项区的下拉列表框中有下面的选项。

- 定向到用户的主目录：若用户账户内有指定的主目录，则此选择可将文件夹重定向到其主目录。
- 在根目录路径下为每一用户创建一个文件夹：如前面所述，它让每一个用户各有一个专用的文件夹。
- 重定向到下列位置：将所有用户的文件夹重定向到同一个文件夹。
- 重定向到本地用户配置文件位置：重定向回原来的位置。

2. 验证

STEP 1  请利用组织单位 sales 内的任何一个用户账户到域成员计算机（以 ms1.long.com 为例）登录，例如 Jane（假设其显示名称为 Jane），则 Jane 的文档（在 Windows 7 内被称为【我的文档】）将被重定向到"\\dc1\storedoc\jane\documents"文件夹（也就是"\\dc1\storedoc\jane\"文档文件夹）。可以打开文件资源管理器，单击 Jane，如

图 5-40 所示，选中文档并右击，再选择【属性】命令来查看文档文件夹是否位于重定向后的新位置"\\dc1\storedoc\jane"。

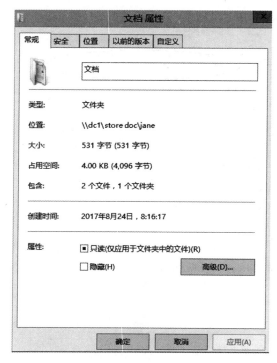

图 5-40　修改文档属性

**说明：**

（1）用户可能需要登录两次后，文件夹才会成功地被重定向。用户登录时，系统默认并不会等待网络启动完成后再通过域控制器来验证用户，而是直接读取本地缓存区的账户数据来验证用户，以便让用户快速登录。之后等网络启动完成，系统就会自动在后台应用策略。不过因为文件夹重定向策略与软件安装策略需在登录时才起作用，因此本实验可能需要登录两次才有用。

（2）若用户账户内被指定使用漫游用户配置文件、主目录或登录脚本，则该用户登录时，系统会等网络启动完成才会让用户登录。

（3）若用户第一次在此计算机登录，因缓存区内没有该用户的账户数据，故必须等网络启动完成，此时就可以取得最新的组策略设置值。通过组策略来更改客户端此默认值的顺序为【计算机配置】→【策略】→【管理模板】→【系统】→【登录】→【计算机启动和登录时总是等待网络】。

**STEP 2**　由于用户的文档文件夹已经被重定向，因此用户原本位于本地用户配置文件文件夹内的文档文件夹将被删除，例如，图 5-41 中为用户 Jane 的本地用户配置文件文件夹的内容，其中已经看不到文档文件夹了。

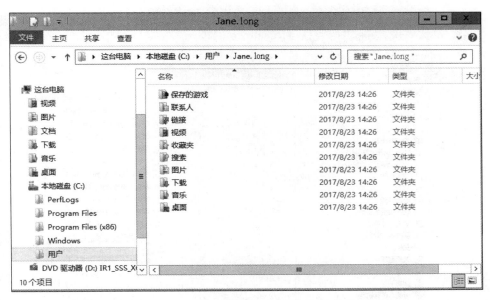

图 5-41　Jane 的本地用户配置文件文件夹

　　　域用户 Jane 在 MS1 上登录后,其本地用户配置文件文件夹是"C:\用户\jane.long"。

## 5.3.8　任务 8　使用组策略限制访问可移动存储设备

**1. 任务背景**

未名公司基于 AD 管理用户和计算机,公司基于文件安全的考虑希望限制员工使用可移动设备,避免员工通过可移动设备复制公司的计算机数据,可能造成公司商业机密外泄。

**2. 任务分析**

在本任务中,公司仅禁止员工在客户机上使用移动存储设备,可以考虑在域级别修改 Default Domain Controller Policy 组策略,在计算机策略中禁止使用可移动存储设备。这样员工即使插入可移动设备也无法被域客户机识别。

**3. 实施步骤**

**STEP 1**　在 DC1 的【服务器管理器】主窗口下单击【组策略管理】,在弹出的【组策略管理】界面中选择 Default Domain Controller Policy,右击并在弹出的快捷菜单中选择【编辑】命令,进行域默认组策略的修改。

**STEP 2**　在弹出的【组策略管理编辑器】窗口中依次展开【计算机配置】→【策略】→【管理模板】→【系统】→【可移动存储访问】,在右侧窗格中找到【所有可移动存储类:拒绝所有权限】,将此策略启用,如图 5-42 所示。

**STEP 3**　活动目录的组策略一般定期更新。如果想让刚刚设置的策略马上生效,可以用"gpupdate /force"命令来立刻更新组策略,打开命令行界面,输入该命令,执行刷新组策略的操作,然后重启域客户机 WIN8-1 进行验证。

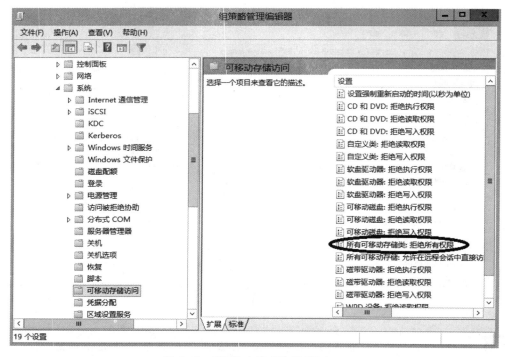

图 5-42  【组策略管理编辑器】窗口

**4. 任务验证**

为了使组策略生效,刷新完策略之后要将客户机 WIN8-1 重新启动,计算机策略是计算机开机时才会被应用的,重启系统完再插入可移动设置,系统会提示计算机插入了可移动设备,但是用户无法访问它,如图 5-43 所示。

图 5-43  客户机无法访问移动存储设备

### 5.3.9　任务 9　使用组策略的首选项管理用户环境

**1. 任务背景**

未名公司基于 Windows Server 2012 活动目录管理公司员工和计算机,公司希望新加到域环境中的计算机和用户有其默认的一套部署方案,而不是逐个部署,这样可以统一管理公司的计算机和用户,又可以极大地减少管理员的工作量,公司希望通过简单的部署,使公司的域环境满足当前的业务需求。目前公司迫切需要解决的问题如下。

（1）自动为 sales 用户映射网络驱动器。

（2）某些企业应用中,用户需要"本地管理员"组的权限,需要将每一个在成员计算机登录的域用户都添加到 Administrators 组中,但是不能赋予 Everyone 用户"本地管理员"的权限。

**2. 任务分析**

为了解决公司提出的两个问题,可以通过计算机或用户的首选项来完成。

对于第一个问题,通过首选项可以映射驱动器,同时可以基于某个选项来过滤一定的对象,可以将 sales 设置为 OU,这样 sales 的 OU 里的用户都会自动映射驱动器。

对于第二个问题,在登录用户可以确认的场合,将目标用户或者组添加到 Administrators 组即可:需要不停地添加用户到 Administrators 组中。Windows Server 2012 AD 域服务中,提供的"首选项"功能可以方便地将登录用户添加到 Administrators 组中。

**3. 任务实施**

（1）用户环境（首选项）部署:映射网络驱动器

**STEP 1**　在 DC1 的【服务器管理器】主窗口下单击【组策略管理】按钮,展开【组策略管理】界面,右击 sales,在这个域中创建 GPO 并在此处创建超链接,输入"sales 首选项",创建了一个叫"sales 首选项"的 GPO。

**STEP 2**　右击【sales 首选项】,在弹出的快捷菜单中选择【编辑】命令,如图 5-44 所示。

图 5-44　编辑组策略

STEP 3 在弹出的【组策略管理编辑器】中依次展开【用户配置】→【首选项】→【Windows 设置】→【驱动器映射】,右击,在弹出的快捷菜单中选择【新建】→【映射驱动器】命令,在弹出的对话框中输入共享目录位置"\\dc1\storedoc",并选择映射的驱动器号 Z,如图 5-45 所示。

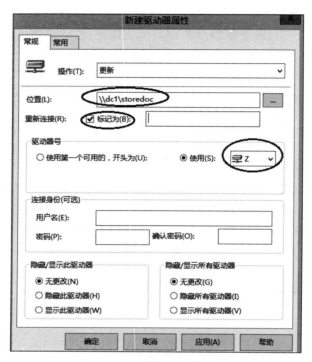

图 5-45　新建驱动器属性

STEP 4 切换至【常用】选项卡,选中【项目级别目标】选项,如图 5-46 所示。

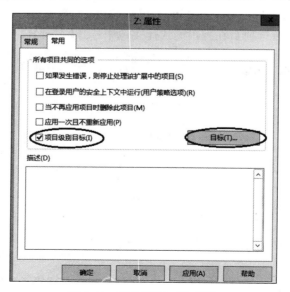

图 5-46　驱动器"Z:"的属性

STEP 5　单击【目标】按钮,在弹出的【目标编辑器】中选择【新建项目】选项,再选择【组织单位】选项,通过浏览选择 sales 的 OU,选中【仅直接成员】和【OU 中的用户】,如图 5-47 所示。

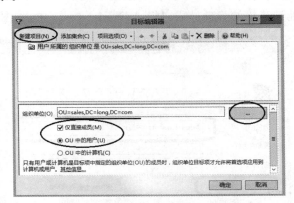

图 5-47　【目标编辑器】对话框

STEP 6　单击【确定】按钮,完成设置,回到【组策略管理编辑器】,如图 5-48 所示。

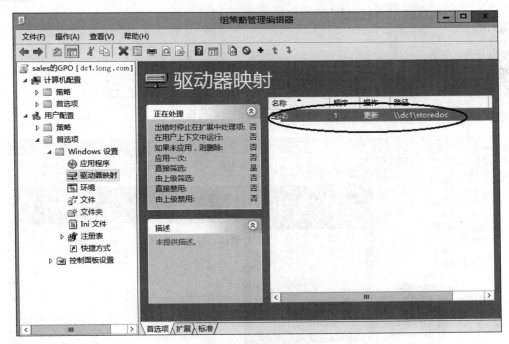

图 5-48　完成驱动器映射

（2）用户环境（首选项）部署：登录域账户加入本地管理员组

STEP 1　在 DC1 的【服务器管理器】主窗口下单击【组策略管理】按钮,在弹出的【组策略管理】界面中选择 Default Domain Controller Policy,右击,在弹出的快捷菜单中选择【编辑】命令进行域默认组策略的修改。

STEP 2　在弹出的【组策略管理编辑器】中依次展开【用户配置】→【首选项】→【控制面板设

置】→【本地用户和组】，右击，在弹出的快捷菜单中选择【新建】→【本地组】命令，将【操作】选项设置为【更新】，【组名】选择为 Administrators（内置），用户操作方式设置为【添加当前用户】，这样所有登录域的账户（属于 Domain Users 组）会同时被加入本地计算机的管理员账户组 Administrators 中，如图 5-49 和图 5-50 所示。

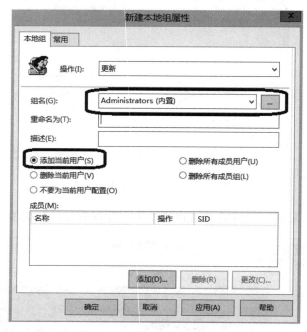

图 5-49　配置本地组属性

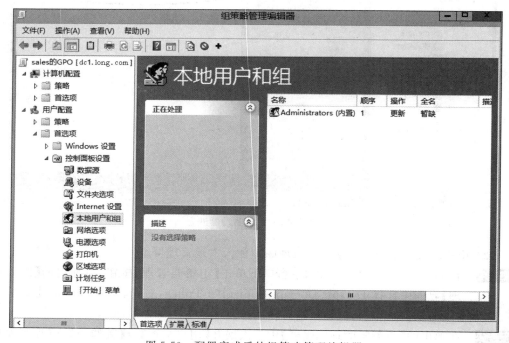

图 5-50　配置完成后的组策略管理编辑器

用户操作方式可以做以下选择。

- 选择【删除当前用户】单选按钮,将当前登录用户从目标组删除。
- 选择【不要为当前用户配置】单选按钮,则不对当前登录做任何操作,保持原目标组的成员。
- 选择【删除所有成员用户】单选按钮,将目标组的所有用户删除。
- 选择【删除所有成员组】单选按钮,删除选择的组。
- 如果要为当前组添加新"成员",单击【成员】区域的【添加】按钮,选择目标用户或组即可。

**4. 任务验证**

STEP 1 验证【用户首选项】中 sales 用户登录时是否会映射驱动器,使用 sales 组织单位中的 Jane 域用户登录客户机 MS1,结果如图 5-51 所示。

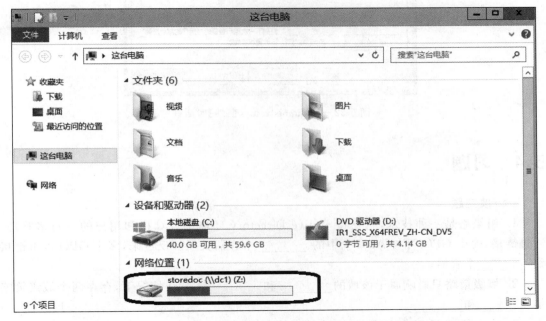

图 5-51 用户首选项配置成功

STEP 2 验证【用户首选项】中的计算机管理员账户组 Administrators 是否加入了新的域组成员。

STEP 3 MS1 是 long. com 的成员服务器,分别以域用户"jane\long" 和"alice\long"身份登录域,这两个用户默认属于 Domain Users 组。

STEP 4 依次选择【服务器管理器】→【工具】→【计算机管理】→【本地用户和组】→【组】命令,双击 Administrators 组,打开 Administrators 属性,登录的域用户已添加到 Administrators 组,如图 5-52 所示。

图 5-52 【Administrators 属性】对话框

# 5.4 习题

**一、填空题**

1. 组策略是一种技术，它支持 Active Directory 环境中计算机和用户的一对多管理。通过链接，一个 GPO 可与 AD DS 中的_____个容器关联。反过来，多个 GPO 也可链接到_____个容器。

2. 域级策略只影响属于该域的_____和_____。默认情况下，存在两个域级策略是_____和_____ 。

3. 本地策略设置存储在本地计算机上的_____ 文件夹中，该文件夹为隐藏文件夹。

4. 可以在 AD DS 中针对_____、_____与_____来设置组策略。组策略内包含_____与_____两部分。

5. GPO 的内容被分为_____与_____两部分，它们分别被存储到不同的位置。

6. 组策略设置的每个领域都有 3 部分：_____、_____与_____。

7. 手动应用计算机配置组策略的方法：到域成员计算机上打开命令提示符或 Windows PowerShell 窗口，执行_____命令。

8. 若计算机已经开机，对于域控制器，默认每隔_____分钟自动应用一次组策略；对于非域控制器，默认每隔_____到_____分钟自动应用一次组策略。

**二、简答题**

1. 简述组策略的概念和功能。

2. 简述组策略对象。

3. 简述组策略的应用时机。组策略没刷新组策略的情况下多久会生效？

4. 简述组策略的处理顺序。当计算机配置与用户配置冲突时,哪个策略会优先？当策略与首选项冲突时,哪个策略会优先？

# 5.5　实践习题

### 1. 任务背景描述

未名公司基于 Windows Server 2012 活动目录使用了一段时间之后,域管理员基本上每天都需要处理用户的密码问题,由于采用了复杂性密码策略,员工不仅需要记住复杂的密码,还必须定期更新,所以销售部、市场部等的很多员工经常忘记密码或密码过期导致工作无法正常开展。

公司希望针对一些安全性要求比较低的部门允许其采用简单化密码策略,以减少域管理员的用户密码管理工作量,但对安全性要求比较高的核心部门,如网络部还必须采用复杂性密码策略。

### 2. 任务分析

通过多元密码策略可以针对不同用户组配置不同的密码策略,根据公司项目要求,首先需要将域的功能级别手动升级到 Windows Server 2008 R2 以上,然后根据以下两条假设部署公司 network 和 sales 的密码策略。

(1) 配置 network 组用户必须使用不少于 8 位的复杂密码。

(2) 配置 sales 组用户可以使用大于 6 位的简单密码。

### 3. 任务指导

(1) 提升域功能级别和林功能级别。

(2) 在【Active Directory 管理中心】配置多元化密码。下面以网络部为例说明。

**STEP 1**　创建网络部和销售部组,并在网络部组下创建 network_user1 用户;销售部组下创建 sales_user1 用户。

**STEP 2**　在【Active Directory 管理中心】中选择左边的 long(本地)→System→Password Settings Container 并单击右边的【新建】按钮,选择【密码设置】命令,如图 5-53 所示。

**STEP 3**　在弹出的【密码设置】对话框中,配置【名称】为"网络部组密码策略",【优先】为 10,【密码长度最小值】为 8,选中【密码必须符合复杂性要求】复选框并将该策略应到 network 组中,如图 5-54 所示。

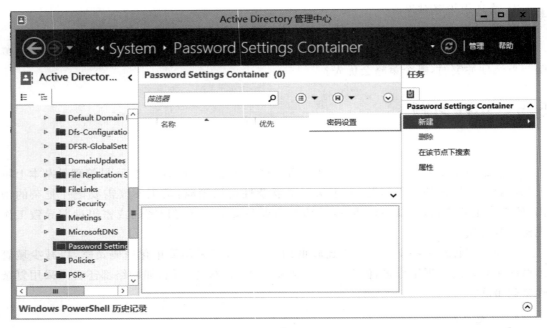

图 5-53　新建密码设置

图 5-54　网络部密码策略

# 项目 6
# 利用组策略部署软件与限制软件运行

**项目背景**

可以通过 AD DS 组策略来为企业内部用户与计算机部署软件,也就是自动为这些用户与计算机安装、维护与删除软件。同时还可以为软件的运行制定限制策略。

**项目目标**

- 软件部署概述。
- 将软件发布给用户。
- 将软件分配给用户或计算机。
- 启用软件限制策略。

## 6.1 相关知识

可以通过组策略将软件部署给域用户与计算机,也就是域用户登录或成员计算机启动时会自动安装或很容易安装被部署的软件,而软件部署分为分配(assign)与发布(publish)两种。一般来说,这些软件必须是 Windows Installer Package(也被称为 MSI 应用程序),也就是其内包含扩展名为.msi 的安装文件。

### 6.1.1 将软件分配给用户

当将一个软件通过组策略分配给域用户后,用户在任何一台域成员计算机登录时,这个软件会被通告给该用户,但此软件并没有被安装,而只是安装了与这个软件有关的部分信息而已,例如,可能会在【开始】菜单中自动建立该软件的快捷方式(需根据该软件是否支持此功能而定)。

用户通过单击该软件的快捷方式后,就可以安装此软件。

用户也可以通过【控制面板】来安装此软件。

### 6.1.2  将软件分配给计算机

当将一个软件通过组策略分配给域成员计算机后,这些计算机启动时就会自动安装这个软件(完整或部分安装,视软件而定),而且任何用户登录都可以使用此软件。用户登录后,就可以通过桌面或【开始】菜单中的快捷方式来使用此软件。

### 6.1.3  将软件发布给用户

当将一个软件通过组策略发布给域用户后,此软件并不会自动被安装到用户的计算机内,不过用户可以通过【控制面板】来安装此软件。

只能分配软件给计算机,无法发布软件给计算机。

### 6.1.4  自动修复软件

被发布或分配的软件可以具备自动修复的功能(视软件而定),也就是客户端在安装完成后,若此软件程序内有关键性的文件损毁、遗失或不小心被用户删除的情况,则在用户执行此软件时,系统会自动检测到此不正常现象,并重新安装这些文件。

### 6.1.5  删除软件

一个被发布或分配的软件,在客户端将其安装完成后,若之后不想再让用户使用此软件,可在组策略内从已发布或已分配的软件列表中将此软件删除,并设置下次客户端应用此策略时(如用户登录或计算机启动时),自动将这个软件从客户端计算机中删除。

### 6.1.6  软件限制策略概述

我们在5.3.2小节中已经介绍过如何利用文件名来限制用户可以或不可以运行特定的应用程序,然而若用户有权修改文件名,就可以突破此限制,此时仍然可以通过本项目的软件限制策略进行控制。此策略的安全等级分为下面3种。

- 不受限:所有登录的用户都可以运行特定的程序(只要用户拥有适当的访问权限,例如 NTFS 权限)。
- 不允许:无论用户对程序文件的访问权限为何,都不允许运行。
- 基本用户:允许以普通用户的权限(分配给 Users 组的权限)来运行程序。

系统默认的安全级别是所有程序都不受限,即只要用户对要运行的程序文件拥有适当访问权限,他就可以运行此程序。不过可以通过哈希规则、证书规则、路径规则与网络区域规则来建立例外的安全级别,以便拒绝用户运行所指定的程序。

#### 1. 哈希规则

哈希(Hash)是根据程序的文件内容所算出来的字符串,不同程序有着不同的哈希值,所以系统可用它来识别应用程序。在要为某个程序建立哈希规则,并利用它限制用户不允许运行此程序时,系统就会为该程序建立一个哈希值。而当用户要运行此程序时,其

Windows 系统就会比较自行计算出来的哈希值是否与软件限制策略中的哈希值相同,若相同,表示它就是被限制的程序,因此会被拒绝运行。

即使此程序的文件名被改变或被移动到其他位置,也不会改变其哈希值,因此仍然会受到哈希规则的约束。

### 2．证书规则

软件发行公司可以利用证书(Certificate)来签署其所开发的程序,而软件限制策略可以通过此证书来辨识程序,也就是说可以建立证书规则来识别利用此证书所签署的程序,以便允许或拒绝用户运行此程序。

### 3．路径规则

可以通过路径规则来允许或拒绝用户运行位于某个文件夹内的程序。由于是根据路径来识别程序,故若程序被移动到其他文件夹,此程序将不会再受到路径规则的约束。

除了文件夹路径外,也可以通过注册表路径来限制,例如,开放用户可以运行在注册表中所指定的文件夹内的程序。

### 4．网络区域规则

可以利用网络区域规则来允许或拒绝用户运行位于某个区域内的程序,这些区域包含本地计算机、Internet、本地 Intranet、受信任的站点与受限制的站点。

除了本地计算机与 Internet 之外,可以设置其他 3 个区域内所包含的计算机或网站:打开网页浏览器 Internet Explorer,按下 Alt 键,选择【工具】→【Internet 选项】命令,在打开的对话框中选择图 6-1 中的【安全】选项卡,选择要设置的区域后单击【站点】按钮。

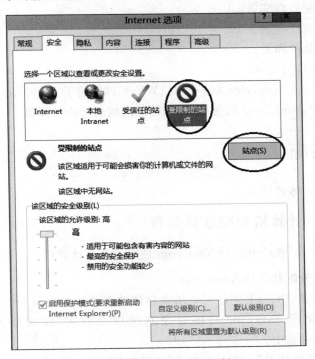

图 6-1　【Internet 选项】对话框

提示    网络区域规则适用于扩展名为.msi 的 Windows Installer Package。

### 5. 规则的优先级

可能会针对同一个程序设定不同的软件限制规则,而这些规则的优先级由高到低为哈希规则、证书规则、路径规则、网络区域规则。

例如,针对某个程序设定了哈希规则,且设置其安全等级为不受限,同时针对此程序所在的文件夹设置了路径规则,且设置其安全等级为不允许,此时因为哈希规则的优先级高于路径规则,故用户仍然可以运行此程序。

# 6.2  项目设计及准备

未名公司基于 Windows Server 2012 活动目录管理公司员工和计算机,公司计算机常常需要统一部署软件,主要情况如下。

(1)公司所有域客户机都必须强制安装的软件。

(2)公司特定部门的用户都必须强制安装的软件。

(3)公司用户或特定用户可以自行选择安装的软件。

(4)公司特定部门的用户对某些软件限制运行。

这 4 个问题对应 4 种解决方案。

(1)计算机分配软件部署。

(2)用户分配软件部署。

(3)用户发布软件部署。

(4)限制软件的运行。

本项目要用到 dc1.long.com 域控制器、WIN8-1(安装了 Windows 8 操作系统)和 MS1(安装了 Windows Server 2012 的成员服务器)加入域的客户计算机。

# 6.3  项目实施

下面开始介绍具体的任务。

## 6.3.1  任务 1  计算机分配软件部署

将"MSI 转换工具"软件分配给 long.com 域内的所有计算机。

### 1. 部署计算机分配软件(advinst.msi)

**STEP 1**    在域控制器(DC1)上创建一个用来存储共享软件的目录 software,将该目录进行共享,并配置 Everyone 对该目录有读取的权限,将需要发布的软件复制到 software 目录中。

**STEP 2**    在【服务器管理器】主窗口下单击【组策略管理】按钮,在弹出的【组策略管理】界面中选择 Default Domain Policy,右击并在弹出的快捷菜单中选择【编辑】命令,进行域默认组策略修改。

**STEP 3**　在弹出的【组策略管理编辑器】对话框中依次展开【计算机配置】→【策略】→【软件设置】→【软件安装】,右击并在弹出的快捷菜单中选择【新建】→【数据包】命令,在弹出的对话框中输入共享目录地址"\\dc1\software",如图 6-2 所示,最后单击【打开】按钮。

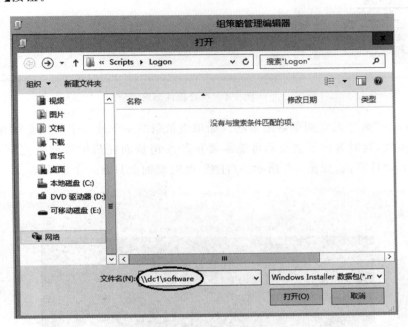

图 6-2　选择软件包

**STEP 4**　找到需要软件部署的软件并双击,在弹出的对话框中选择【已分配】选项,如图 6-3 所示。

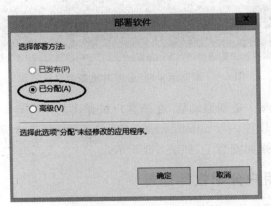

图 6-3　【部署软件】对话框

**STEP 5**　查看软件部署,如图 6-4 所示。

**2. 验证计算机分配软件**

**STEP 1**　验证计算机分配软件(advinst.msi)部署。在客户机 WIN8-1 上使用"gpupdate /

图 6-4　查看软件部署

force"命令来立刻更新组策略。如果组策略的一个或多个应用必须在重启后才能
生效，这时客户机会提示可能需要重新注销从而完成组策略的更新，确认后重新
启动计算机，如图 6-5 所示。（注意，此时桌面上只有一个回收站。）

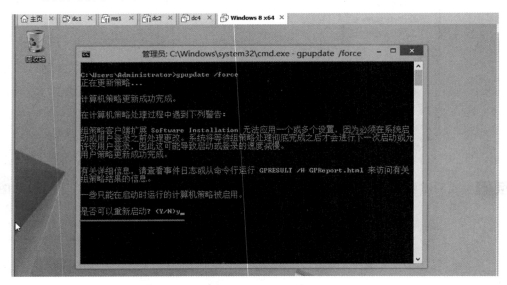

图 6-5　刷新组策略（必要时重新启动计算机）

**STEP 2**　客户机 WIN8-1 重新启动后，在该客户机弹出的用户登录界面中会提示系统正在
安装部署的软件。以 administrator@long.com 身份登录后可以看到刚刚部署的
软件已经被强制安装了，如图 6-6 所示。

## 6.3.2　任务 2　用户分配软件部署

将"MSI 转换工具"软件分配给 sales 组织单位内的所有域用户。

### 1. 部署用户分配软件（advinst.msi）

**STEP 1**　为了消除影响，在组策略中删除 DC1 上已部署的计算机分配软件（如图 6-7 所
示），同时，单击客户机 WIN8-1 的【控制面板】的卸载程序。

**STEP 2**　重新启动 DC1 和 WIN8-1，各以域管理员账户登录计算机。

图 6-6　计算机软件安装策略应用成功

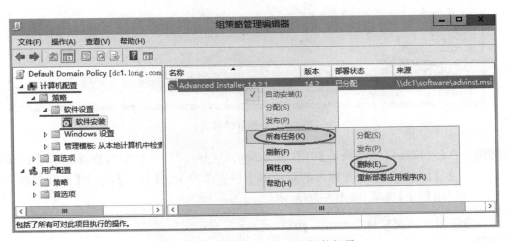

图 6-7　删除为计算机分配的软件部署

**STEP 3**　在 DC1【服务器管理器】主窗口下单击【组策略管理】,在弹出的【组策略管理】界面中找到 sales,右击并在弹出的快捷菜单中选择【在这个域中创建 GPO 并在此处链接(C)...】命令,如图 6-8 所示,为新建 GPO 输入"sales 用户指派软件"。

**STEP 4**　右击 sales 下的【sales 用户指派软件】,在弹出的快捷菜单中选择【编辑】命令。

**STEP 5**　在弹出的【组策略管理编辑器】中依次展开【用户配置】→【策略】→【软件设置】→【软件安装】,右击并在弹出的快捷菜单中选择【新建】→【数据包】命令,在弹出的对话框中输入共享目录地址"\\dc1\software",找到需要软件部署的软件并双击,在弹出的对话框中选择【部署状态】为"已分配"，结果如图 6-9 所示。

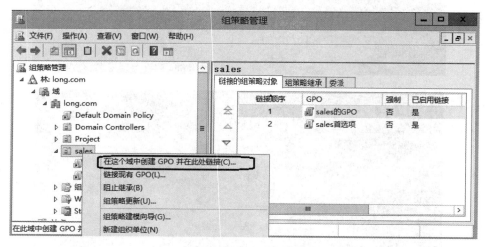

图 6-8　创建组策略

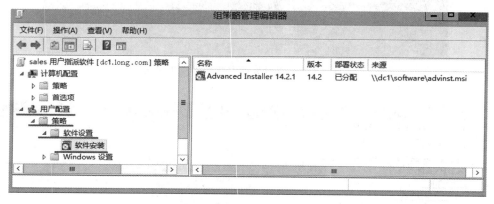

图 6-9　查看软件部署(1)

**STEP 6**　在【组策略管理编辑器】中右击 Advanced Installer 14.2.1，在弹出的快捷菜单中选择【属性】命令，在弹出的对话框中切换选项卡至【部署】，选中【在登录时安装此应用程序】选项，如图 6-10 所示。

### 2. 验证用户分配软件(advinst. msi)

**STEP 1**　验证用户分配软件(advinst. msi)部署。在客户机 WIN8-1 上使用"gpupdate / force"命令立刻更新组策略。如果组策略的一个或多个应用必须在重启后才能生效，这时客户机会提示可能需要重新注销从而完成组策略更新，确认后重新启动计算机。

**STEP 2**　客户机 WIN8-1 重新启动后，在该客户机弹出用户登录界面前会提示系统正在安装部署的软件。以 steven@long. com(steven 是 sales 组织单位的域用户)身份登录后可以看到刚刚部署的软件已经被强制安装了，桌面上增加了一个刚刚安装软件的快捷方式，如图 6-11 所示。

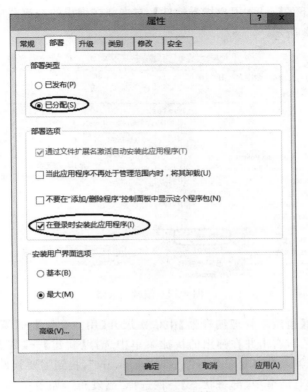

图 6-10　【属性】对话框

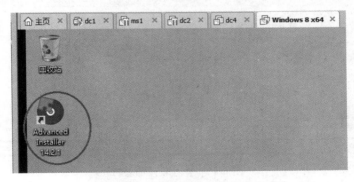

图 6-11　用户软件分配安装策略应用成功

## 6.3.3　任务 3　用户发布软件部署

将"MSI 转换工具"软件发布给 sales 组织单位内的所有域用户。

### 1. 部署用户发布软件(advinst. msi)

**STEP 1** 为了消除影响,在组策略中删除 DC1 上已部署的用户分配软件,同时单击在客户机 WIN8-1 的【控制面板】的卸载程序,卸载已安装的"Advanced Installer 14. 2. 1"。

**STEP 2** 重新启动 DC1 和 WIN8-1,各以域管理员账户登录计算机。

**STEP 3** 在【服务器管理器】主窗口下单击【组策略管理】,在弹出的【组策略管理】界面中找

到 sales 下的【sales 用户指派软件】,右击并在弹出的快捷菜单中选择【编辑】命令,
如图 6-12 所示。

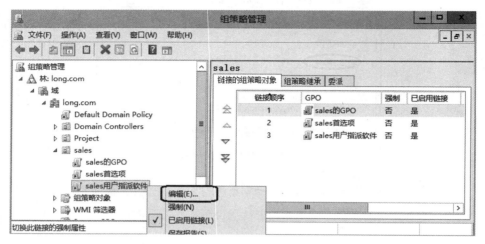

图 6-12　编辑组策略

STEP 4　在弹出的【组策略管理编辑器】中依次展开【用户配置】→【策略】→【软件设置】→
【软件安装】,右击并在弹出的快捷菜单中选择【新建】→【数据包】命令,在弹出的
对话框中输入共享目录地址"\\dc1\software",找到需要软件部署的软件并双击,
在弹出的对话框中【部署状态】一栏选择"已发布",如图 6-13 所示。

图 6-13　查看软件部署(1)

**2. 验证用户发布软件(advinst. msi)**

STEP 1　验证用户发布软件(advinst. msi)部署。在客户机 WIN8-1 上使用"gpupdate ／
force"命令来立刻更新组策略。如果组策略的一个或多个应用必须在重启后才能
生效,这时客户机会提示可能需要重新注销从而完成组策略更新,确认后重新启
动计算机。

STEP 2　客户机 WIN8-1 重新启动后,在客户机上使用 sales 组织单位的域用户 steven 登
录,依次打开【控制面板】→【获取程序】,打开【从网络安装程序】窗口,可以看到刚
刚发布的 advinst. msi 软件。用户如果需要安装,可以选中该软件进行手动安装,
如图 6-14 所示。

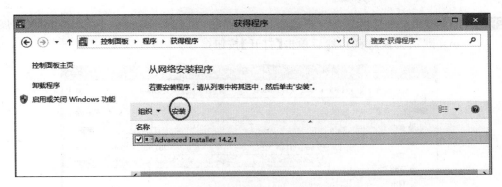

图 6-14　sales 用户软件发布策略应用成功

## 6.3.4　任务 4　对软件进行升级和重新部署

可以通过软件部署的方式来对旧版的软件进行升级或安装更新程序。

### 1. 软件升级

可以将已经部署给用户或计算机的软件升级到较新的版本,而升级的方式有以下两种。

- 强制升级:无论是发布还是分配新版的软件,原来旧版的软件都会被自动升级,不过刚开始此新版软件并未被完全安装(如仅建立快捷方式),用户需要使用此程序的快捷方式或需要执行此软件时,系统才会开始完整地安装这个新版本的软件。
- 选择性升级:无论是发布或分配新版的软件,原来旧版的软件都不会被自动升级,用户必须通过控制台来安装这个新版本的软件。

下面说明如何部署新版本软件(假设是 advinst-14.2.1),以便将用户的旧版本软件(假设是 advinst 14.1)升级,同时假设要针对组织单位 sales 内的用户,而且通过"sales 用户指派软件"的 GPO 来练习。(假设旧版本 advinst 14.1 已经发布给 sales 组织单位的域用户,并且已测试成功,具体步骤可参考 6.3.3 小节。)

**STEP 1**　将新版软件复制到软件发布点内,即 DC1 的 software 文件夹。

**STEP 2**　在域控制器 DC1 上依次单击【开始】→【管理工具】→【组策略管理】按钮,展开到组织单位 sales,选中 sales 用户指派软件的 GPO 并右击,选择【编辑】命令,在图 6-15 中依次展开【用户配置】→【策略】→【软件设置】,选中【软件安装】并右击,选择【新建】→【数据包】命令。

图 6-15　新建数据包

**STEP 3** 在图 6-16 中选择新版本的 MSI 应用程序,也就是 advinst-14.2.1.msi(扩展名.
msi 默认会被隐藏),然后单击【打开】按钮。

图 6-16 选择新版本的软件

**STEP 4** 在图 6-17 中选择【高级】选项后单击【确定】按钮。

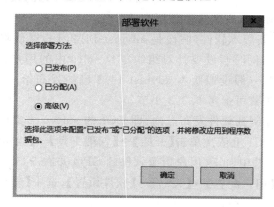

图 6-17 【部署软件】对话框

**STEP 5** 在图 6-18 中单击【升级】选项卡。如果要强制升级,请选中【现有程序包所需的升
级】选项。

**STEP 6** 如果计算机没有自动找到原来的旧版本,就直接单击【添加】按钮,选择要被升级
的旧版软件 advinst 14.1 后单击【确定】按钮,如图 6-19 所示(读者可以先在
图 6-18 中选中待升级包 Advanced Installer 14.1,然后单击【删除】按钮,再单击
【添加】按钮来练习。)。

在图中可以选择将其他 GPO 所部署的旧软件升级。另外,还可以通过界面最下方来选
择先删除旧版软件,再安装新版软件,或直接将旧版软件升级。

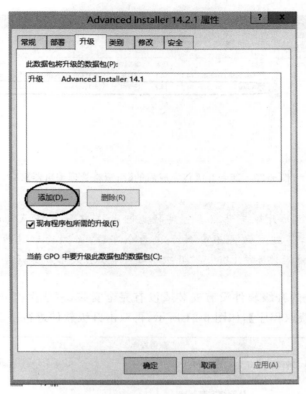

图 6-18　【升级】选项卡

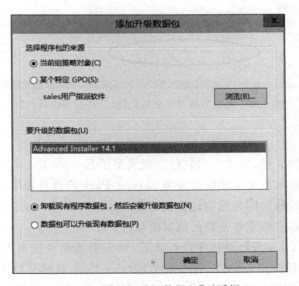

图 6-19　【添加升级数据包】对话框

STEP 7　返回到前一个界面后单击【确定】按钮。

STEP 8　图 6-20 为完成后的界面,其中 Advanced Installer 14.2.1 左侧的向上箭头表示它是用来升级的软件。

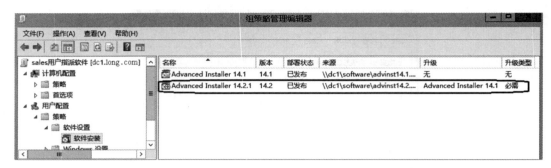

图 6-20　部署升级包完成后的【组策略管理编辑器】(1)

　　　　从右侧的升级与升级类型字段也可知道它用来将 Advanced Installer 14.1 强制升级，不过默认并不会显示这两个字段，必须通过选择【查看】→【添加/删除】命令，然后添加"升级"和"升级类型"的方法来添加这两个字段。

　　另外，如果部署的升级软件没有安装或没有完全安装，请依次打开【开始】菜单→【控制面板】→【程序】→【获取程序】，如图 6-21 所示，再双击升级软件进行手动安装。

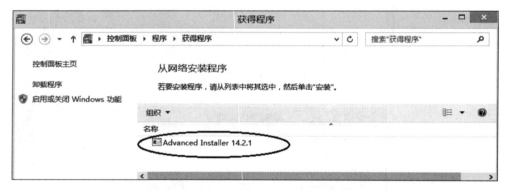

图 6-21　部署升级包完成后的【组策略管理编辑器】(2)

**2. 重新部署**

- 一个已部署的软件，如果之后软件厂商发布了 Service Pack（服务包）或修补程序，则可以通过重新部署来为此软件安装 Service Pack 或修补程序。
- 如果已部署的软件因为感染计算机病毒或其他因素而无法正常运行，也可以通过重新部署来让客户端重新安装已部署的软件。

　　若要将 Service Pack 或修补程序重新部署，请先更新软件发布点内的文件夹 Windows Installer Package 内的文件，而更新方法需视 Service Pack 或修补程序的文件类型而定。若 Service Pack 或修补程序文件是 Windows Installer Package，也就是内含扩展名为 .msi 的安装程序，则请直接将这些文件复制到软件发布点的 Windows Installer Package 文件夹内，也就是将旧的文件覆盖掉即可。

　　完成文件更新后，请选中该软件并右击，再选择【所有任务】→【重新部署应用程序】命令，如图 6-22 所示。

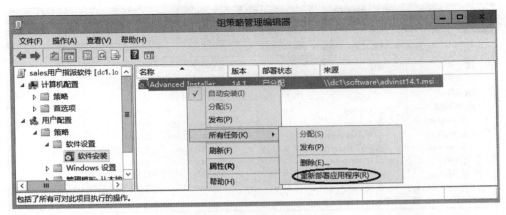

图 6-22　重新部署应用程序

重新部署软件后,用户的计算机何时才会安装该 Service Pack 或修补程序呢?可分为下面 3 种情况。

- 若该软件是分配给用户,则下一次用户登录时,该软件的快捷方式与登录值都会被更新,不过需等用户再次运行此软件时才会开始安装。
- 若该软件是分配给计算机,则下一次计算机重新启动时就会安装。
- 若该软件是发布给用户,而且用户也已经安装了此软件,则下一次用户登录时,该软件的快捷方式与登录值都会被更新,不过需要等用户再次运行此软件时才会安装。

## 6.3.5　任务 5　部署 Microsoft Office

若要将 Microsoft Office 2010 部署给客户端,无法采用 GPO 软件安装的方法,但是可以使用启动脚本来部署,也就是客户端计算机启动时,通过执行启动脚本来安装 Office 2010。

　　需要具备本地系统管理员权限才可以安装 Office,而计算机启动时系统利用本地系统账户(Local System Account)来执行启动脚本,故有权安装 Office。若要通过登录脚本来安装,因一般用户并不具备系统管理员权限,因而无法在用户登录时安装 Office。

另外,若要部署 Office 2007,可采用 GPO 软件安装的方法来将其相关.msi 文件部署给客户端,但是仅可采用分配给计算机的方式。

### 1. 准备好 Microsoft Office 2010 安装文件

准备好 Microsofi Office 2010 批量授权版(Volume License)的安装文件与产品密钥。将安装文件复制到可供客户端读取的任一共享文件夹内,例如,复制到前面所使用的软件发布点,或另外建立一个共享文件夹并赋予用户(Domain Users)读取权限。下面假设使用软件发布点(C:\office,也就是\\dc1\office),如图 6-23 所示将其复制到子文件夹Office2010X32 中,图中假设是 32 位版的 Microsoft Office Professional Plus 2010。

另外,再建立一个共享文件夹,用来记录客户端安装 Office 2010 的结果。将此共享文

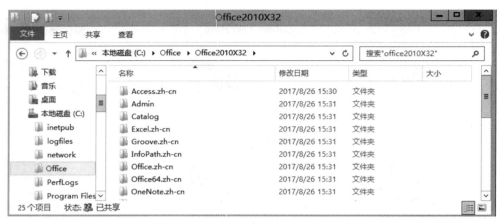

图 6-23　将安装包复制到子文件夹 Office2010X32

件夹的读取和写入权限赋予用户（Domain Users）。下面假设使用 DC1 的"C:\LogFiles"（图 6-24 中已建立好），并将其设置为共享文件夹"\\dc1\LogFiles"。

若非批量授权版，请另外到微软网站下载 Office 2010 Administrative Template files（ADMX/ADML）and Office Customization Tool，然后执行 admintemplates_32.exe 或 admintemplates_64.exe（视 32 位或 64 位版而定），并将解压缩后的 admin 文件夹复写到上述文件夹内（如文件夹 Office2010X64）。

**2. 利用 Office 自定义工具（OCT）来自定义安装**

我们将使用 Office 自定义工具（Office Customization Tool，OCT）来建立 Office 2010 自定义安装文件（其扩展名为 .msp），可在此文件内指定安装文件夹、输入密钥、选择要安装的软件（如只安装 PowerPoint，Word、Excel 等都不安装），客户端计算机执行启动脚本时，将根据此文件的内容来决定如何安装 Office 2010。

**STEP 1** 在保存 Office 2010 安装文件的计算机（如本例的 DC1）上打开【运行】对话框，在存放 Office 2010 安装文件的文件夹中选择 setup.exe 后单击【打开】按钮，再在 setup.exe 之后添加/admin 参数并单击【确定】按钮，如图 6-24 所示。

**STEP 2** 出现图 6-25 所示的界面时，直接单击【确定】按钮。

图 6-24　【运行】对话框

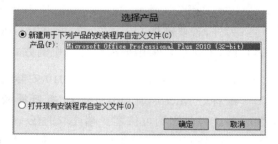

图 6-25　【选择产品】对话框

**STEP 3** 如图 6-26 所示，单击安装位置和单位名称，然后输入欲安装 Office 的文件夹（图中采用默认值），单位名称请自行输入。

图 6-26　安装位置和单位名称

**STEP 4**　如图 6-27 所示，单击授权和用户界面，然后参考此图来设置。由于 Office 的安装是在计算机启动时且用户登录前就会开始，因此不要求用户介入，也就是应该采用静默安装的方式，因此图中【显示级别】设置为"无"且不选中【完成通知】。

图 6-27　授权和用户界面

**STEP 5**　若不想在安装后自动重新启动，可按图 6-28 所示单击修改安装程序的属性后再添加一个名称为 Setup_Reboot 的选项，将其值设置为 Never。

图 6-28　修改安装程序的属性

注意　若想让客户端自动启用 Office,可新建一个名称为 AUTO-ACTIVATE 的选项并将其值设置为 1。

**STEP 6**　单击图 6-29 中的设置功能安装状态后,选择欲安装的功能,例如,图中仅选择 Microsoft Word、Office 共享功能与 Office 工具,其他都改为无法使用。

图 6-29　选择所需的安装状态

**STEP 7**　单击【文件】→【另存为】命令,在打开的【另存为】对话框中(如图 6-30 所示)将此设置存储到 Office 2010 安装文件文件夹下的 Updates 子文件夹(以本例来说就是"C:\Office\Office2010X32\Updates")中,图中假设文件名为 Office2010X32. MSP。

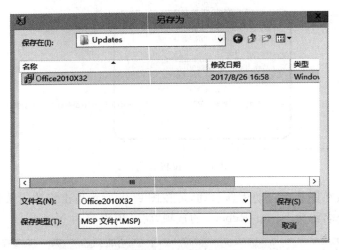

图 6-30　MSP 文件存储在 Updates 子文件夹中

### 3. 建立启动脚本

此启动脚本是客户端计算机启动时将要执行的脚本,通过它来安装 Office 2010。图 6-31 为范例文件 InstallOffice. bat,图中有 3 行命令是需要关注的(见画线部分)。

1) set ProductName= Office14. PROPLUS

其中的 PROPLUS 随 Office 2010 版本的变化而有所不同。以本例来说,它就是 Office 2010 安装文件夹下的 proplus. ww 文件夹的主文件名 proplus。若是部署 Office 2013,请将

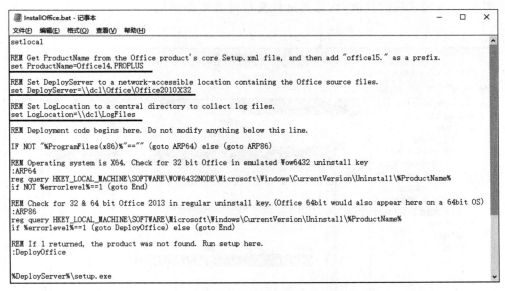

图 6-31　启动脚本范例

Office14 改为 Office15。

2）set DeployServer＝\\dc1\Office\Office2010X32

用来指定 Office 2010 安装文件的网络位置，如本例的"\\dc1\Office\Office2010X32"。

3）set LogLocation＝\\dc1\LogFiles

记录客户端安装 Office 2010 结果的存储位置，如本例的"\\dc1\LogFiles"。

除了以上 3 项设置之外，不需要更改本范例文件的其他设置。

**4. 通过 GPO 的启动脚本来部署 Office 2010 并验证**

下面沿用前面的组织单位 sales 中的【sales 用户指派软件】的 GPO 来设置启动脚本并部署 Office 2010。部署的步骤请参考 5.3.6 小节的内容。不过请注意启动脚本文件的位置，如图 6-32 所示。

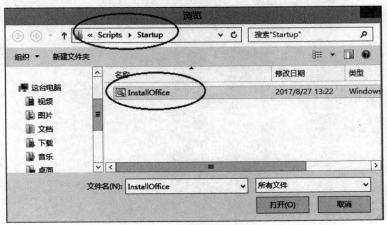

图 6-32　用于启动脚本范例的文件要粘贴到此处

图 6-33 为完成后的界面，它是通过计算机配置来部署的。（WIN8-1 在组织单位 sales 里面。）

图 6-33　启动脚本完成配置后的界面

位于组织单位 sales 内的计算机启动时，就会开始在后台安装 Office 2010，由于安装需花费一段时间，故若用户在此时登录，需等一会儿才会看到 Office 2010 的相关快捷方式出现在【开始】界面中，如图 6-34 所示。

图 6-34　在 WIN8-1（sales 内的一台计算机）上验证的结果

### 6.3.6　任务 6　对特定软件启用软件限制策略

可以通过本地计算机、站点、域与组织单位来设置软件限制策略。下面将利用组织单位 sales 的【sales 用户指派软件】GPO 来练习软件限制策略（若尚未有此组织单位和 GPO，请先建立）：请到域控制器 DC1 上依次打开【开始】→【管理工具】→【组策略管理】，展开到组织单位 sales，选中【sales 用户指派软件】并右击，选择【编辑】命令，在图 6-35 中展开【用户配置】→【策略】→【Windows 设置】→【安全设置】，选中【软件限制策略】并右击，选择【创建软件限制策略】命令。

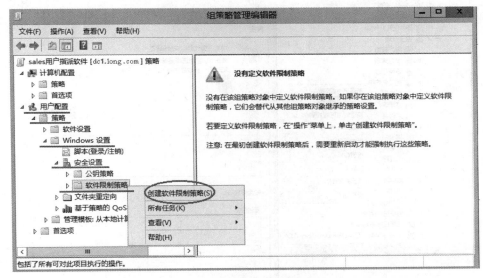

图 6-35　创建软件限制策略

接着单击图 6-36 中的安全级别，从【不受限】选项被选中的状态可知默认安全级别是所有程序都不受限，也就是只要用户对要运行的程序文件拥有适当访问权限，他就可以运行该程序。

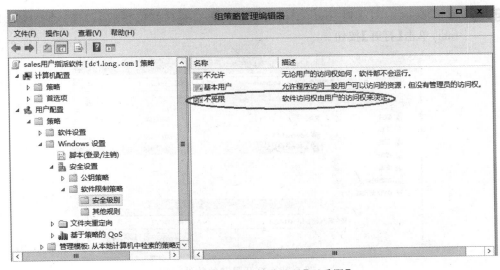

图 6-36　【安全级别】默认是【不受限】

### 1. 建立哈希规则限制软件的运行

利用哈希规则来限制用户不可以安装"MSI 转换工具"软件 advinst14.2.1.msi,则其步骤如下所示。

**STEP 1** 我们将到域控制器 DC1 上进行设置,因此请先将 advinst14.2.1 安装文件复制到此计算机上(C:\software)。

**STEP 2** 如图 6-37 所示,选中其他规则并右击,选择【新建哈希规则】命令,再单击【浏览】按钮。

图 6-37　新建哈希规则

**STEP 3** 在图 6-38 中浏览到 advinst14.2.1 安装文件的存储位置后,选择 advinst14.2.1. msi,单击【打开】按钮。

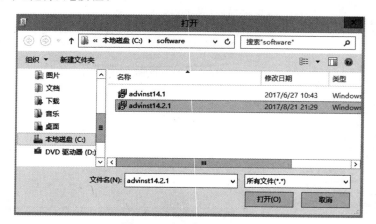

图 6-38　打开限制的软件

**STEP 4** 在图 6-39 中选择不允许安全级别后,单击【确定】按钮。

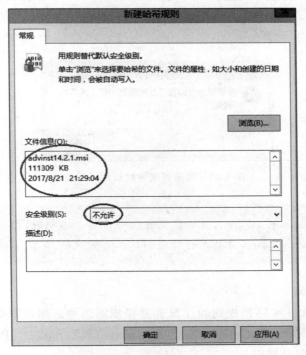

图 6-39 【安全级别】选择【不允许】

**STEP 5** 图 6-40 为完成后的界面。

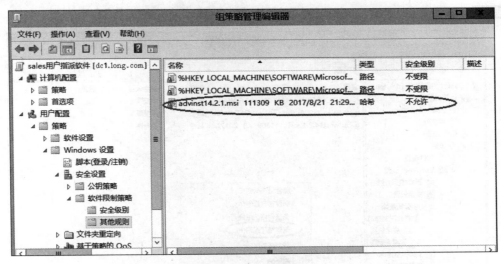

图 6-40 完成后的界面

**STEP 6** 位于组织单位 sales 内的用户应用此策略(重启计算机 WIN8-1 再登录)后,在运行 advinst 的安装文件 advinst14.2.1.msi 时会被拒绝,且会出现如图 6-41 所示的警告界面(以 Windows 8.1 客户端为例)。

图 6-41　哈希规则限制软件运行成功

　注　意

　　不同版本的 advinst，其安装文件的哈希值也不相同，因此若要禁止用户安装其他版本的 advinst，需要再针对它们建立哈希规则。

### 2. 建立路径规则

　　路径规则分为文件夹路径规则和注册表路径规则两种。路径规则中可以使用环境变量，如%Userprofile%、%SystemRoot%、%Appdata%、%Temp%、%Programfiles%等。

　　1）建立文件夹路径规则

　　举例来说，若要利用文件夹路径规则来限制用户不可以运行位于"\\dc1\systemtools"共享文件夹内的所有程序，则其设置步骤如下。

**STEP 1**　　如图 6-42 所示，选中其他规则并右击，选择【新建路径规则】命令。

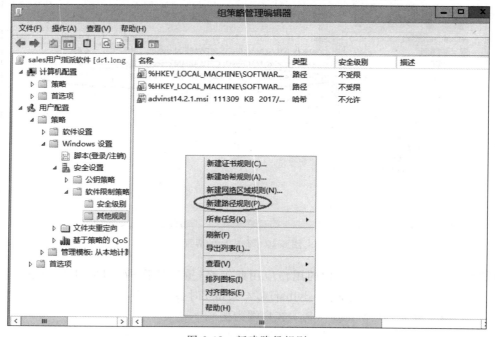

图 6-42　新建路径规则

**STEP 2**　如图 6-43 所示，输入或浏览路径，【安全级别】选择【不允许】，单击【确定】
　　　　　按钮。

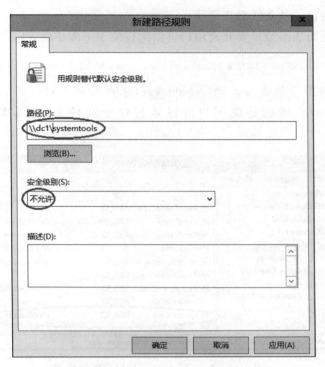

图 6-43　【新建路径规则】对话框

注意　　若只是要限制用户运行此路径内某个程序，请输入此程序的文件名，例如
要限制的程序为 advinst. msi，请输入"\\dc1\systemtools\advinst. msi"。若无论
此程序位于何处，都要禁止用户运行，则输入程序名称 advinst. msi 即可。

**STEP 3**　图 6-44 为完成后的界面。

图 6-44　新建路径并完成后的界面

2）建立注册表路径规则

也可以通过注册表（Registry）路径来开放或禁止用户运行路径内的程序，由图 6-44 中可看出系统已经内建了两条注册表路径。

其中第一条注册表路径是要开放用户可以运行位于下面注册表路径内的程序：

HKEY_LOCAL_MACHINE\SOFTWARE\Microsoft\Windows NT\CurrentVersion\SystemRoot

而我们可以利用注册表编辑器（regedit. exe）来查看其所对应到的文件夹，如图 6-45 所示为"C:\Windows"，也就是说用户可以运行位于文件夹"C:\Windows"内的所有程序。

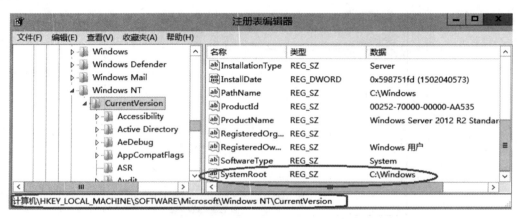

图 6-45　"C:\Windows"所对应的注册表

若要编辑或新建注册表路径规则，记得在路径前后要附加％符号，例如：

％ HKEY_LOCAL_MACHINE\SOFTWARE\Microsoft\Windows NT\CurrentVersion\SystemRoot％

**3. 建立网络区域规则**

也可利用网络区域规则来允许或拒绝用户运行位于某个区域内的程序，这些区域包含本地计算机、Internet、本地 Intranet、受信任的站点与受限制的站点。

建立网络区域规则的方法与其他规则类似，如图 6-46 所示，选中其他规则并右击，选择【新建网络区域规则】命令，在【网络区域】下拉列表中选择【受限制的站点】，再选择【安全级别】，图中表示只要是位于受限制的站点内的程序都不允许运行。设置完成后如图 6-47 所示。

**4. 不要将软件限制策略应用到本地系统管理员**

若不想将软件限制策略应用到本地系统管理员组（Administrators），可以按图 6-48 所示操作，双击【软件限制策略】右侧的【强制】对象类型，在【将软件限制策略应用到下列用户】选项区中选中【除本地管理员以外的所有用户】，单击【确定】按钮。

图 6-46　新建网络区域规则

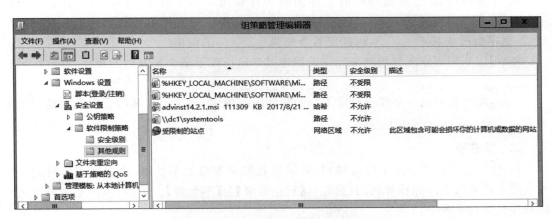

图 6-47　完成新建网络区域规则后的界面

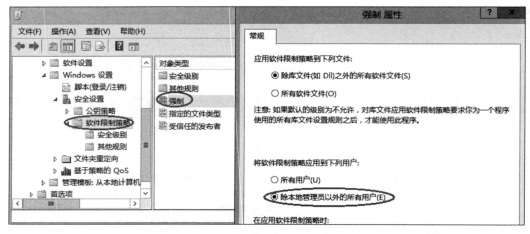

图 6-48　不将软件限制策略应用到本地系统管理员

## 6.4　习题

**一、填空题**

1. 软件部署分为_____与_____两种。一般来说，这些软件必须是_____（也被称为 MSI 应用程序），也就是其内包含扩展名为_____的安装文件。

2. 可以将软件分配给_____，可以将软件发布给_____。

3. 软件限制策略的安全等级分为下面 3 种：_____、_____和_____。

4. 系统默认的安全级别是所有程序都不受限，但可以通过_____、_____、_____与_____来建立例外的安全级别，以便拒绝用户运行所指定的程序。

5. 哈希（Hash）是根据程序的文件内容所计算出来的字符串，不同程序有着不同的_____，所以系统可用它来识别应用程序。即使此程序的文件名被改变或被移动到其他位置，也不会改变其_____，因此仍然会受到_____的约束。

6. 可以利用网络区域规则来允许或拒绝用户运行位于某个区域内的程序，这些区域包含_____、_____、_____与_____。

7. 可能会针对同一个程序设定不同的软件限制规则，而这些规则的优先级由高到低分别为_____、_____、_____、_____。

**二、简答题**

1. 针对某个程序设定了哈希规则，且设置其安全等级为不受限，然而同时针对此程序所在的文件夹设置了路径规则，且设置其【安全等级】为【不允许】。请问，用户是否可以运行此程序？为什么？

2. 通过组策略部署软件有什么缺点？

3. 发布应用程序与分配应用程序相比，其优点在哪里？

4. 什么类型的应用程序适合分配到计算机，而不是分配到用户？

5. 有一个小应用程序的 .msi 文件，如果希望某个 OU 中的所有用户和所有计算机全都可使用该文件。为此，你需要采取什么步骤？

### 三、实战思考题

公司有一个 Active Directory 林。该公司有 3 个办事处,每个办事处都有一个组织单位和一个名为 sales 的子组织单位。sales 组织单位包含销售部的所有用户和计算机。公司计划在 3 个 sales 组织单位内的所有计算机上部署 Microsoft Office 2007 应用程序。你需要确保 Office 2007 应用程序只安装在 sales 组织单位内的计算机上,应该怎么做?

1. 创建名为 salesAPP GPO 的组策略对象(GPO)。配置该 GPO 以将 Office 2007 应用程序分配给计算机账户。将 salesAPP GPO 链接到域。

2. 创建名为 salesAPP GPO 的组策略对象(GPO)。配置该 GPO 以将 Office 2007 应用程序分配给用户账户。将 salesAPP GPO 链接到每个办事处的 sales 组织单位。

3. 创建名为 salesAPP GPO 的组策略对象(GPO)。配置该 GPO 以将 Office 2007 应用程序发布给用户账户。将 salesAPP GPO 链接到每个办事处的 sales 组织单位。

4. 创建名为 salesAPP GPO 的组策略对象(GPO)。配置该 GPO 以将 Office 2007 应用程序分配给计算机账户。将 salesAPP GPO 链接到每个办事处的 sales 组织单位。

### 四、实战题

请在域服务器 DC1 上部署 Office 2013,并且使 sales 组织单位的计算机能够自动安装所部署的 Office 2013 办公软件。

项目背景

从前面的学习我们知道,通过 AD DS 的组策略(Group Policy)功能,可更容易地管理用户的工作环境与计算机环境,可以统一部署软件以及限制特定软件的运行,也可以利用组策略使安全性标准化,以控制环境。总之,组策略的合理使用能够减轻网络管理员的负担,并降低网络管理成本。

但是组策略如果使用和管理不当,也会造成一些麻烦,本部分的主要内容就是管理组策略。

项目目标

- 组策略的处理规则。
- 组策略的委派管理。
- Starter GPO 的设置与使用。
- 组策略管理实例。

## 7.1　相关知识

域成员计算机在处理(应用)组策略时有一定的程序与规则,系统管理员必须了解它们,才能够通过组策略来管理用户与计算机的环境。

### 7.1.1　一般的继承与处理规则

组策略的设置是有继承性的,也有一定的处理规则。

(1) 若高层父容器的某个策略被设置,但是在其下低层子容器并未设置此策略,则低层子容器会继承高层父容器的这个策略设置值。

以图 7-1 来说明,若位于高层的域 long.com 的 GPO 内,其从【开始】菜单中删除【运行】菜单策略被设置为【已启用】,但如果位于低层的组织单位 sales 的这个策略被设置为未配置,则 sales 会继承 long.com 的设置值,也就是说 sales 的从【开始】菜单中删除【运行】菜单策略是【已启用】。

若组织单位 sales 下还有其他子容器,且它们的这些策略也被设置为未配置,则它们也

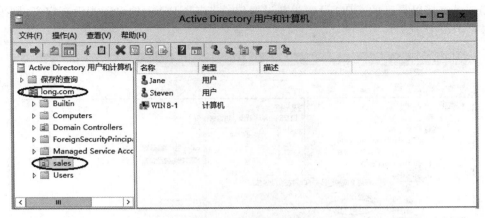

图 7-1　Active Directory 用户和计算机对应的组织单位

会继承这个设置值。

（2）若在低层子容器内的某个策略被设置，则此设置值默认会覆盖由其高层父容器所继承下来的设置值。

以图 7-1 所示，若位于高层的域 long.com 的 GPO 内，其从【开始】菜单中删除【运行】菜单策略被设置为【已启用】，但是位于低层的组织单位 sales 的这个策略被设置为【已禁用】，则 sales 会覆盖 long.com 的设置值，也就是对组织单位 sales 来说，其从【开始】菜单中删除【运行】菜单策略是【已禁用】。

（3）组策略设置是有累加性的，例如若在组织单位 sales 内建立了 GPO，同时在站点、域内也都有 GPO，则站点、域与组织单位内的所有 GPO 设置值都会被累加起来作为组织单位 sales 的最后有效设置值。

但若站点、域与组织单位 sales 之间的 GPO 设置有冲突，则优先级为组织单位的 GPO 最优先，域的 GPO 次之，站点的 GPO 优先权最低。

（4）若组策略内的计算机配置与用户配置有冲突，则以计算机配置优先。

（5）若将多个 GPO 链接到同一处，则所有这些 GPO 的设置会被累加起来作为最后的有效设置值。但若这些 GPO 的设置相互冲突时，则链接顺序在前面的 GPO 设置优先，例如图 7-1 中的"sales 用户指派软件"GPO 的设置优先于防病毒软件策略。

　本地计算机策略的优先权最低，也就是说若本地计算机策略内的设置值与站点、域或组织单位的设置相冲突，则以站点、域或组织单位的设置优先。

## 7.1.2　例外的继承设置

除了一般的继承与处理规则外，还可以设置下面的例外规则。

### 1. 禁止继承策略

可以设置让子容器不要继承父容器的设置。例如，若不要让组织单位 sales 继承域 long.com 的策略设置，如图 7-2 所示，选中 sales 并右击，选择【阻止继承】命令，此时组织单位 sales 将直接以自己的 GPO 设置为其设置值。若其 GPO 内的设置为没有定义，则采用默认值。

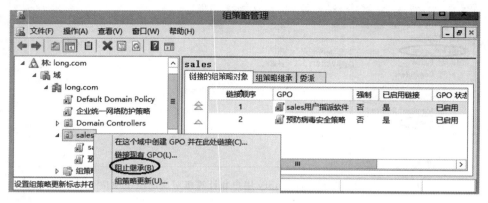

图 7-2　阻止继承

### 2. 强制继承策略

可以通过父容器来强制其下子容器必须继承父容器的 GPO 设置，无论子容器是否选择了阻止继承。例如，若我们在图 7-3 中 long.com 域下建立一个 GPO（企业统一网络防护策略），以便通过它来设置域内所有计算机的安全措施，则选中此策略并右击，然后选择【强制】命令来强制其下的所有组织单位都必须继承此策略。

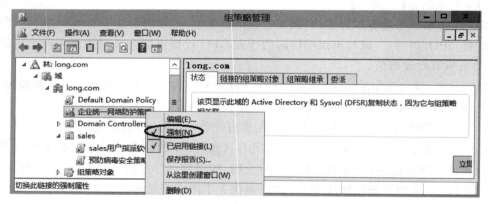

图 7-3　强制继承

### 3. 过滤组策略设置

以组织单位 sales 为例，当针对此组织单位建立 GPO 后，此 GPO 的设置会被应用到这个组织单位内的所有用户与计算机，如图 7-4 所示，默认被应用到 Authenticated Users 组（经过身份验证的用户组）。

不过也可以让此 GPO 不应用到特定的用户或计算机，例如，此 GPO 对所有 sales 人员的工作环境做了某些限制，但是你却不想将此限制加在 sales 经理上。位于组织单位内的用户与计算机，默认对该组织单位的 GPO 都具备读取与应用组策略权限，可以如图 7-5 所示，单击 GPO（sales 用户指派软件 GPO），再单击【委派】选项卡，然后单击【高级】按钮，选择 Authenticated Users 来查看。

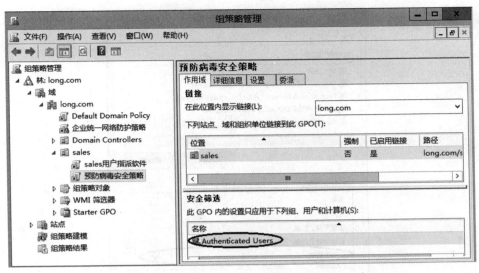

图 7-4　组策略默认被应用到 Authenticated Users 组

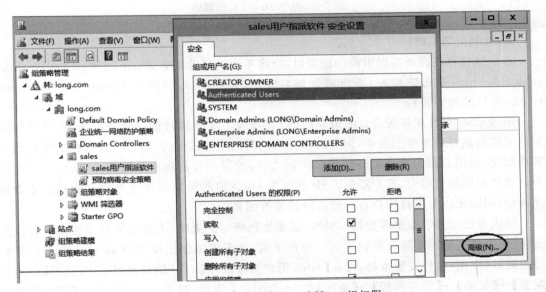

图 7-5　查看 Authenticated Users 组权限

　　若不想将此 GPO 的设置应用到组织单位业务部内的用户 Steven，可单击图 7-5 中的【添加】按钮，再选择用户 Steven，如图 7-6 所示，将 Steven 的应用组策略权限设置为【拒绝】即可。

### 7.1.3　特殊处理设置

　　这些特殊处理设置包括强制处理 GPO、慢速连接的 GPO 处理、环回处理模式与禁用 GPO 等。

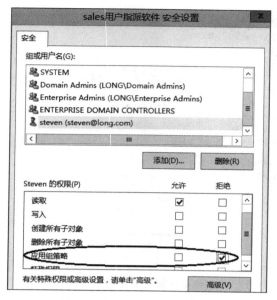

图 7-6　拒绝 Steven 应用策略

### 1. 强制处理 GPO

客户端计算机在处理组策略的设置时，会将不同类型的策略交给不同的 DLL（Dynamic-Link Libraries，动态链接库）来负责处理与应用，这些 DLL 被称为 Client-Side Extension（CSE，客户端的拓展）。

不过 CSE 在处理其所负责的策略时，只会处理上次处理过的最新变动策略，这种做法虽然可以提高处理策略的效率，但有时却无法达到期望的目标，例如，在 GPO 内对用户做了某项限制，在用户因为这个策略而受到限制之后，若用户自行将此限制删除，则当下一次用户计算机在应用策略时，客户端的 CSE 会因为 GPO 内的策略设置值并没有变动而不处理此策略，因而无法自动将用户自行修改的设置改回来。

解决方法是强制要求客户端 CSE 一定要处理指定的策略，不论该策略设置值是否发生变化，可以针对不同策略来单独设置。举例来说，假设要强制组织单位 sales 内所有计算机必须处理（应用）软件安装策略，可在【sales 用户指派软件】GPO 的设置界面中，选择【计算机配置】→【策略】→【管理模板】→【系统】命令，如图 7-7 所示，双击组策略右侧的【配置软件安装策略处理】，在打开的对话框中选择【已启用】，选中【即使尚未更改组策略对象也进行处理】选项，单击【确定】按钮。

**注意**　①只要策略名称最后两个字是处理（Processing）的策略设置，都可以做类似的更改。②若要手动让计算机来强制处理（应用）所有计算机策略设置，可以在计算机上执行 gpupdate /target:computer /force 命令；若是进行用户策略设置，可以执行 gpupdate /target:user /force 命令，或利用 gpupdate /force 命令来同时强制处理计算机与用户策略。

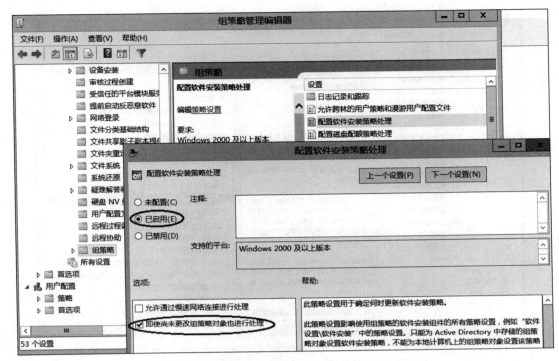

图 7-7　强制处理 GPO

### 2. 慢速连接的 GPO 处理

可以让域成员计算机自动检测其与域控制器之间的连接速度是否太慢,若是,则不要应用位于域控制器内指定的组策略设置。除了图 7-8 中【配置注册表策略处理】与【配置安全策略处理】这两个策略之外(无论是否慢速连接都会应用),其他策略都可以设置为【慢速连接不应用】。

假设要求组织单位 sales 内的每一台计算机都要自动检测是否为慢速连接,请在【sales用户指派软件】GPO 的计算机配置界面中,如图 7-9 所示,双击组策略右侧的【配置组策略慢速链接检测】,选中【已启用】,在【连接速度】处输入低速联机的定义值,单击【确定】按钮,图中我们只要设置连接速度低于 500kbps,就视为慢速。如果停用或未设置此原则,则预设也将低于 500kbps 视为慢速连接。

接下来假设组织单位 sales 内的每一台计算机与域控制器之间即使是慢速连接,也需要应用软件安装策略处理策略,其设置方法与图 7-7 相同,不过此时需在图中选中允许通过慢速网络连接进行处理。

### 3. 环回处理模式

一般来说,系统会根据用户或计算机账户在 AD DS 内的位置,来决定如何将 GPO 设置值应用到用户或计算机。例如,若服务器 DC1 的计算机账户位于组织单位服务器内,此组织单位有一个名称为服务器 GPO 的 GPO,而用户 steven 的用户账户位于组织单位 sales内,此组织单位有一个名称为“sales 用户指派软件”的 GPO,则当用户 steven 在 DC1 上登录域时,在正常的情况下,他的用户环境由“sales 用户指派软件”的 GPO 的用户配置来决定,

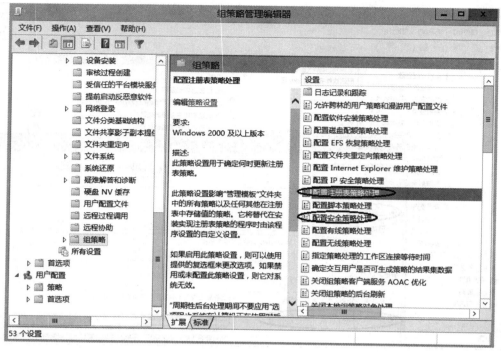

图 7-8　其他策略都可以设置为慢速连接不应用

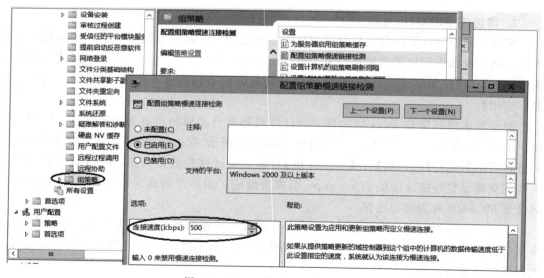

图 7-9　配置组策略慢速连接检测

不过他的计算机环境是由服务器 GPO 的计算机配置来决定的。

　　然而若在"sales 用户指派软件"的 GPO 的用户配置内，设置让组织单位 sales 内的用户登录时，就自动为他们安装某应用程序，则这些用户到任何一台域成员计算机上（包含 DC1）登录时，系统将为他们在这台计算机内安装此应用程序，但是却不想替他们在这台重要的服务器 DC1 内安装应用程序，此时应如何来解决这个问题呢？请启用环回处理模式

(Loopback Processing Mode)。

若在服务器 GPO 中启用了环回处理模式,则无论用户账户位于何处,只要用户利用组织单位服务器内的计算机(包含服务器 DC1)登录,则用户的工作环境可改由服务器 GPO 的用户配置来决定,这样 steven 到服务器 DC1 登录时,系统就不会替他安装应用程序。环回处理模式分为两种模式。

- 替代模式:直接改由服务器 GPO 的用户配置来决定用户的环境,而忽略"sales 用户指派软件"的 GPO 的用户配置。
- 合并模式:先处理"sales 用户指派软件"的 GPO 的用户配置,再处理服务器 GPO 的用户配置。若两者有冲突,则以服务器 GPO 的用户配置优先。

假设要在服务器 GPO 内启用环回处理模式,请在服务器 GPO 的计算机配置界面中(如图 7-10 所示)双击组策略右侧的【配置用户组策略环回处理模式】,选择【已启用】单选按钮,在【模式】处选择【替换】或【合并】。

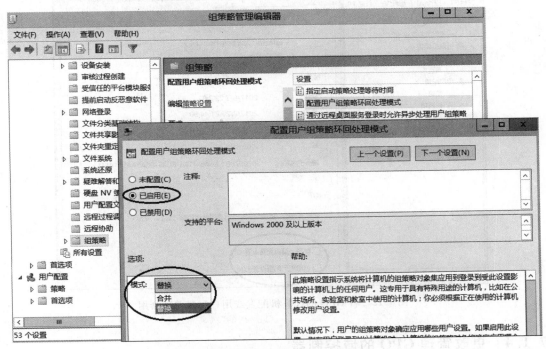

图 7-10　配置用户组策略环回处理模式

### 4. 禁用 GPO

若有需要,可以将整个 GPO 禁用,或单独将 GPO 的计算机配置或用户配置禁用。下面以"sales 用户指派软件"的 GPO 为例来说明。

- 若要将整个 GPO 禁用:如图 7-11 所示选中测试用的 GPO 并右击,然后取消选中【已启用链接】。
- 若要将 GPO 的计算机配置或用户配置单独禁用:先进入"sales 用户指派软件"GPO 的编辑界面,如图 7-12 所示,单击"sales 用户指派软件"GPO,单击上方的属性图标,选中【禁用计算机配置设置】或【禁用用户配置设置】。

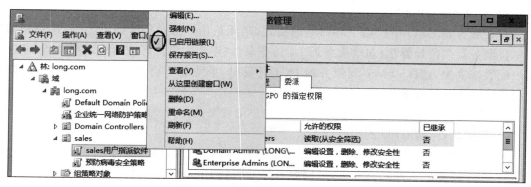

图 7-11　禁用整个 GPO

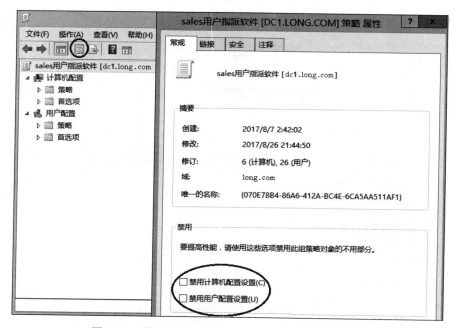

图 7-12　将 GPO 的计算机配置或用户配置单独禁用

## 7.1.4　更改管理 GPO 的域控制器

当添加、修改或删除组策略设置时,这些更改默认先被存储到扮演 PDC 模拟器操作主机角色的域控制器,然后再由它将其复制到其他域控制器,域成员计算机再通过域控制器来应用这些策略。

但若系统管理员在济南,可是 PDC 模拟器操作主机却在远程的北京,此时济南的系统管理员会希望其针对济南员工所设置的组策略,能够直接存储到位于济南的域控制器,以便济南的用户与计算机能够通过这台域控制器来快速应用这些策略。

可以通过【DC 选项】方式来将管理 GPO 的域控制器从 PDC 模拟器操作主机更改为其他域控制器。

利用【DC 选项】:假设供济南分公司使用的 GPO 为济南分公司专用 GPO,则请进入编辑此 GPO 的界面(【组策略管理编辑器】界面),然后如图 7-13 所示,单击济南分公司专用 GPO,单击【查看】菜单中的【DC 选项】命令,在图中选择要用来管理组策略的域控制器。图中选择域控制器的选项有以下 3 种。

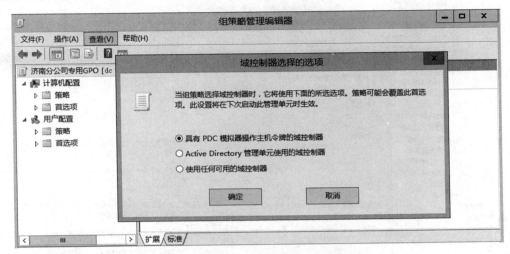

图 7-13　利用【DC 选项】更改域控制器

- 具有 PDC 模拟器操作主机令牌的域控制器:也就是使用 PDC 模拟器操作主机,这是默认值,也是建议值。.
- Active Directory 管理单元使用的域控制器:当系统管理员执行组策略管理编辑器时,此组策略管理编辑器所连接的域控制器就是要使用的域控制器。
- 使用任何可用的域控制器:此选项让组策略管理编辑器可以任意挑选一台域控制器。不建议采用此种方式。

## 7.1.5　更改组策略的应用间隔时间

前面已经介绍过域成员计算机与域控制器何时会应用组策略的设置。可以更改这些设置值,不过建议不要将更改组策略的应用间隔时间设得太短,以免增加网络的负担。

### 1. 更改"计算机配置"的应用间隔时间

例如,若要更改组织单位 sales 内所有计算机的应用计算机配置的间隔时间,在"sales 用户指派软件"GPO 的计算机配置界面中,如图 7-14 所示,依次展开【计算机配置】→【策略】→【管理模板】→【系统】,单击【组策略】,双击设置计算机的组策略刷新间隔,选择【已启用】,通过前景图来设置,单击【确定】按钮。图中设置为每隔 90 分钟加上 0~30 分钟的随机值,也就是每隔 90~120 分钟应用一次。若禁用或未设置此策略,则默认就是每隔 90~120 分钟应用一次。若将应用间隔时间设置为 0 分钟,则会每隔 7 秒钟应用一次。

若要更改域控制器的应用计算机配置的间隔时间,针对组织单位 Domain Controllers 内的 GPO 来设置(如 Default Domain Controllers GPO),其策略名称是设置域控制器的组策略刷新间隔,其默认是每隔 5 分钟应用一次组策略。若禁用或未设置此策略,则默认就是每隔 5 分钟应用一次。若将应用间隔时间设置为 0 分钟,则会每隔 7 秒钟应用一次,如图 7-15 所示。

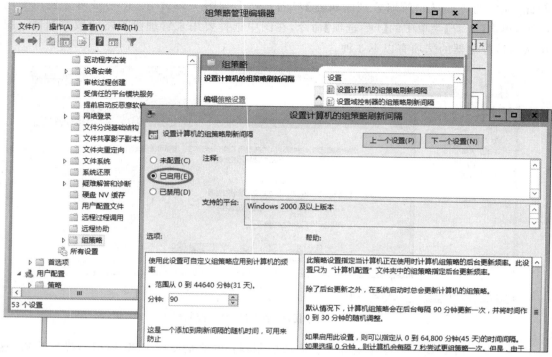

图 7-14  设置计算机的组策略刷新间隔

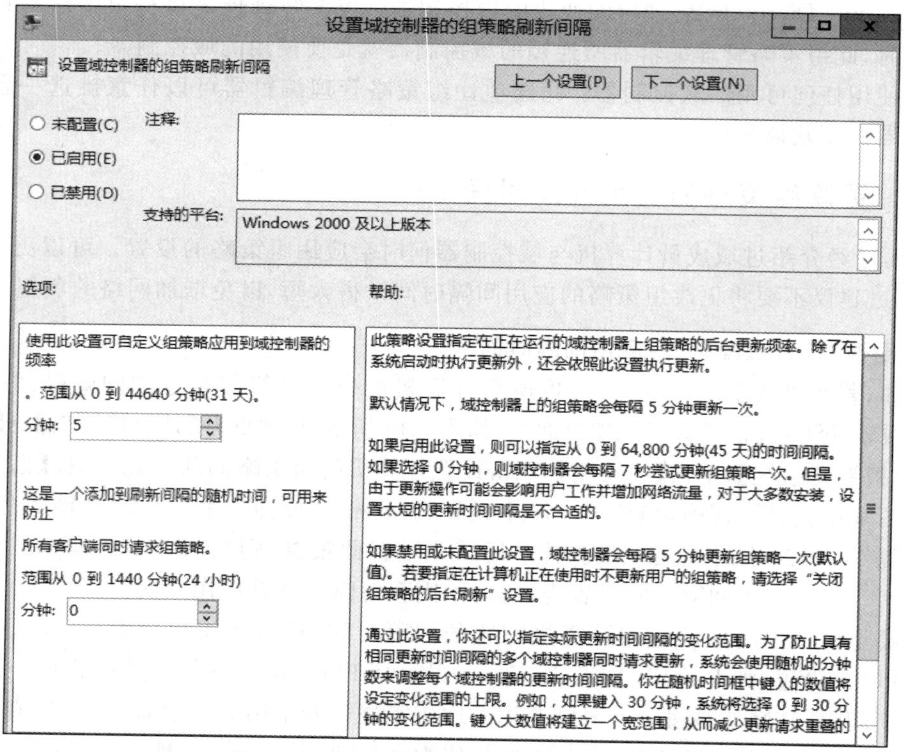

图 7-15  设置域控制器的组策略刷新间隔

**2. 更改用户配置的应用间隔时间**

例如,若要更改组织单位 sales 内所有用户的应用用户配置的间隔时间,在"sales 用户指派软件"GPO 的用户配置界面中,通过图 7-16 中组策略右侧的【设置用户的组策略刷新间隔】来设置,其默认也是每隔 90 分钟加上 0~30 分钟的随机值,也就是每隔 90~120 分钟应用一次。若停用或未设置此策略,则默认就是每隔 90~120 分钟应用一次。若将应用间隔时间设置为 0 分钟,则会每隔 7 秒钟应用一次。

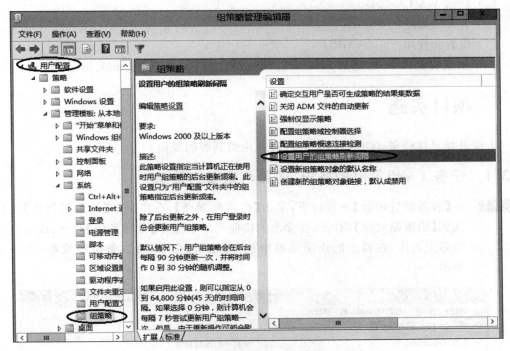

图 7-16　设置用户的组策略刷新间隔

# 7.2　项目设计及准备

**1. 组策略管理上的挑战**

未名公司基于 Windows Server 2012 活动目录管理用户和计算机,在公司的多个 OU 中都部署了组策略。在组策略管理时发现很难直观显示管理员部署的组策略内容,往往需要借助其他工具或者日志来查询。

在应用一些新的组策略时,有时发现一些计算机并没有应用到新的组策略。这样给公司的生产环境的部署带来了一定的困扰,公司希望通过规范的管理组策略,从而提高域环境的可用性,实现域用户和计算机的高效管理。

**2. 应对组策略管理上的挑战**

为了解决有些组策略没有应用上的问题,必须明白组策略的应用优先级,即本地策略<站点策略<域策略<父 OU 策略<子 OU 策略。这样才能将组策略部署到位。如果父 OU 策略设置了一个限制,子 OU 不想继承,可以【阻止继承】;如果父 OU 策略需要强制下发,可

以将父 OU 策略设置为【强制】,这样尽管子 OU 不想继承,设置【阻止继承】也无济于事。

本项目要完成以下任务。

(1) 组策略的阻止和强制继承(请参考 7.1.1 小节和 7.1.2 小节)。

(2) 组策略的备份和还原。

(3) 查看组策略。

(4) 针对某个对象查看其组策略。

(5) 使用 WMI 筛选器。

(6) 管理组策略的委派。

(7) 设置和使用 Starter GPO。

在本次项目实训中,会用到 dc1.long.com、WIN8-1.long.com、ms1.long.com。

# 7.3 项目实施

下面开始具体任务,实施任务的顺序遵循由简到难的原则。

## 7.3.1 任务 1 组策略的备份、还原与查看组策略

**STEP 1** 在【服务器管理器】主窗口下,单击【组策略管理】,在弹出的【组策略管理】窗口中找到【组策略对象】,右击,在弹出的快捷菜单中选择【全部备份】命令;或者在单个策略上右击,在弹出的快捷菜单中选择【备份】命令,可以备份组策略,如图 7-17 所示。

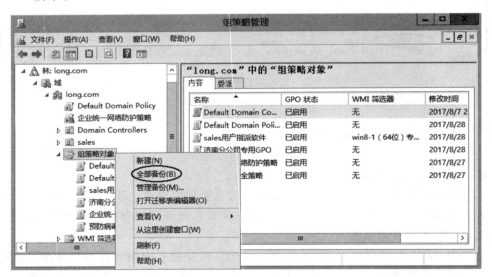

图 7-17　组策略的备份

**STEP 2** 在图 7-17 中,单击【管理备份】命令,打开【管理备份】对话框。可以通过管理备份将已经备份的组策略进行还原,如图 7-18 所示。

**STEP 3** 在【服务器管理器】窗口下单击【组策略管理】,在弹出的【组策略管理】窗口中找到 Default Domain Policy,右击并在弹出的快捷菜单中选择【保存报告】命令,将报告

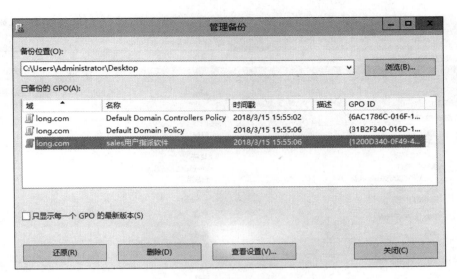

图 7-18　组策略的管理

保存到指定位置,然后双击指定位置保存的文件,就可以通过网页的方式查看该组策略进行设置的条目,如图 7-19 和图 7-20 所示。

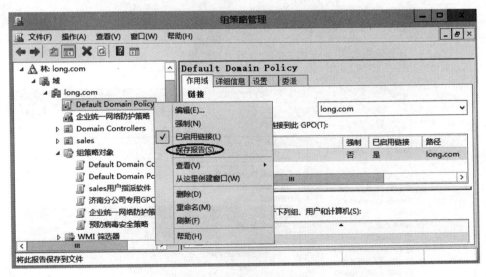

图 7-19　保存组策略报告

STEP 4　也可以通过在【组策略管理】窗口中选择 Default Domain Policy 策略,在右边切换至【设置】选项卡,同样可以很详细地查看组策略的设置,如图 7-21 所示。

STEP 5　针对某个对象查看其组策略。在【服务器管理器】主窗口下单击【组策略管理】,在弹出的【组策略管理】窗口中找到【组策略结果】,右击,在弹出的快捷菜单中选择【组策略结果向导】命令,通过向导选择某个对象,查看应用到该对象的组策略,如图 7-22 所示。

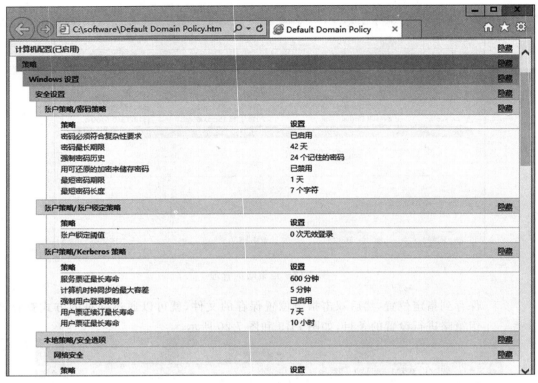

图 7-20　查看组策略报告

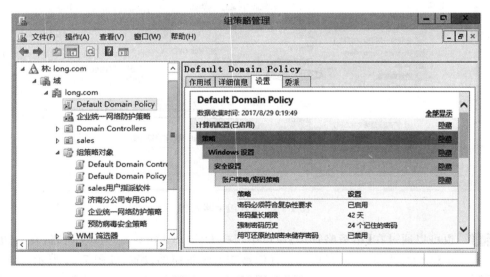

图 7-21　查看组策略的设置

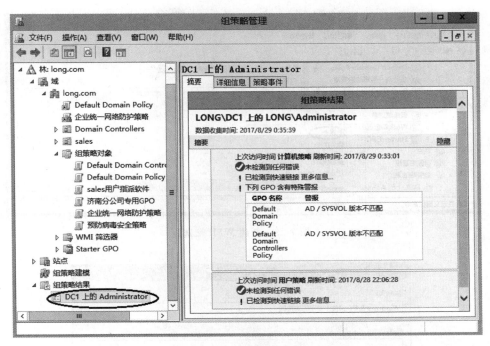

图 7-22　查看组策略结果

## 7.3.2　任务 2　使用 WMI 筛选器

我们知道若将 GPO 链接到组织单位,该 GPO 的设置值默认会被应用到此组织单位内的所有用户与计算机。若要修改这个默认值,有下面两种选择。

- 通过前面介绍的筛选组策略设置中的【委派】选项卡来选择待应用此 GPO 的用户或计算机。
- 通过本节所介绍的 WMI 筛选器来设置。

举例来说,假设你已经在组织单位 sales 内建立"sales 用户指派软件"GPO,并通过它来让此组织单位内的计算机自动安装你所指定的软件(前面已讲过),不过只想让 64 位的 Windows 8.1 计算机安装此软件,其他操作系统的计算机并不需要安装,此时可以通过 WMI 筛选器设置来达到目的。

### 1. 新建 WMI 筛选器

**STEP 1**　如图 7-23 所示,选中 WMI 筛选器并右击选择【新建】命令。

**STEP 2**　在图 7-24 中的名称与描述字段中分别输入适当的文字说明后单击【添加】按钮。图中将名称设置为 Windows 8.1(64 位)专用的筛选器。

**STEP 3**　在图 7-25 中的命名空间处使用默认的 root/CIMv2,然后在查询处输入下面的查询命令(后述)后单击【确定】按钮。

```
select * from WIN32_OperatingSystem Where Version like "6.3% " and ProductType="1"
```

**STEP 4**　出现图 7-26 时,直接单击【确定】按钮。

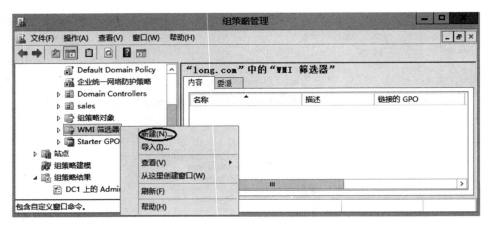

图 7-23　新建 WMI 筛选器

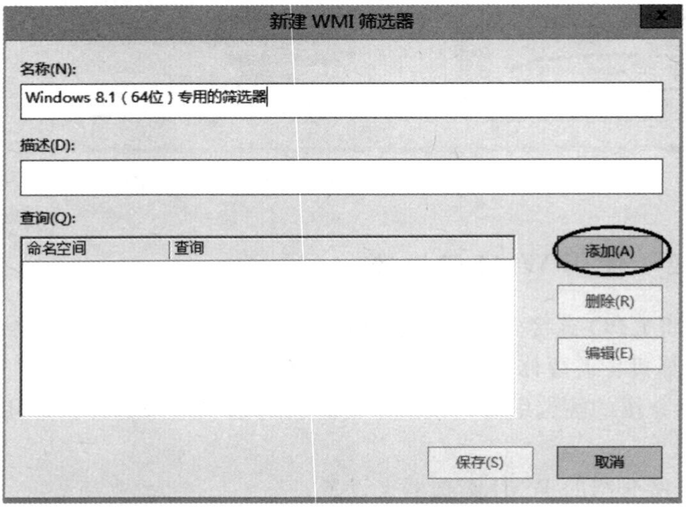

图 7-24　【新建 WMI 筛选器】对话框

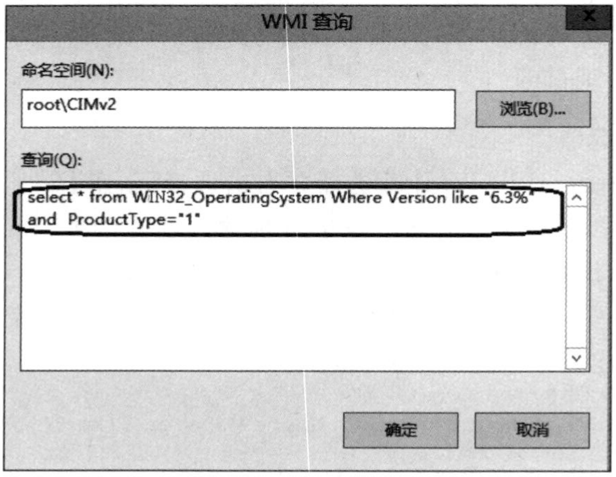

图 7-25　WMI 查询

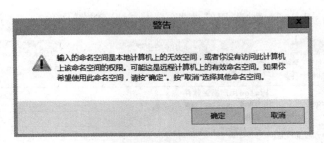

图 7-26 警告信息

**STEP 5** 重复在图 7-24 中单击【添加】按钮，然后如图 7-27 所示在查询处输入下面的查询命令（后述）后单击两次【确定】按钮，此命令用来选择 64 位的操作系统。

```
select * from WIN32_Processor Where Addresswidth= "64"
```

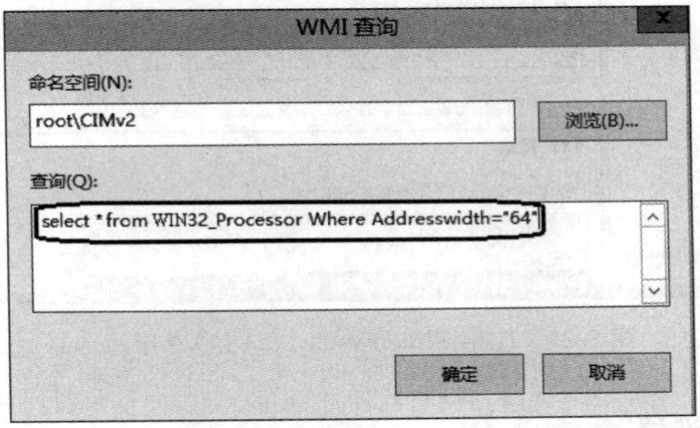

图 7-27 WMI 查询

**STEP 6** 在图 7-28 中单击【保存】按钮。

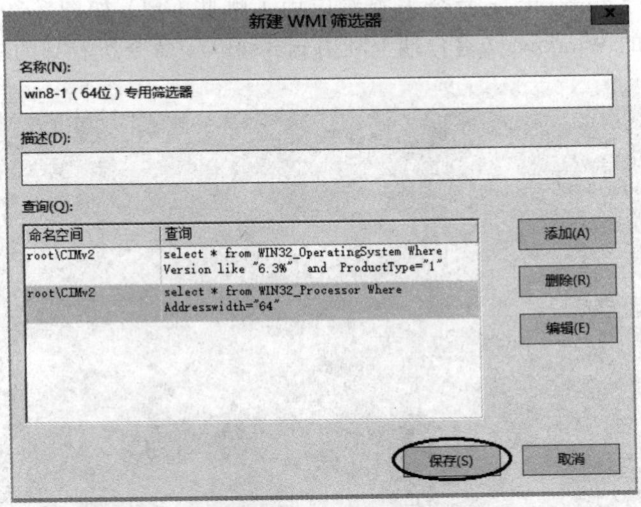

图 7-28 保存【新建 WMI 筛选器】对话框

**STEP 7** 在图 7-29 中 "sales 用户指派软件" GPO 右下方的 WMI 筛选处选择刚才所建立的

Windows 8.1(64 位)专用筛选器。

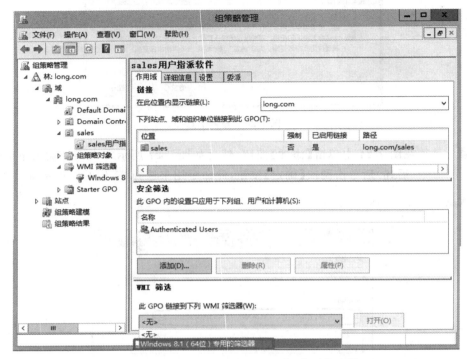

图 7-29　应用 Windows 8.1(64 位)专用筛选器

## 2. 验证 WMI 筛选器

**STEP 1**　组织单位 sales 内所有的 Windows 8.1 客户端都会应用"sales 用户指派软件"GPO 策略设置，但是其他 Windows 操作系统并不会应用此策略。可以到客户端计算机上通过执行 gpresult /r 命令来查看应用了哪些 GPO，如图 7-30 所示为在一台位于 sales 内的 Windows 7 客户端上利用 gpresult /r 命令所看到的结果，因为"sales 用户

图 7-30　Windows 7 不会应用"sales 用户指派软件"组策略

指派软件"GPO 搭配了 Windows 8.1(64 位)专用的筛选器,故 Windows 7 计算机并不会应用此策略(被 WMI 筛选器拒绝)(先强制使组策略生效)。

图 7-25 中的命名空间是一组用来管理环境的类(class)与实例(instance)的集合,系统内包含各种不同的命名空间,以便通过其内部的类与实例来管理各种不同的环境,例如,命名空间 CIMv2 内所包含的是与 Windows 环境有关的类与实例。

图 7-25 中的查询字段内需要输入 WMI 查询语言(WQL)来执行筛选工作,其中的 Version like 后面的数字所代表的意义如表 7-1 所示。

表 7-1　Version like 后面的数字所代表的意义

| Windows 版本 | 数字的意义 |
| --- | --- |
| Windows 8.1 与 Windows Server 2012 R2 | 6.3 |
| Windows 8 与 Windows Server 2012 | 6.2 |
| Windows 7 与 Windows Server 2008 R2 | 6.1 |
| Windows Vista 与 Windows Server 2008 | 6.0 |
| Windows Server 2003 | 5.2 |
| Windows XP | 5.1 |

而 ProductType 右侧的数字所代表的意义如表 7-2 所示。

表 7-2　ProductType 右侧的数字所代表的意义

| ProductType | 所代表的含义 |
| --- | --- |
| 1 | 客户端等级的操作系统,例如 Windows 8.1、Windows 8 |
| 2 | 服务器等级的操作系统且是域控制器 |
| 3 | 服务器等级的操作系统但不是域控制器 |

## 7.3.3　任务 3　管理组策略的委派

可以将 GPO 的链接、添加与编辑等管理工作,分别委派给不同的用户来负责,以分散并减轻系统管理员的管理负担。

### 1. 站点、域或组织单位的 GPO 链接委派

可以将链接 GPO 到站点、域或组织单位的工作委派给不同的用户来执行,以组织单位 sales 来说,可以如图 7-31 所示单击组织单位 sales 后,通过【委派】选项卡来将链接 GPO 到此组织单位的工作委派给用户,由图中可知默认 Administrators Domain Admins 或 Enterprise Admins 等群组内的用户才拥有此权限。还可以通过界面中的权限下拉列表来设置执行组策略建模分析与读取组策略结果数据这两个权限。

### 2. 编辑 GPO 的委派

默认情况下 Administrators、Domain Admins 或 Enterprise Admins 组内的用户才有权限编辑 GPO,如图 7-32 所示为"sales 用户指派软件"GPO 的默认权限列表,可以通过此界面来赋予其他用户权限,这些权限包含读取、编辑设置与"编辑设置、删除、修改安全性"3 种。

### 3. 新建 GPO 的委派

系统默认 Domain Admins 与 Group Policy Creator Owners 组内的用户才有权限新建

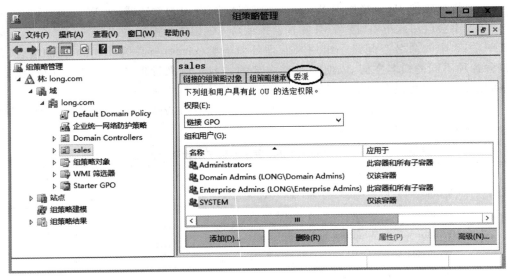

图 7-31  将链接 GPO 到 sales 的工作委派给用户

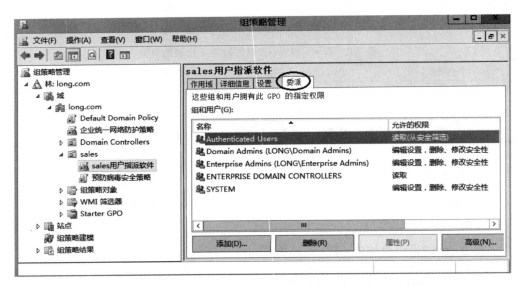

图 7-32  将"sales 用户指派软件"GPO 的编辑工作委派给不同用户

GPO(如图 7-33 所示,选择【组策略对象】→【委派】命令,可以查看或添加在域中有权限新建 GPO 的用户和组),也可以通过此界面来将此权限赋予其他用户。

Group Policy Creator Owners 组内的用户在新建 GPO 后,就是这个 GPO 的拥有者,因此他对这个 GPO 拥有完全的控制权限,所以可以编辑这个 GPO 的内容,不过却无权编辑其他的 GPO。

### 4. WMI 筛选器的委派

系统默认 Domain Admins 与 Enterprise Admins 组内的用户才有权限在域内建立新的 WMI 筛选器,并且可以修改所有的 WMI 筛选器,如图 7-34 所示的完全控制权限。而

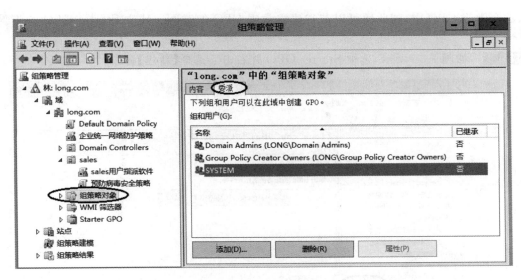

图 7-33　新建 GPO 的委派

Administrators 与 Group Policy Creator Owners 群组内的用户也可以建立新的 WMI 筛选器并修改其自行建立的 WMI 筛选器，不过却不可以修改其他用户所建立的 WMI 筛选器，如图 7-33 中所示的创建者所有者权限。也可以通过此界面将权限赋予其他用户。

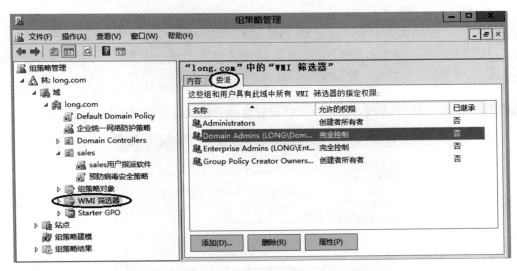

图 7-34　WMI 筛选器的委派

Group Policy Creator Owners 组内的用户，在添加 WMI 筛选器后，他就是此 WMI 筛选器的拥有者，因此对此 WMI 筛选器拥有完全控制的权利，所以可以编辑此 WMI 筛选器的内容，不过却无权编辑其他的 WMI 筛选器。

## 7.3.4　任务 4　设置和使用 Starter GPO

Starter GPO 内仅包含管理模板的策略设置。可以将经常用到的管理模板策略设置值创建到 Starter GPO 内，然后在建立常规 GPO 时，就可以直接将 Starter GPO 内的设置值导入这个常规 GPO 中,如此便可以节省建立常规 GPO 的时间。建立 Starter GPO 的步骤如下所示。

**STEP 1** 如图 7-35 所示,选中 Starter GPO 并右击后选择【新建】命令。

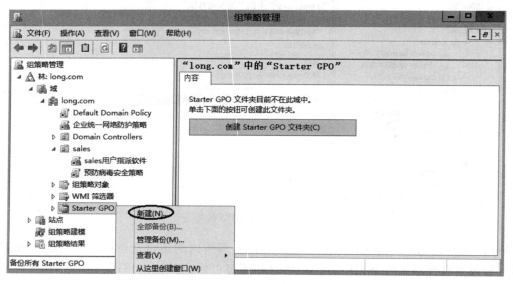

图 7-35 新建 Starter GPO

**注意** 可以不需要单击界面右侧的【创建 Starter GPO 文件夹】按钮,因为在建立第一个 Starter GPO 时,它也会自动建立此文件夹,此文件夹的名称是 Starter GPO,它位于域控制器的 SYSVOL 共享文件夹下。

**STEP 2** 在图 7-36 中为此 Starter GPO 设置名称并输入注释后单击【确定】按钮。

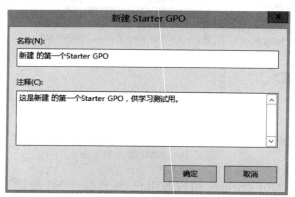

图 7-36 【新建 Starter GPO】对话框

**STEP 3** 在图 7-37 中选中此 Starter GPO 并右击,再选择【编辑】命令。

**STEP 4** 通过图 7-38 来编辑计算机与用户配置的管理模板策略。

**STEP 5** 完成 Starter GPO 的建立与编辑后,在建立常规 GPO 时,就可以按图 7-39 所示选择从这个 Starter GPO 来导入其管理模板的设置值。

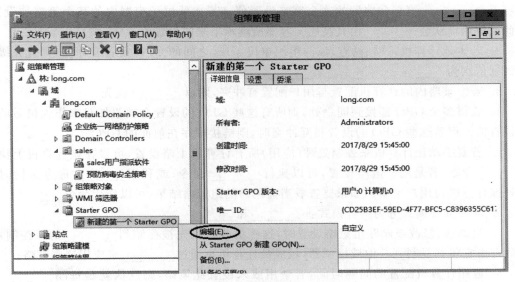

图 7-37　编辑已创建的 Starter GPO

图 7-38　【组策略 Starter GPO 编辑器】窗口

图 7-39　【新建 GPO】对话框

# 7.4　习题

## 一、填空题

1. 若高层父容器的某个策略被设置，但是在其下低层子容器并未设置此策略，则低层子容器会_____高层父容器的这个策略设置值。若在低层子容器内的某个策略被设置，则此设置值默认会_____由其高层父容器所继承下来的设置值。

2. 若本地计算机策略、站点、域与组织单位 sales 之间的 GPO 设置有冲突，则优先级从高到低依次为_____、_____、_____、_____。

3. 若组策略内的计算机配置与用户配置有冲突，则以_____优先。

4. 若将多个 GPO 链接到同一处，则所有这些 GPO 的设置会被累加起来作为最后的有效设置值。但若这些 GPO 的设置相互冲突时，则链接顺序在前面的 GPO_____。

5. 若要手动让计算机来强制处理(应用)所有计算机策略设置，可以在该计算机上执行_____命令；若是用户策略设置，可以执行_____命令；或利用_____命令来同时强制处理计算机与用户策略。如果要查看当前用户的组策略结果，可以使用命令_____。

6. 环回处理模式分为两种模式：_____和_____。

7. 当添加、修改或删除组策略设置时，这些更改默认先被存储到_____的域控制器，然后再由它将其复制到其他域控制器，域成员计算机再通过_____来应用这些策略。

8. 应用计算机配置的间隔时间，若禁用或未设置此策略，则默认就是每隔_____分钟应用一次。若将应用间隔时间设置为 0 分钟，则会每隔_____秒钟应用一次。

9. 域控制器的组策略刷新间隔默认是每隔_____分钟应用一次组策略。若将应用间隔时间设置为 0 分钟，则会每隔_____秒钟应用一次。

10. 默认_____、_____或_____组内的用户才有权限编辑 GPO，管理员可以赋予其他用户权限，这些权限包含_____、_____与_____ 3 种。

11. Starter GPO 内仅包含_____的策略设置。

**二、选择题**

1. 公司有一个 Active Directory 林，其中包含 8 个链接的组策略对象(GPO)。其中一个 GPO 向用户对象发布应用程序。有个用户报告说，他得不到该应用程序，因此无法安装。现需要确定是否应用了 GPO，你该怎么做？(　　　)

　　A. 针对该用户运行组策略结果实用工具

　　B. 针对其计算机运行组策略结果实用工具

　　C. 在命令提示符下，运行 GPRESULT /SCOPE COMPUTER 命令

　　D. 在命令提示符下，运行 GPRESULT /S ＜system name＞ /Z 命令

2. 所有咨询师都属于名为 TempWorkers 的全局组。你在名为 SecureServers 的新组织单位中放入了 3 台文件服务器，这些 3 台文件服务器包含位于共享文件夹中的机密数据。每当这些咨询师访问机密数据失败时，需要将他们的失败尝试记录下来。你应该执行哪两个操作？(　　　)(每个正确答案表示解决方法的一部分。请选择两个正确答案。)

　　A. 创建一个新 GPO，并将其链接到 SecureServers 组织单位。配置【审核特权使用】、【失败审核】策略设置

　　B. 创建一个新 GPO，并将其链接到 SecureServers 组织单位。配置【审核对象访问】、【失败审核】策略设置

　　C. 创建一个新 GPO，并将其链接到 SecureServers 组织单位。从 TempWorkers 全局组的网络用户权限设置中，配置【拒绝】访问此计算机

　　D. 在 3 台文件服务器的每个共享文件夹上，将这 3 台文件服务器添加到【审核】选项

卡。在【审核项目】对话框中,配置【失败完全控制】设置

　　E. 在 3 台文件服务器的每个共享文件夹上,将 TempWorkers 全局组添加到【审核】
　　　选项卡。在【审核项目】对话框中,配置【失败完全控制】设置

**三、简答题**

1. 为了只允许用户 3 次无效登录尝试,你必须配置什么设置?

2. 你希望为公司中的所有客户端计算机提供一致的安全设置。这些计算机账户分散在多个 OU 中。对此,提供一致的安全设置的最佳做法是什么?

3. 你为某个 OU 配置了文件夹重定向,但是没有任何用户文件夹重定向到网络位置。你在查看根文件夹时发现,虽然其中已创建了以每个用户命名的子目录,但是这些子目录为空。问题出在哪里?

4. 有一个小应用程序的 .msi 文件,你希望某个 OU 中的所有用户和所有计算机全都可使用该文件。为此,你需要采取什么步骤?

5. 你通过组策略将一个登录脚本分配给某个 OU。该脚本位于名为 Scripts 的共享网络文件夹中。一些 OU 用户收到了该脚本,而其他用户没有。可能是什么原因造成此问题?为了防止这类问题重现,可以执行哪些步骤?

# 第三部分

# 管理与维护 AD DS

- 项目 8　配置活动目录的对象和信任
- 项目 9　配置 Active Directory 域服务站点和复制
- 项目 10　管理操作主机
- 项目 11　维护 AD DS
- 项目 12　在 AD DS 中发布资源

项目背景

在初始部署 Active Directory 域服务（AD DS）后，AD DS 管理员最常见的任务是配置和管理 AD DS 对象。大多数公司会给每位员工分配一个用户账户，并把用户账户添加到 AD DS 中的一个或多个组中。用户账户和组账户用于访问基于 Windows Server 的网络资源，如网站、邮箱和共享文件夹。此外，管理员还要配置和管理 Active Directory 信任。两个域之间具备信任关系后，双方的用户便可以访问对方域内的资源并利用对方域的成员计算机登录。

本项目描述如何配置委派任务、如何配置域或林的信任。

**项目目标**

- 委派对 AD DS 对象的管理访问权限。
- 域与林信任概述。
- 建立快捷方式信任。
- 建立林信任。

# 8.1 相关知识

## 8.1.1 委派对 AD DS 对象的管理访问权

很多 AD DS 管理任务非常容易执行，但是重复性也可能很高。Windows Server 2012 AD DS 中可用的选项之一，是将某些管理任务委派给其他管理员或用户。通过委派控制权，可以使这些用户能够执行一些 Active Directory 管理任务，而且无须授予他们比所需的权限更高的权限。

### 1. Active Directory 对象权限

Active Directory 对象权限允许用户控制哪些管理员或用户可访问单个对象或对象属性，以及控制他们的访问权类型，从而达到保护资源的目的。用户使用权限来分配对组织单位或组织单位层次结构的管理特权，以便管理 Active Directory 对象。

1) 标准权限和特殊权限

用户可以使用标准权限来配置大多数 Active Directory 对象权限任务。标准权限最为常用。

但是,如果需要授予更细致的权限级别,那么就要用到特殊权限。特殊权限允许对特定的一类对象或者某个对象类的各个属性设置权限。例如,用户可以授予某个用户对容器中的组对象类的完全控制权限,只授予用户修改容器中的组成员身份的能力,或者只授予用户更改所有用户账户的单个属性(如电话号码)所需要的权限。

2) 配置权限

配置权限时,可使用以下选项,如表 8-1 所示。

表 8-1 配置权限使用的选项

| 选 项 | 描 述 |
| --- | --- |
| 可以允许或拒绝权限 | 拒绝权限优先于授予用户账户和组的任何允许权限。只有在必须移除某个用户因成为某个组的成员而获得的权限时,才应使用拒绝权限 |
| 当不允许执行某个操作的权限时,该权限即为隐式拒绝 | 例如,如果 Marketing 组被授予对某个对象的读取权限,并且在该对象的 DACL 中未列出任何其他安全主体,那么不是 Marketing 组成员的用户将被隐式拒绝访问。操作系统不允许非 Marketing 组成员的用户读取该用户对象的属性 |
| 当需要使大组中的一部分账户不能执行大组有权执行的任务时,应显式拒绝权限 | 例如,可能必须防止名为 Don 的用户查看某个用户对象的属性。但是,Don 是 Marketing 组的成员,而该组有权查看该用户对象的属性。对此,可以显式拒绝 Don 的读取权限,以防止他查看那个用户对象的属性 |

3) 继承权限

一般而言,当在父对象上设置了权限时,该容器中的对象将继承父级的权限。例如,如果在 OU 级别分配权限,那么默认情况下,该 OU 中的对象将继承所有这些权限。可以修改或删除继承的权限。但是在将权限显式分配给子对象时,必须首先打破权限继承,然后再分配所需的权限。

Windows Server 2012 中的权限继承在以下方面简化了管理权限的任务。

- 在创建子对象时,无须手动将权限应用到子对象。
- 应用于父对象的权限统一应用于所有子对象。
- 若要修改容器中所有对象的权限,则只需修改父对象的权限。子对象自动继承这些更改。

**2. 有效权限**

"有效权限"工具可帮助确定对 Active Directory 对象的权限。该工具计算授予指定用户或组的权限,并记入实际从组成员身份获得的权限,以及从父对象继承的任何权限。

1) 有效权限特点

Active Directory 对象的有效权限有以下特点。

- 累积权限是授予用户账户和组账户的 Active Directory 权限的组合。
- 拒绝权限覆盖同级的继承权限。显式分配的权限优先。
- 在对象类或属性上设置的显式"允许"权限将覆盖继承的"拒绝"权限。

- 对象所有者总是可以更改权限。所有者控制如何在对象上设置权限以及将权限授予何人。创建 Active Directory 对象的人就是其所有者。Administrators 组拥有在安装 Active Directory 期间创建的，或者由内置 Administrators 组的任何成员创建的对象。所有者总是可以更改对象的权限，即便是所有者对该对象的所有访问权都被拒绝。

当前所有者可将取得所有权权限授予另一个用户，这将使该用户能随时取得该对象的所有权。该用户必须实际获得所有权才能完成所有权移交。

2）检索有效权限

为了检索有关 AD DS 中的有效权限的信息，可以使用"有效权限"工具。如果指定的用户或组是域对象，那么必须有权读取该对象在域中的成员身份信息。

在计算有效权限时，不能使用特殊标识。这意味着，如果将权限分配给任何特殊标识，那么它们将不会包含在有效权限列表中。

**3. 控制委派**

控制委派是将 Active Directory 对象的管理职责分配给另一个用户或组的能力（如图 8-1 所示）。

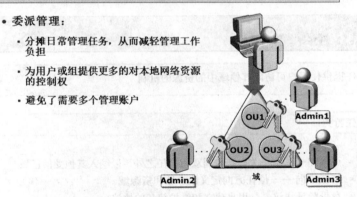

控制委派是将管理 **Active Directory** 对象的管理职责分配给其他用户或组

- 委派管理：
  - 分摊日常管理任务，从而减轻管理工作负担
  - 为用户或组提供更多的对本地网络资源的控制权
  - 避免了需要多个管理账户

图 8-1　控制委派

委派管理将日常管理任务分摊给多个用户，从而减轻网络管理工作的管理负担。利用委派管理，可以将基本管理任务分配给普通用户或组。例如，可以给部门主管分配修改其部门组成员身份的权利。

通过委派管理，可以赋予公司中的组对其本地网络资源的更多控制权。通过限制管理员组的成员，还可以帮助保护网络，使其免受意外或恶意破坏。

可以按照以下 4 种方式定义管理控制的委派。

- 授予创建或修改某个组织单位中的所有对象，或者域中的所有对象的权限。
- 授予创建或修改某个组织单位中的所有对象，或者域级别的某些类型的对象的权限。

- 授予创建或修改某个组织单位中的所有对象,或者域级别的某个对象的权限。
- 授予修改某个组织单位中的所有对象,或者域级别的某个对象的某些属性的权限
  (如授予重置用户账户密码的权限)。

委派管理权限的主要益处之一是可以授予用户在 AD DS 中的有限范围内执行特定任务,而无须授予他们任何更宽泛的管理权限。可以将委派权限的范围限制为某个 OU,或者限制为某个对象,甚至是对象的某个属性。

在只有一支管理员团队负责所有管理任务的小型公司中,可能不会选择控制委派。但是,很多公司可能会找到某种方法来委派对某些任务的控制。通常,这是在部门 OU 级别或者在分支机构 OU 级别实现的。

## 8.1.2  配置 AD DS 信任

采用 AD DS 的很多公司将只部署一个域,但是,大型公司,或者需要允许访问其他公司或其他业务单位资源的公司,可能需要在同一个 Active Directory 林或者一个单独的林中部署多个域。对于在域间访问资源的用户,必须为域或林配置信任。本小节描述如何在 Active Directory 环境中配置和管理信任。

### 1. AD DS 信任

信任允许安全主体将其凭据从一个域传到另一个域,并且是允许域间资源访问所必需的。配置了域间信任后,用户可以在自己的域中进行身份验证,然后他们的安全凭据可用于访问其他域中的资源。其特点如图 8-2 所示。

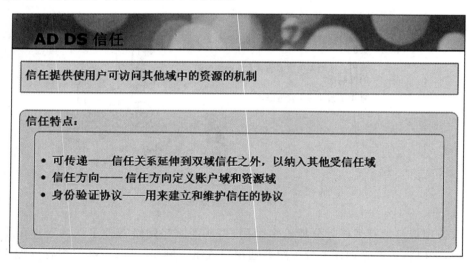

图 8-2  AD DS 信任的特点

所有信任都具备以下特点。

- 信任可定义为可传递或不可传递。可传递信任是延伸到一个域的信任关系自动延伸到信任该域的域目录树中的所有域。例如,如果 beijing.long.com 域和 long.com 域相互之间有可传递信任,并且 long.com 域和 smile.com 域之间也有可传递信任,那么 beijing.long.com 和 smile.com 域之间也将相互信任。如果信任不可传递,那

么信任只在两个域之间建立。

- 信任方向定义用户账户和资源位于何处。用户账户位于受信任域中，而资源位于信任域中。信任方向从受信任域指向信任域。在 Windows Server 2012 中，有 3 种信任方向：单向传入、单向传出和双向信任。
- 信任还有用于建立信任的不同协议。配置信任的两种协议选项是 Kerberos 协议版本 5，以及 Windows NT 局域网（LAN）管理器（NTLM）。大多数情况下，Windows Server 2012 使用 Kerberos 协议来建立和维护信任。

**2. AD DS 信任选项**

图 8-3 表示了所有的信任选项。

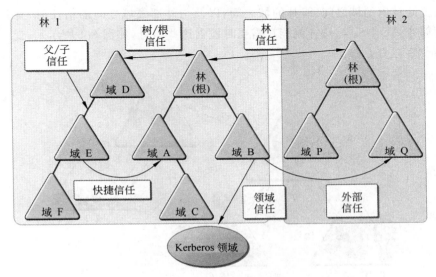

图 8-3　AD DS 信任选项

表 8-2 描述了 Windows Server 2012 支持的信任。

表 8-2　AD DS 信任类型

| 信任类型 | 描　　述 |
| --- | --- |
| 父/子 | 存在于同域目录树中的域之间。此双向可传递信任允许安全主体在林中的任何域中进行身份验证。这些信任是默认创建的，并且不可移除。父/子信任总是使用 Kerberos 协议 |
| 树/根 | 存在于林中的所有域目录树之间。此双向可传递信任允许安全主体在林中的任何域中进行身份验证。这些信任是默认创建的，并且不可移除。林/根信任总是使用 Kerberos 协议 |
| 外部 | 可创建在不属于同一林的不同域之间。这些信任可以是单向或双向，并且不传递。外部信任总是使用 NTLM 协议 |
| 领域 | 可在非 Windows 操作系统域（称为 Kerberos 领域）与 Windows Server 2012 域之间创建。这些信任可以是单向或双向，并且可以是可传递，也可以是不可传递。领域信任总是使用 Kerberos 协议 |
| 林 | 可创建在 Windows Server 2003 林功能级别或更高功能级别的林之间。这些信任可以是单向或双向，并且可以是可传递，也可以是不可传递。林信任总是使用 Kerberos 协议 |
| 快捷方式 | 可在 Windows Server 2012 林内创建，以便减少林中的域之间的登录时间。在通过树根信任时，此单向或双向信任尤其有用，因为通向目标的信任路径有可能减少。快捷方式信任总是使用 Kerberos 协议 |

思考：①如果要在 Windows Server 2012 域和 Windows NT 4.0 域之间配置信任，那么你需要配置哪种类型的信任？②如果需要在域之间共享资源，但又不想配置信任，那么如何允许访问共享资源？

参考答案：①必须配置外部信任。②选择之一是允许匿名访问资源。例如，可以在 Windows SharePoint Services 站点上存储数据，并允许匿名访问 SharePoint 站点。另一种选择是，在资源所在的域中，创建需要访问这些资源，但又属于其他域的用户的用户账户。当这些用户试图访问资源时，他们需要输入目标域所要的凭据。

### 3. 信任在林中的工作方式

1）受信任域对象

在设置同林内的域之间、跨林的域之间，以及与外部领域之间的信任时，有关这些信任的信息存储在 AD DS 中，这样就能在需要时检索这些信息（如图 8-4 所示）。受信任域对象（TDO）存储着这些信息。

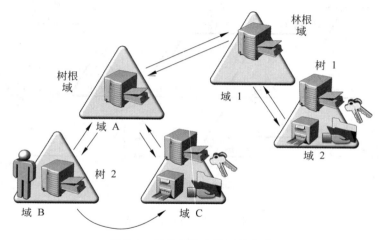

图 8-4　信任在林中的工作方式

TDO 存储有关信任的信息，如信任可传递性和类型。每当创建信任时，将同时创建新的 TDO，并存储在该信任的域中的 System 容器中。

2）信任如何使用户能访问林中的资源

当用户尝试访问另一个域中的资源时，Kerberos 身份验证协议必须确定信任域是否与被信任域之间有信任关系。

为了确定此关系，Kerberos 协议版本 5 遍历信任路径（利用 TDO 获得对目标域的域控制器的引用）。目标域的域控制器为被请求的服务发出一个服务票证。信任路径是信任层次结构中的最短路径。

当受信任域中的用户尝试访问其他域中的资源时，该用户的计算机首先联系自己域中的域控制器，以向资源验证身份。如果资源不在该用户的域中，那么域控制器将使用与其父级的信任关系，并将该用户的计算机引向其父域中的域控制器。

这种查找资源的尝试将沿着信任层次结构向上连续进行，有可能直到林根域，然后沿着信任层次结构向下，直至联系到资源所在域中的域控制器。

#### 4．信任在林间的工作方式

Windows Server 2012 支持跨林信任，这种信任允许一个林中的用户访问另一个林中的资源。当用户尝试访问受信任林中的资源对，AD DS 必须首先找到资源，然后才可验证用户身份，并允许用户访问资源。

以下是 Windows 8.1 客户端计算机如何查找并访问含有 Windows Server 2012 服务器的另一个林中的资源的描述（如图 8-5 所示）。

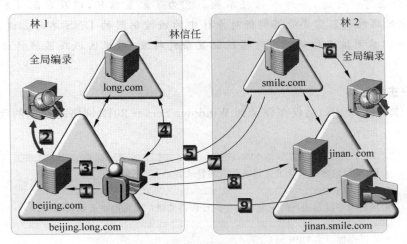

图 8-5　信任在林间的工作方式

（1）登录到 beijing.long.com 域的用户试图访问 smile.com 林中的某个共享文件夹。该用户的计算机联系 beijing.long.com 中的域控制器，并使用资源所在的计算机的服务主体名（SPN）请求服务票证。SPN 可以是主机或域的 DNS 名称，也可以是服务连接点对象的可分辨名称。

（2）资源不在 beijing.long.com 中，因此 beijing.long.com 的域控制器查询全局编录，以了解资源是否位于林中的另一个域内。由于全局编录只包含有关其自己的林的信息，因此找不到对应的 SPN。全局编录然后检查其数据库，以查找有关与它的林之间建立的任何林信任的信息。如果全局编录找到林信任，那么它将把林信任 TDO 中列出的名称后缀与目标 SPN 的后缀进行比较。找到匹配项后，全局编录提供有关如何从 beijing.long.com 中的域控制器定位到该资源的路由信息。

（3）beijing.long.com 的域控制器将对其父域 long.com 的引用发送给用户计算机。

（4）用户计算机联系 long.com 中的域控制器，以获得对 smile.com 林的根域域控制器的引用。

（5）用户计算机使用 long.com 域中的域控制器返回的引用，联系 smile.com 中的域控制器，以获得对被请求服务的服务票证。

（6）资源不在 smile.com 林的林根域中，因此域控制器联系其全局编录以查找 SPN。全局编录找到该 SPN 的匹配项，然后将其发送给域控制器。

（7）域控制器将对 jinan.smile.com 的引用发送给用户计算机。

（8）用户计算机联系 jinan.smile.com 域控制器上的密钥发行中心（KDC），并通过协商获得允许用户访问 jinan. smile. com 域中的资源票证。

(9)用户计算机将服务器服务票证发送给共享资源所在的计算机,该计算机读取用户的安全凭据,然后构造访问令牌,令牌给予用户对资源的访问权。

**思考:**①快捷信任和外部信任之间有什么区别?②在设置林信任时,为了使林信任起作用,DNS 上需要有哪些信息?

**参考答案:**①快捷信任配置在同林的两个域之间。外部信任配置在不同林的两个域之间。快捷信任还可以传递,而外部信任不能。②为了配置信任,以及在配置后使信任起作用,双方林中的域控制器需要能够解析对方林中的域控制器的 DNS 名称。这意味着,你必须配置 DNS 以启用该名称解析。可通过配置条件转发、存根区域或区域传递来启用名称解析。

### 5. 用户主体名称

用户主体名称(UPN)是仅在登录到 Windows Server 2012 网络时使用的登录名。其主要特点如图 8-6 所示。

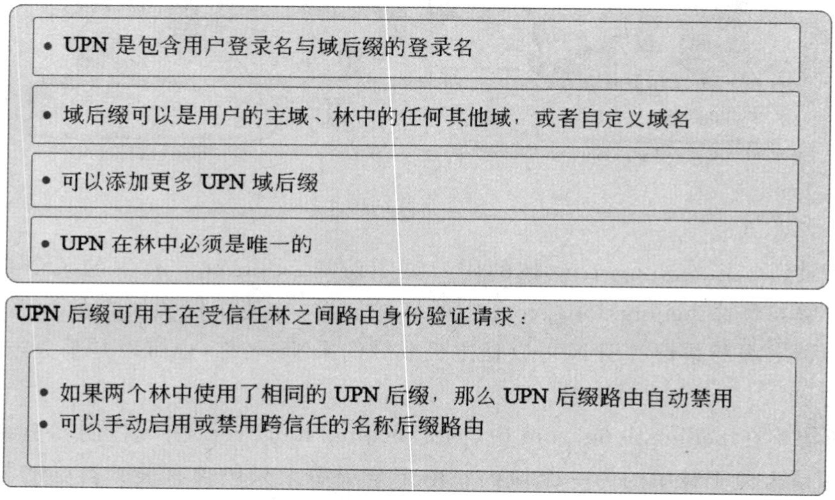

* UPN 是包含用户登录名与域后缀的登录名
* 域后缀可以是用户的主域、林中的任何其他域,或者自定义域名
* 可以添加更多 UPN 域后缀
* UPN 在林中必须是唯一的

UPN 后缀可用于在受信任林之间路由身份验证请求:

* 如果两个林中使用了相同的 UPN 后缀,那么 UPN 后缀路由自动禁用
* 可以手动启用或禁用跨信任的名称后缀路由

图 8-6　用户主体名称

UPN 有两个部分,它们由@分隔,例如 suzan@long. com。
* 用户主体名称前缀,如 suzan。
* 用户主体名称后缀,如 long. com。

默认情况下,后缀是创建该用户账户的域名。可以使用网络中的其他域,或者创建附加后缀为用户配置其他后缀。例如,可能需要配置后缀来创建与用户的电子邮件地址匹配的用户登录名。

使用 UPN 具备以下优点。
* 用户可使用其 UPN 登录到林中的任何域。
* UPN 可与用户的电子邮件名称相同,因为 UPN 的格式与标准电子邮件地址的格式相同。

**注意**　用户主体名称在林中必须是唯一的。

名称后缀路由是提供跨林名称解析的机制。

- 当两个 Windows Server 2012 林通过林信任连接时,名称后缀路由自动启用。例如,如果在 long.com 林和 smile.com 林之间配置了林信任,那么在 long.com 林中有账户的用户可使用其 UPN 来登录到 smile.com 林中的计算机。身份验证请求将自动路由到 long.com 林中的相应域控制器。
- 但是,如果两个林有相同的 UPN 后缀,那么当用户登录另一个林中的计算机时,用户将无法使用附带该后缀的 UPN 名称。如果 long.com 和 smile.com 组织都使用 research.com 作为 UPN 后缀,那么用户将无法使用此后缀在对方的林中登录。
- 在配置林信任时,可确定 UPN 名称后缀路由错误。如果多个林共用同一个 UPN 后缀,那么在尝试配置信任时,"新建信任向导"将检测并显示两个 UPN 名称后缀之间的冲突。

## 8.1.3　选择性身份验证设置

在 Windows Server 2012 林中限制跨信任身份验证的另一个选项是选择性身份验证。利用选择性身份验证,可以限制林中的哪些计算机可由另一个林中的用户访问。其特点如图 8-7 所示。

选择性身份验证:
- 限制哪些计算机可由受信任域中的用户访问,以及受信任域中的哪些用户可访问计算机
- 配置在 AD DS 中的计算机对象的安全描述符中

为了配置选择性身份验证:
- 将林信任或外部信任配置为选择性身份验证,而不是域范围身份验证
- 为选择性身份验证配置计算机账户

图 8-7　选择性身份验证设置

### 1. 选择性身份验证

选择性身份验证是可在林间信任上设置的安全性设置。通常,在配置林或外部信任时,受信任林或受信任域中的所有用户账户都能访问信任域中的所有计算机。利用选择性身份验证,可以限制哪些计算机可供另一个域中的用户访问,以及另一个域中的哪些用户可访问计算机。

此身份验证权限是在 AD DS 中的计算机对象的安全描述符上设置的。在实际位于信

任林资源计算机中的安全描述符上，没有此权限。按此方式控制身份验证为共享资源提供了一层额外的保护。控制身份验证将防止在其他组织中工作的任何通过身份验证的用户随意访问共享资源，除非在 AD DS 中对该计算机对象有写访问权的某人显式将此权限授予该用户。

为了对林信任启用选择性身份验证，包含共享资源的信任林必须使林功能级别设置为 Windows Server 2003 或者更高版本。若要对外部信任启用选择性身份验证，则包含共享资源的信任域必须使域功能级别设置为 Windows 2000 纯模式或者更高版本。

**2. 配置选择性身份验证**

配置选择性身份验证需要两个步骤：

（1）将林信任或外部信任配置为选择性身份验证，而不是域范围身份验证。可以在首次创建信任时进行此配置，也可以修改现有信任。在使用【Active Directory 域和信任关系】中的【新建信任向导】创建林信任时，系统会提示：对于每个林域，是启用域范围身份验证，还是启用选择性身份验证。通过修改信任的身份验证属性，可以更改现有信任的配置。

（2）为选择性身份验证配置计算机账户。在创建跨林信任后，可以将对资源域计算机账户的"允许身份验证"权限授予另一个林中的选定账户。没有此权限的账户将无法连接到这些计算机，并且无法向这些计算机验证身份。

**思考与讨论**：如果你在林中配置了一个新的 UPN 后缀，而在此之前，已经在另一个林中配置了同样的 UPN 后缀，那么会发生什么情况？

**参考答案**：用户将无法使用该 UPN 后缀登录到不是其主林的其他林中。

**思考与讨论**：在什么情况下，你会实施选择性身份验证？

**参考答案**：在配置林信任的几乎任何情况下，选择性身份验证是最佳的安全做法。默认情况下，全林性身份验证意味着，受信任林中的用户账户可用来访问信任林中任何计算机上的资源。这有可能导致安全设置配置不正确。利用选择性身份验证，可以严格限制允许通过林信任访问哪些服务器。

# 8.2  项目设计及准备

**1. 场景描述**

为了优化 AD DS 管理员的工作效率，Long Bank 将把某些管理任务委派给初级管理员。这些管理员将被授予管理不同 OU 中的用户和组账户的访问权。

Long Bank 还建立了与 Smile 公司之间的伙伴关系。两家公司中的一些用户必须能够访问对方公司中的资源。但是，两家公司之间的访问必须限制为尽可能少量的用户和服务器。

在本次项目实训中，你将给其他管理员委派 AD DS 对象的控制权，还将测试委派权限，以确保管理员可执行所要的操作，但是不能执行其他操作。

同时，还将基于企业管理员提供的信任配置设计来配置信任关系，而且将测试信任配置,以确保信任配置正确。

### 2. 网络拓扑图

本项目的总的拓扑图如图 8-8 所示。

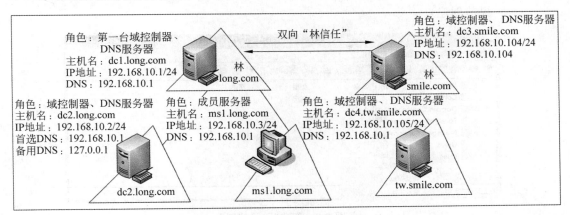

图 8-8　管理域信任拓扑图

# 8.3　项目实施

## 8.3.1　任务 1　委派 AD DS 对象的控制权

在本次任务中,你将给其他管理员委派 AD DS 对象的控制权;还将测试委派权限,以确保管理员可执行所要的操作,但是不能执行其他操作。

### 1. 任务环境具体介绍

Long Bank 决定委派北京分部的管理任务。在该分部中,分部经理必须能够创建和管理用户与组账户。客户服务人员必须能够重置用户密码,并配置某些用户信息,如电话号码和地址。

(1) 组织结构如下。

* dc1. long. com 是域控制器。
* sales 是 long. com 下的 OU,CustomerService 是 sales 的子 OU,Jhon 是组织单位 CustomerService 的用户。
* BeijingManagerGG 和 Beijing_CustomerServiceGG 是两个全局组,其成员分别是 Steven 和 Alice。

(2) 本实验的主要任务如下。

① 分配对 sales OU 中的用户和组的完全控制权。

② 在 sales OU 中分配重置密码和配置私有用户信息的权限。

③ 验证分配给 sales OU 的有效权限。

④ 允许 Domain Users 登录到域控制器。

⑤ 测试 sales OU 的委派权限。

**2. 分配对 sales OU 中的用户和组的完全控制权**

**STEP 1** 在 dc1.long.com 上，打开【Active Directory 用户和计算机】窗口，右击 sales，然后单击【委派控制】按钮如图 8-9 所示（组织单元 sales、全局组 BeijingManagerGG 已提前创建）。

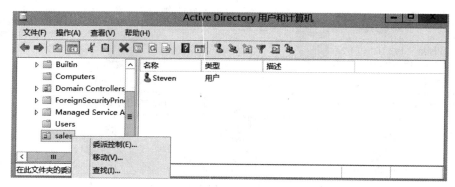

图 8-9　新建"委派控制"

**STEP 2** 在【控制委派向导】中的【欢迎使用控制委派向导】页面上，单击【下一步】按钮。在用户或组页面上，单击【添加】按钮。

**STEP 3** 在选择用户、计算机和组的对话框中输入 BeijingManagerGG，如图 8-10 所示。

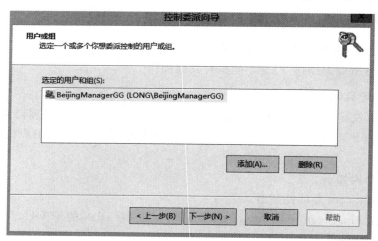

图 8-10　控制委派向导

**STEP 4** 单击【确定】按钮，然后单击【下一步】按钮。在要委派的任务页面中，选中【创建、删除和管理用户】账户以及【创建、删除和管理组】复选框，如图 8-11 所示。单击【下一步】按钮，然后单击【完成】按钮。

**3. 在 sales OU 中分配重置密码和配置私有用户信息的权限**

**STEP 1** 在 dc1.long.com 上的【Active Directory 用户和计算机】窗口中，右击 sales，然后单击【委派控制】按钮，在【控制委派向导】中的【欢迎使用控制委派向导】页面上单击【下一步】按钮。

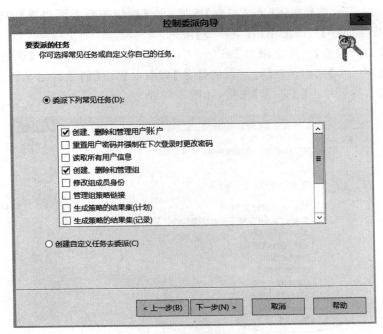

图 8-11　选择要委派的任务

STEP 2 在【用户或组】页面上单击【添加】按钮。在【选择用户、计算机和组】的对话框中输入 Beijing_CustomerServiceGG，单击【确定】按钮，然后单击【下一步】按钮。

STEP 3 在【要委派的任务】页面中，选中【重置用户密码并强制在下次登录时更改密码】复选框，如图 8-12 所示。单击【下一步】按钮，然后单击【完成】按钮。

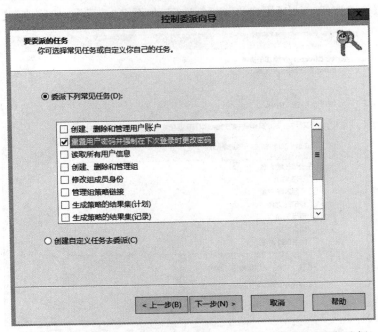

图 8-12　选中【重置用户密码并强制在下次登录时更改密码】复选框

**STEP 4** 右击 sales，然后单击【委派控制】挖掘。在【按钮控制委派向导】中的【欢迎使用控制委派向导】页面上单击【下一步】按钮。

**STEP 5** 在【用户或组】页面上添加 Beijing_CustomerServiceGG，单击【确定】按钮，然后单击【下一步】按钮。在【要委派的任务】页面上单击【创建自定义任务去委派】单选按钮，然后单击【下一步】按钮，如图 8-13 所示。

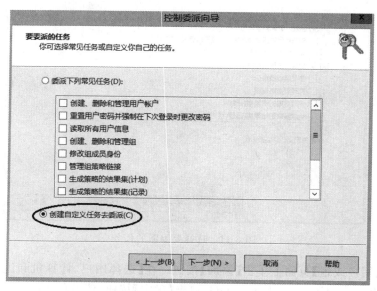

图 8-13　创建自定义的委派任务

**STEP 6** 在【Active Directory 对象类型选择】页面上，选中【只是在这个文件夹中的下列对象】单选按钮，选中【用户 对象】复选框，如图 8-14 所示，然后单击【下一步】按钮。

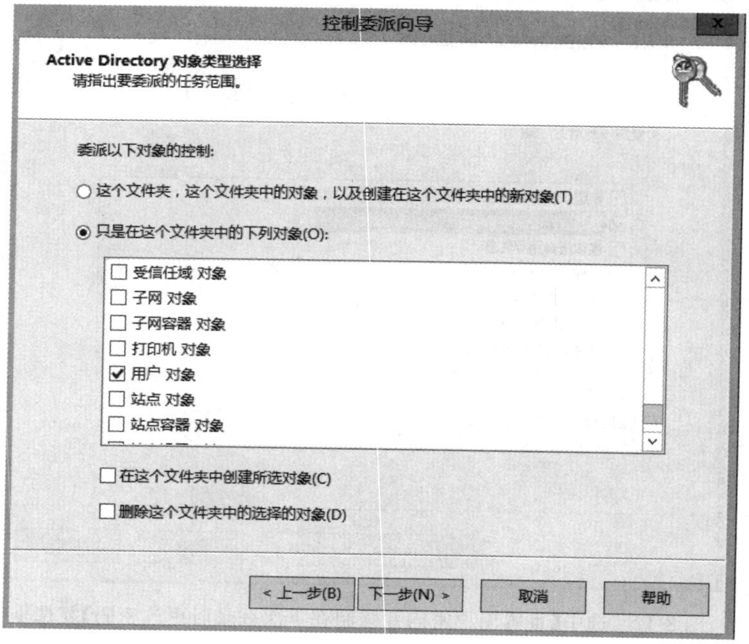

图 8-14　选中【用户 对象】复选框

STEP 7　在【权限】页面上,确保选中【常规】复选框。在【权限】下选中【读取和写入 个人信息】复选框,如图 8-15 所示。单击【下一步】按钮,然后单击【完成】按钮。

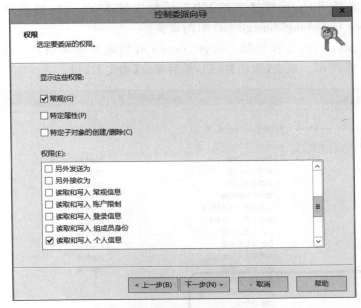

图 8-15　选中【读取和写入 个人信息】复选框

### 4. 验证分配给 sales OU 的有效权限

STEP 1　在 dc1.long.com 上的【Active Directory 用户和计算机】窗口中单击【查看】菜单中的高级功能。展开 long.com,右击 sales OU,然后选择【属性】命令,如图 8-16 所示。

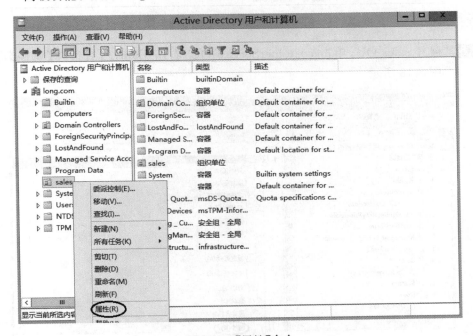

图 8-16　【属性】命令

**STEP 2** 在 sales【属性】对话框中的【安全】选项卡上单击【高级】。在 sales 的【高级安全设置】对话框中,在【有效权限】选项卡上,单击选择【用户】选项。

**STEP 3** 在【选择用户、计算机或组】的对话框中输入 Steven,然后单击【确定】按钮。Steven 是 BeijingManagerGG 组的成员。

**STEP 4** 检查 Steven 的有效权限。验证 Steven 有创建和删除用户与组账户的权限,如图 8-17 所示。单击【取消】按钮,然后单击【确定】按钮。

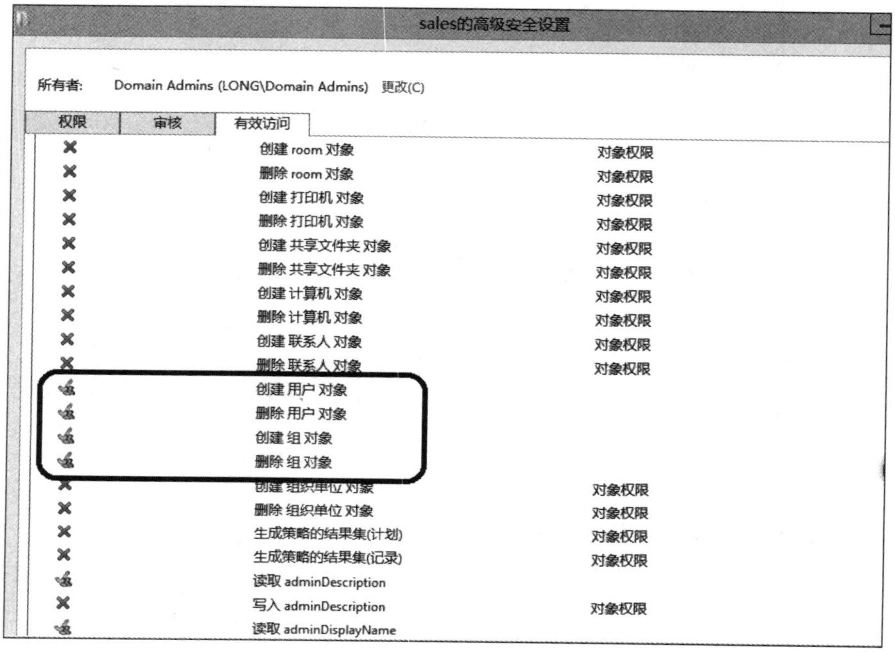

图 8-17　检查 Steven 的有效权限

**STEP 5** 展开 sales OU,单击 customerService OU,右击 Jhon,然后选择【属性】命令,如图 8-18 所示。

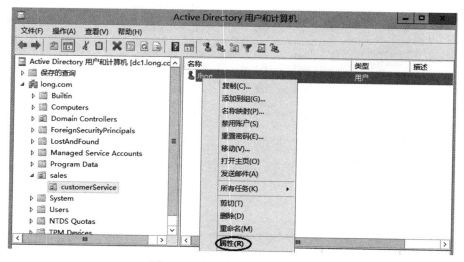

图 8-18　查看 Jhon 用户的属性

**STEP 6**　在 Jhon【属性】对话框中的【安全】选项卡上单击【高级】。

**STEP 7**　在 Jhon 的【高级安全设置】对话框中，在【有效权限】选项卡上单击选择【用户】选项。在【选择用户、计算机或组】对话框中输入 Alice，然后单击【确定】按钮。Alice 是 Beijing_CustomerServiceGG 组的成员。

**STEP 8**　检查 Alice 的有效权限。验证 Alice 有重置密码和写入个人信息的权限，单击【取消】按钮，然后单击【确定】按钮，如图 8-19 所示。

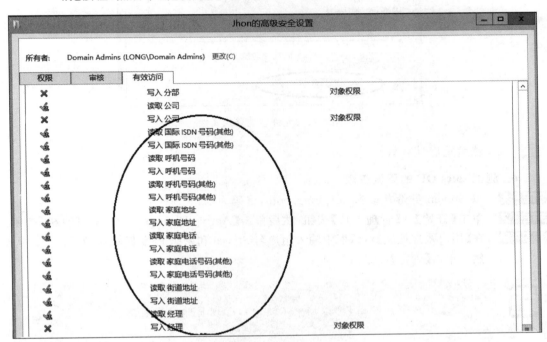

图 8-19　检查 Alice 的有效权限

### 5. 允许 Domain Users 登录到域控制器

① 实验中包含此步骤是为了使你能测试委派权限。作为最佳做法，应在 Windows 工作站上安装管理工具，而不是允许 Domain Users 登录到域控制器。② 详细图文操作请查看"项目 5"的相关内容。

**STEP 1**　在 dc1.long.com 上，单击【开始】→【管理工具】→【组策略管理】按钮。如果需要，那么依次展开林 long.com、域 long.com、Domain Controllers。右击 Default Domain Controllers Policy，然后单击【编辑】命令。

**STEP 2**　在【组策略管理编辑器】窗口中依次展开【计算机配置】、【策略】、【Windows 设置】、【安全设置】、【本地策略】，然后单击【用户权限分配】。

**STEP 3**　双击【允许本地登录】。在【允许在本地登录属性】对话框中单击【添加用户或组】。

**STEP 4**　在【添加用户或组】对话框中选中【定义这些策略设置】复选框，输入 Domain Users、Administrators，然后单击【确定】按钮两次。关闭所有打开的窗口，如图 8-20 所示。

**STEP 5**　打开命令提示符，输入"GPUpdate /force"，然后按 Enter 键。等待命令执行完成，

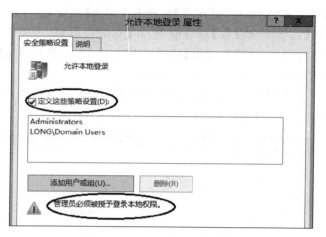

图 8-20　允许本地登录属性

然后重启计算机。

### 6. 测试 sales OU 的委派权限

**STEP 1**　以 Steven 身份登录到 dc1.long.com，密码为 Pa＄＄w0rd。

**STEP 2**　单击【开始】→【管理工具】按钮，然后单击【Active Directory 用户和计算机】按钮。

**STEP 3**　在【用户账户控制】对话框中输入用户名 Steven 和密码 Pa＄＄w0rd，如图 8-21 所示。然后单击【确定】按钮。

 **注意**　在【用户账户控制】对话框中不要输入管理员账户和密码。

图 8-21　【用户账户控制】对话框

**STEP 4**　展开 long.com，右击 sales OU，然后创建一个新用户，此任务将成功完成，因为执行此任务的权限已经委派给 Steven，如图 8-22 所示。

**STEP 5**　右击 sales OU，然后创建名为 Group 1 的新组。此任务将成功完成，因为执行此

图 8-22　新建用户

任务的权限已经委派给 Steven。

**STEP 6**　右击 ITAdmins OU,然后发现没有【新建】菜单,则表示无权在 ITAdmins OU 中创建任何新对象,如图 8-23 所示。

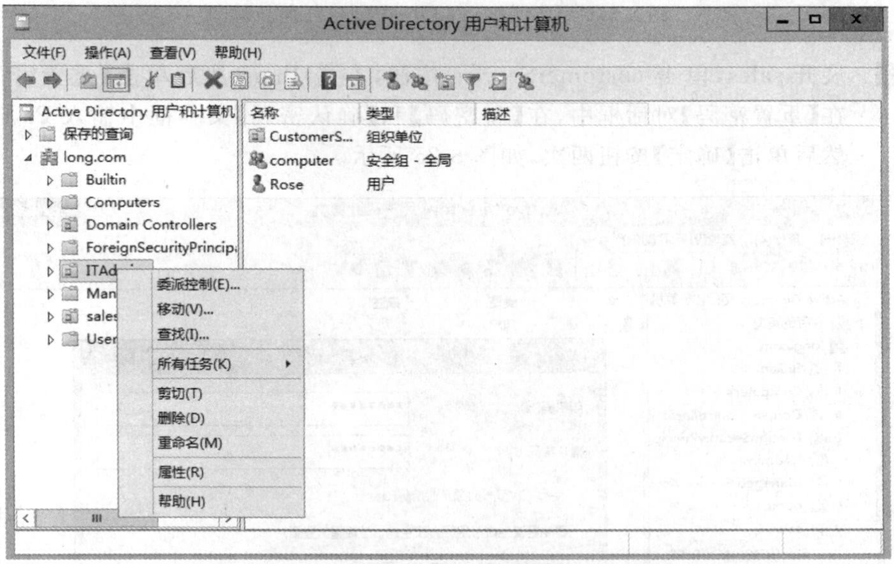

图 8-23　无权在 ITAdmins OU 中创建任何新对象

**STEP 7**　先注销系统,然后以 Alice 身份登录到 dc1.long.com,密码为 Pa $ $ w0rd。

**STEP 8**　单击【开始】→【管理工具】按钮,然后单击【Active Directory 用户和计算机】按钮。

**STEP 9**　在【用户账户控制】对话框中输入用户名 Alice 和密码 Pa $ $ w0rd,然后单击【确定】按钮。

**STEP 10**　展开 long.com,右击 sales OU,然后发现没有【新建】菜单,则表示无权在 sales OU 中创建任何新对象,如图 8-24 所示。

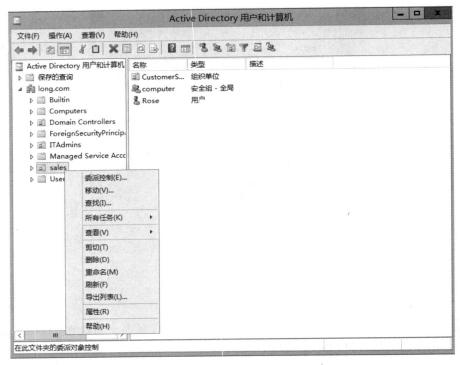

图 8-24　无权在 sales OU 中创建任何新对象

**STEP 11**　展开 sales，单击 customerService 按钮，右击 Jhon，然后单击【重置密码】按钮。在【重置密码】对话框中，在【新密码】和【确认密码】文本框中输入 Pa＄＄w0rd，然后单击【确定】按钮两次，如图 8-25 所示。

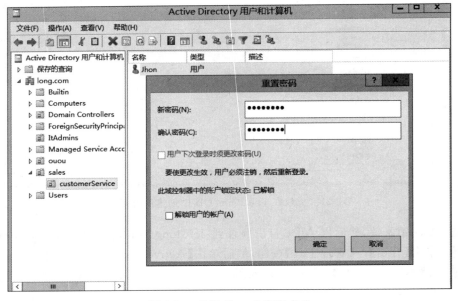

图 8-25　重置 Jhon 的密码成功

**STEP 12**　右击 Jhon，然后选择【属性】命令。在 Jhon【属性】对话框中确认 Alice 有权设置
　　　　某些用户属性，如办公室和电话号码，但不能设置描述和电子邮件之类的属性。

**STEP 13**　关闭【Active Directory 用户和计算机】窗口，然后注销系统。

## 8.3.2　任务 2　配置 AD DS 信任

在本实验中，将基于企业管理员提供的信任配置设计来配置信任关系，还将测试信任配
置，以确保信任配置正确。

**1. 任务环境的具体介绍**

本任务的网络拓扑图参考图 8-26。

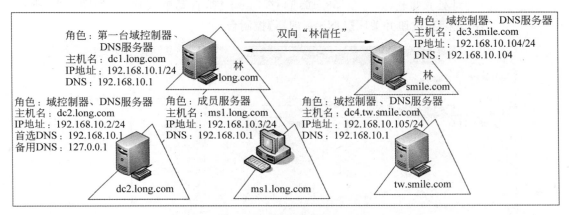

图 8-26　管理域信任拓扑图

Long Bank 与 Smile 建立了战略合作关系。Long Bank 用户将需要访问在 Smile 的多
台服务器上运行的多个文件共享和应用程序。只有 Smile 的用户才能访问 MS1 的共享
资源。

本实验的主要任务如下。

（1）启动 dc1.long.com 虚拟机，然后登录。

（2）配置网络和 DNS 设置以启用林信任。

（3）配置 long.com 和 smile.com 之间的林信任。

（4）配置林信任的选择性身份验证，以只允许访问 dc2.long.com 和 ms1.long.com。

（5）测试选择性身份验证。

**2. 配置网络和 DNS 设置以启用林信任**

**STEP 1**　以 Administrator 身份登录到 dc3.smile.com，密码为 Pa＄＄w0rd4。依次单击
　　　　【开始】→【控制面板】→【网络连接】→【本地连接】→【属性】→【Internet 协议
　　　　（TCP/IP）】→【属性】按钮。将 IP 地址更改为 192.168.10.104，将默认网关更改
　　　　为 192.168.10.254，将首选 DNS 服务器更改为 192.168.10.104。单击【确定】按
　　　　钮，关闭打开的对话框。

**STEP 2**　单击【开始】→【运行】命令，在打开的对话框中输入 cmd 并按 Enter 键。在命令提
　　　　示符上输入"net time　\\192.168.10.1 /set /y"，然后按 Enter 键。此命令将同

步 dc3. smile. com 和 dc1. long. com（主时间）之间的时间。再关闭命令提示符。

**注意** 如果出现"系统错误 5，拒绝访问"的提示，分别启用两台服务器的 guest 账户，然后分别执行 net use\\192. 168. 10. 1 "" /user:"guest" 和 net use \\192. 168. 10. 104 "" /user:"guest" 两个命令。成功后再执行同步时间命令，其中 guest 的密码为空。

**STEP 3** 从管理工具文件夹中启动 DNS。在【DNS 管理器】控制台中展开 DC3。右击 DC3 并单击【属性】命令。在打开的对话框的【转发器】选项卡上单击【编辑】按钮。在 IP 地址处直接输入 192. 168. 10. 1，按 Enter 键，自动解析成功，如图 8-27 所示。单击【确定】按钮并关闭【DNS 管理器】控制台。

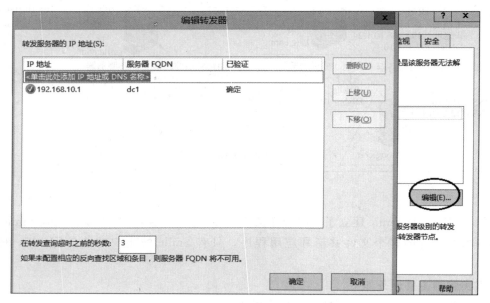

图 8-27 【编辑转发器】对话框

**注意** 如果未设置相应的反向查找区域和条目，则服务器 FQDN 将不可用。

**STEP 4** 从管理工具文件夹中启动【Active Directory 域和信任关系】。在【Active Directory 域和信任关系】中右击 smile. com，然后单击【提升域功能级别】命令，如图 8-28 所示。选择 Windows Server 2003 或以上级别，单击【提升】命令，然后单击【确定】按钮两次。如果已经是 Windows Server 2012 级别则不用提升。

**STEP 5** 右击【Active Directory 域和信任关系】，然后单击【提升林功能级别】命令，如图 8-29 所示。选择 Windows Server 2003 或以上级别，单击【提升】命令，然后单击【确定】按钮两次。

**STEP 6** 在 dc1. long. com 上以 Administrator 身份登录。从管理工具文件夹中启动 DNS。

图 8-28　【提升域功能级别】命令

在【DNS 管理器】控制台中展开 DC1，在 DC1 下右击【条件转发器】，然后单击【新建条件转发器】命令，如图 8-30 所示。

图 8-29　【提升林功能级别】命令

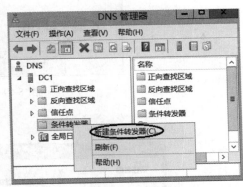

图 8-30　【新建条件转发器】命令

**STEP 7**　在【DNS 域】字段中输入 smile.com，单击 IP 地址，输入 192.168.10.104，按 Enter 键，然后单击【确定】按钮，关闭【DNS 管理器】。

**3. 配置 long.com 和 smile.com 之间的林信任**

**STEP 1**　在 dc1.long.com 上，从管理工具文件夹中启动【Active Directory 域和信任关系】。在【Active Directory 域和信任关系】中，右击 long.com，然后单击【属性】命令。在打开的对话框的【信任】选项卡下单击【新建信任】按钮（图 8-31）。

**STEP 2**　在【欢迎使用新建信任向导】页面上单击【下一步】按钮。在【信任名称】页面上输入 smile.com（图 8-32），然后单击【下一步】按钮。在【信任类型】页面上单击选中【林信任】单选按钮（图 8-33），然后单击【下一步】按钮。在【信任方向】页面上单击【双向】按钮，然后单击【下一步】按钮。在【信任方】页面上单击【此域和指定的域】，然后单击【下一步】按钮。

**STEP 3**　在【用户名和密码】页面上，输入 Administrator@smile.com 作为用户名，输入 Pa$$w0rd4 作为密码，然后单击【下一步】按钮。

**STEP 4**　在【本地林】页面中，接受默认值【全林性身份验证】，然后单击【下一步】按钮。

**STEP 5**　在【指定林】页面中，接受默认值【全林性身份验证】，然后单击【下一步】按钮。

图 8-31　【新建信任】按钮

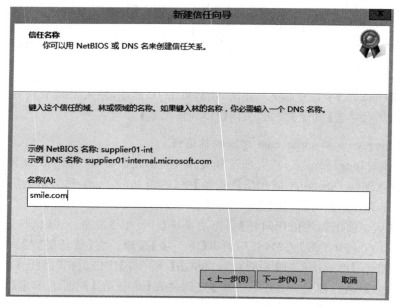

图 8-32　输入信任的名称

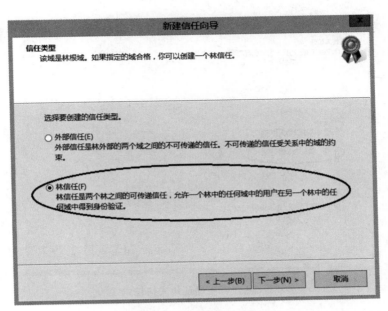

图 8-33　选择信任的类型

**STEP 6**　在【选择信任完毕】页面上,单击【下一步】按钮。在【信任创建完毕】页面上单击【下一步】按钮。

**STEP 7**　在【确认传出信任】页面上,单击选中【是,确认传出信任】单选按钮(图 8-34)。然后单击【下一步】按钮。

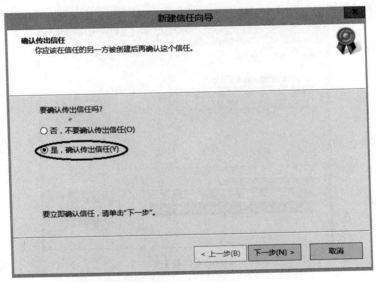

图 8-34　确认传出信任

**STEP 8**　在【确认传入信任】页面上,单击选中【是,确认传入信任】单选按钮(图 8-35),然后单击【下一步】按钮。

**STEP 9**　在【正在完成新建信任向导】页面上,单击【完成】按钮。

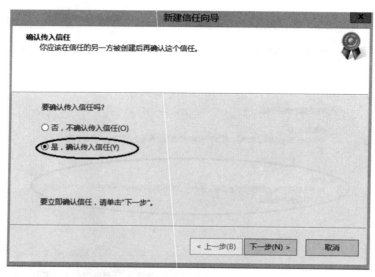

图 8-35　确认传入信任

**STEP 10**　单击【确定】按钮关闭【long.com 属性】对话框。

**4. 配置林信任的选择性身份验证，以只允许访问 dc2. long. com 和 ms1. long. com**

**STEP 1**　在 dc1. long. com 的【Active Directory 域和信任关系】中，单击 long. com，然后在【操作】菜单上单击【属性】按钮。在【long. com 属性】对话框中，单击【信任】选项卡。在【信任此域的域（内向信任）】中单击 smile. com，如图 8-36 所示，然后单击【属性】按钮。

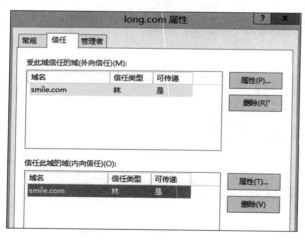

图 8-36　【信任】选项卡

**STEP 2**　在【smile. com 属性】对话框中的【身份验证】选项卡上单击选中【选择性身份验证】单选按钮（图 8-37），单击【确定】按钮两次，然后关闭【Active Directory 域和信任关系】。

**STEP 3**　打开【Active Directory 用户和计算机】窗口，然后在【查看】菜单上确保【高级功

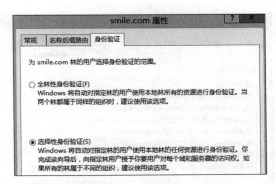

图 8-37　【身份验证】选项卡

能】选中。单击 Domain Controllers。右击 DC2,单击【属性】命令(图 8-38)。在【DC2 属性】对话框中单击【安全】选项卡,然后单击【添加】按钮。

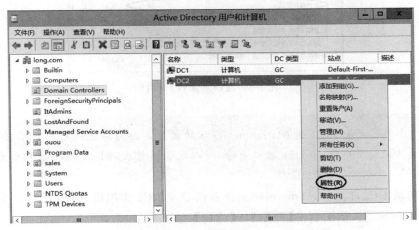

图 8-38　【属性】命令

**STEP 4**　在【选择用户、计算机或组】对话框中单击【查找范围】,单击 smile.com,然后单击【确定】按钮。在【选择用户、计算机或组】对话框中输入 MarketingGG,然后单击【确定】按钮。在【MarketingGG 的权限】中,选中【允许身份验证】对应的【允许】复选框(见图 8-39)。

**STEP 5**　单击【确定】按钮关闭【DC2 属性】对话框。

**STEP 6**　单击 Computers。单击 MS1,然后在【操作】菜单上单击【属性】命令。

**STEP 7**　在【MS1 属性】对话框中单击【安全】选项卡,然后单击【添加】按钮。

**STEP 8**　在【选择用户、计算机或组】对话框中单击【查找范围】,单击 smile.com,然后单击【确定】按钮。在【选择用户、计算机或组】对话框中输入 MarketingGG,然后单击【确定】按钮。

**STEP 9**　在【MarketingGG 的权限】中,选中【允许身份验证】的【允许】复选框。

**STEP 10**　单击【确定】按钮关闭【MS1 属性】对话框。

**5. 测试选择性身份验证**

**STEP 1**　以 Adam@smile.com 身份登录到 MS1 虚拟机,密码为 Pa$ $ w0rd。

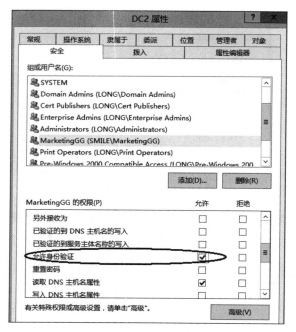

图 8-39 【DC2 属性】对话框

 注意　　Adam 是 smile 的 MarketingGG 组的成员。因为两个林之间有信任关系，并且允许他向 ms1. long. com 验证身份，所以他能够登录到 long. com 域中的计算机。

**STEP 2** 启动 DC2，以 long\administrator 身份登录 DC2 虚拟机，密码为 Pa＄＄w0rd1。

**STEP 3** 在 MS1 上，依次右击【开始】→【运行】，输入"\\dc2. long. com\netlogon"，然后按 Enter 键。Adam 应该能够访问该文件夹。

**STEP 4** 依次右击【开始】→【运行】，输入"\\dc1. long. com\netlogon"，然后按 Enter 键。Adam 应该不能访问该文件夹，因为该服务器未配置为允许选择性身份验证。验证结果如图 8-40 所示。

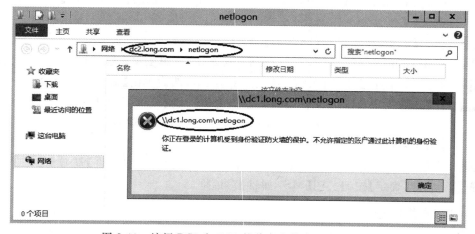

图 8-40 访问 DC2 和 DC1 的共享文件夹的不同结果

## 8.4　习题

**一、填空题**

1. 用户可以使用_____来配置大多数 Active Directory 对象权限任务。但是,如果需要授予更细致的权限级别,那么就要用到_____,该权限允许对特定的一类对象或者某个对象类的各个属性设置权限。

2. _____工具可帮助确定对 Active Directory 对象的权限。该工具计算授予指定用户或组的权限,并记入实际从组成员身份获得的权限,以及从父对象继承的任何权限。

3. _____是将 Active Directory 对象的管理职责分配给另一个用户或组的能力。

4. 如果 A 域信任 B 域,则 A 域为_____,B 域为_____。用户账户位于_____中,而资源位于_____中。信任方向从受信任域指向信任域。在 Windows Server 2012 中,有 3 种信任方向:_____、_____和_____。

5. 利用_____,可以限制林中的哪些计算机可由另一个林中的用户访问。

**二、选择题**

1. 公司聘用了 10 名新雇员。你希望这些新雇员通过 VPN 连接接入公司总部。你创建了新用户账户,并将总部中的共享资源的"允许读取"和"允许执行"权限授予新雇员。但是,新雇员无法访问总部的共享资源。要确保用户能够建立可接入总部的 VPN 连接,你该怎么做?(　　)

　　A. 授予新雇员"允许完全控制"权限

　　B. 授予新雇员"允许访问拨号"权限

　　C. 将新雇员添加到 Remote Desktop Users 安全组

　　D. 将新雇员添加到 Windows Authorization Access 安全组

2. 公司有一个 Active Directory 域。有个用户试图从客户端计算机登录到域,但是收到以下消息:"此用户账户已过期。请管理员重新激活该账户。"要确保该用户能够登录到域,你该怎么做?(　　)

　　A. 修改该用户账户的属性,将该账户设置为永不过期

　　B. 修改该用户账户的属性,延长"登录时间"设置

　　C. 修改该用户账户的属性,将密码设置为永不过期

　　D. 修改默认域策略,缩短账户锁定持续时间

3. 公司有一个 Active Directory 域,名为 intranet.contoso.com。所有域控制器都运行 Windows Server 2012。域功能级别和林功能级别都设置为 Windows 2000 纯模式。你需要确保用户账户有 UPN 后缀 contoso.com,应该先怎么做?(　　)

　　A. 将 contoso.com 林功能级别提升到 Windows Server 2008 或 Windows Server 2012

　　B. 将 contoso.com 域功能级别提升到 Windows Server 2008 或 Windows Server 2012

　　C. 将新的 UPN 后缀添加到林

　　D. 将 Default Domain Controllers 组策略对象(GPO)中的 Primary DNS Suffix 选项设置为 contoso.com

4. 公司有一个单域的 Active Directory 林,该域的功能级别是 Windows Server 2012。

你执行以下活动。

- 创建一个全局通信组。
- 将用户添加到该全局通信组。
- 在 Windows Server 2008 成员服务器上创建一个共享文件夹。
- 将该全局通信组放入有权访问该共享文件夹的域本地组中。
- 你需要确保用户能够访问该共享文件夹。

你该怎么做？（　　　）

  A. 将林功能级别提升为 Windows Server 2012

  B. 将该全局通信组添加到 Domain Administrators 组中

  C. 将该全局通信组的组类型更改为安全组

  D. 将该全局通信组的作用域更改为通用通信组

### 三、简答题

1. 你负责管理自己所属组的成员的账户以及对资源的访问权。组中的某个用户离开了公司，你希望在几天内将有人来代替该员工。对于前用户的账户，你应该如何处理？

2. 你创建了一个名为 Helpdesk 的全局组，其中包含所有帮助台账户。你希望帮助台人员能在本地桌面计算机上执行任何操作，包括取得文件所有权。最好使用哪个内置组？

3. BranchOffice_Admins 组对 BranchOffice_OU 中的所有用户账户有完全控制权限。对于从 BranchOffice_OU 移入 HeadOffice_OU 的用户账户，BranchOffice_Admins 对该账户将有何权限？

# 项目 9
# 配置 Active Directory 域
# 服务站点和复制

**项目背景**

在 Windows Server 2012 Active Directory 域服务(AD DS)环境中,可以在同一个域或同一个林的其他域中部署多台域控制器。AD DS 信息自动在所有域控制器之间进行复制。

对拥有多台域控制器的 AD DS 域来说,如何更高效地复制 AD DS 数据库,如何提高 AD DS 的可用性以及如何让用户能够快速地登录,是系统管理员必须了解的重要课题。

本项目将帮助读者理解 AD DS 复制的工作方式,管理复制网络流量,同时确保网络中 AD DS 数据的一致性。

**项目目标**

- 站点与 AD DS 数据库的复制知识。
- 配置 AD DS 站点与子网。
- 配置 AD DS 复制。
- 监视 AD DS 复制。

## 9.1 相关知识

站点(site)由一个或多个 IP 子网(subnet)所组成,这些子网之间通过高速且可靠的连接互联在一起,也就是这些子网之间的连接速度要够快且稳定,符合实际需要,否则就应该将它们分别规划为不同的站点。

一般来说,一个 LAN(局域网)内各个子网之间的连接都符合速度快且高可靠的要求,因此可以将一个 LAN 规划为一个站点;而 WAN(广域网)内各个 LAN 之间的连接速度一般都不快,因此 WAN 中的各个 LAN 应分别规划为不同的站点,如图 9-1 所示。

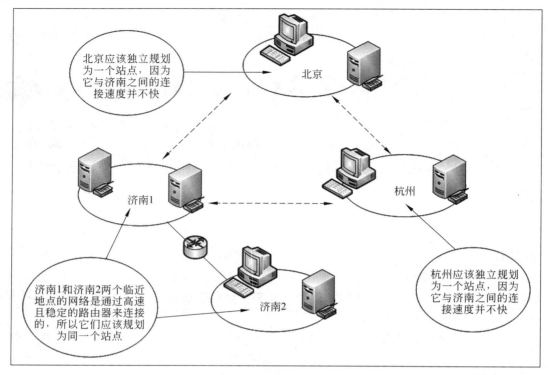

图 9-1　站点规划示意图

AD DS 内大部分数据是利用多主机复制模式(Multi-master Replication Model)来实现数据复制的。在这种模式中,可以直接更新任何一台域控制器内的 AD DS 对象,之后这个更新对象会被自动复制到其他域控制器。例如,当在任何一台域控制器的 AD DS 数据库内新建一个用户账户后,这个账户会自动被复制到域内的其他域控制器。

站点与 AD DS 数据库的复制操作之间有着重要的关系,因为这些域控制器是否在同一个站点,会影响到域控制器之间 AD DS 数据库的复制行为。

## 9.1.1　同一个站点之间的复制

同一个站点内的域控制器之间是通过快速的网络连接互联在一起的,因此在复制 AD DS 数据库时,可以有效、快速地复制,而且不会压缩所传输的数据。

同一个站点内的域控制器之间的 AD DS 复制采用更改通知的方式,也就是当某台域控制器(下面将其称为源域控制器)的 AD DS 数据库内有一条数据变动时,默认它会等 15 秒后,就通知位于同一个站点内的其他域控制器。收到通知的域控制器如果需要这条数据,就会发出更新数据的请求给源域控制器,这台源域控制器收到请求后,便会开始复制的程序。

### 1.　复制伙伴

源域控制器并不直接将变动数据复制给同一个站点内的所有域控制器,而是只复制给它的直接复制伙伴,而哪些域控制器是其直接复制伙伴呢? 每一台域控制器内都有一个被称为 Knowledge Consistency Checker(KCC)的程序,它会自动建立最有效率的复制拓扑(Replication Topology),也就是决定哪些域控制器是它的直接复制伙伴,而哪一些域控制器

是它的转移复制伙伴,换句话说,复制拓扑是复制 AD DS 数据库的逻辑连接路径,如图 9-2
所示。

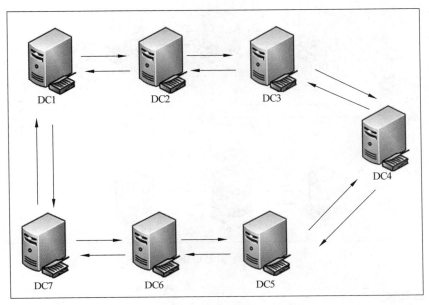

图 9-2　复制拓扑

以图 9-2 中的域控制器 DC1 来说,域控制器 DC2 是它的直接复制伙伴,因此 DC1 会将
变动数据直接复制给 DC2,而 DC2 收到数据后,会再将它复制给 DC2 的直接复制伙伴 DC3,
以此类推。

对域控制器 DC1 来说,除了 DC2 与 DC7 是它的直接复制伙伴外,其他的域控制器
(DC3、DC4、DC5、DC6)都是转移复制伙伴,它们间接获得由 DC1 复制来的数据。

**2. 如何减少复制延迟时间**

为了减少复制延迟的时间,也就是从源域控制器内的 AD DS 数据有变动开始,到这些
数据被复制到所有其他域控制器之间的间隔时间不要太久,因此 KCC 在建立复制拓扑时,
会让数据从源域控制器传送到目的域控制器时,其所跳跃的域控制器数量不超过 3 台,以
图 9-2 来说,从 DC1 到 DC4 跳跃了 3 台域控制器(DC2、DC3、DC4),而从 DC1 到 DC5 也只
跳跃了 3 台域控制器(DC7、DC6、DC5)。换句话说,KCC 会让源域控制器与目的域控制器
之间的域控制器数量不超过两台。

为了避免源域控制器负担过重,源域控制器并不同时通知其所有的直接复
制伙伴,而是会间隔 3 秒,也就是先通知第一台直接复制伙伴,间隔 3 秒后再通知
第二台,以此类推。

当有新域控制器加入时,KCC 会重新建立复制拓扑,而且仍然会遵照跳跃的域控制器
数量不超过 3 台的原则,例如,当图 9-2 中新增了一台域控制器 DC8 后,其复制拓扑就会发
生变化,图 9-3 为可能的复制拓扑之一,图中 KCC 将域控制器 DC8 与 DC4 设置为直接复制
伙伴,否则 DC8 与 DC4 之间,无论是通过"DC8→DC1→DC2→DC3→DC4"或"DC8→DC7→

DC6→DC5→DC4"的途径,都会违反跳跃的域控制器数量不超过 3 台的原则。

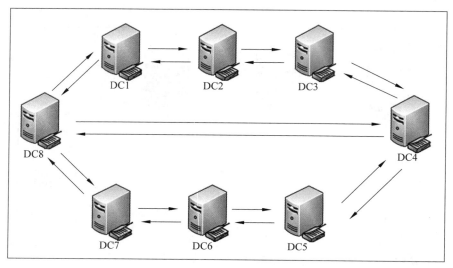

图 9-3　复制拓扑之一

**3. 紧急复制**

对某些重要的数据更新来说,系统并不会等 15 秒才通知其直接复制伙伴,而是立刻通知,这个动作被称为紧急复制。这些重要的数据更新包含用户账户被锁定、账户锁定策略变更、域的密码策略变更等。

## 9.1.2　不同站点之间的复制

由于不同站点之间的连接速度不够快,因此为了降低对连接带宽的影响,故站点之间的 AD DS 数据在复制时会被压缩,而且数据的复制是采用日程安排的方式,也就是在安排的时间内才会进行复制,工作原则上应该尽量安排在站点之间连接的非高峰时期才执行复制工作,同时复制频率也不要太高,以避免复制时占用两个站点之间的连接带宽,影响两个站点之间其他数据的传输速率。

不同站点的域控制器之间的复制拓扑,与同一个站点的域控制器之间的复制拓扑是不相同的。每一个站点内都各有一台被称为站点间拓扑生成器的域控制器,它负责建立站点之间的复制拓扑,并从其站点内挑选一台域控制器来扮演桥头服务器(Bridgehead 服务器)的角色,例如图 9-4 中站点 A 的 DC1 与站点 B 的 DC4,两个站点之间在复制 AD DS 数据时,由这两台桥头服务器负责将该站点内的 AD DS 变动数据复制给对方,这两台桥头服务器得到对方的数据后,会再将它们复制给同一个站点内的其他域控制器。

## 9.1.3　目录分区与复制拓扑

AD DS 数据库被逻辑地分为下面几个目录分区:架构目录分区、配置目录分区、域目录分区和应用程序目录分区。

KCC 在建立复制拓扑时,并不是整个 AD DS 数据库只采用单一复制拓扑,而是不同的目录分区各有其不同的复制拓扑,例如,DC1 在复制域目录分区时,可能 DC2 是它的直接复

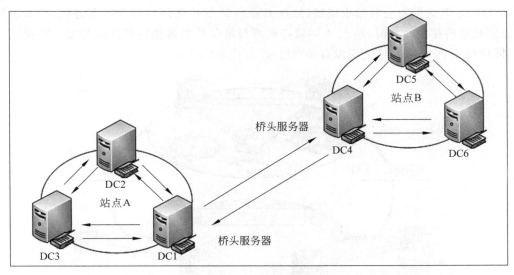

图 9-4　桥头服务器

制伙伴,但是在复制配置目录分区时,DC3 才是它的直接复制伙伴。

## 9.1.4　复制协议

域控制器之间在复制 AD DS 数据时,其所使用的复制协议分为下面两种。

### 1. RPC over IP

无论是同一个站点之间或不同站点之间,都可以利用 RPC over 口来执行 AD DS 数据库的复制操作。为了确保数据在传输时的安全性,RPC over IP(Remote Procedure Call over Internet Protocol)会执行身份验证与数据加密的工作。

在【Active Directory 站点和服务】控制台中,同一个站点之间的复制协议 RPC over IP 会被改用 IP 来代表。

### 2. SMTP

SMTP(Simple Mail Transfer Protocol)只能用来执行不同站点之间的复制。若不同站点的域控制器之间无法直接通信,或之间的连接质量不稳定时,就可以通过 SMTP 来传输。不过这种方式有些限制,例如以下两点。

- 只能够复制架构目录分区、配置目录分区与应用程序目录分区,不能够复制域目录分区。
- 需向企业 CA(Enterprise CA)申请证书,因为在复制过程中,需要利用证书来进行身份验证。

## 9.1.5　站点链接桥接

默认情况下,所有 AD DS 站点链接都是传递式的,或者说是桥接的。这意味着,如果站点 A 与站点 B 之间有公共站点链接，站点 B 又与站点 C 之间有公共站点链接，那么这两个站点链接是桥接的。此时，站点 A 的域控制器与站点 C 的域控制器之间就可以直接进行复制，即使站点 A 和站点 C 之间没有站点链接（如图 9-5 所示）。

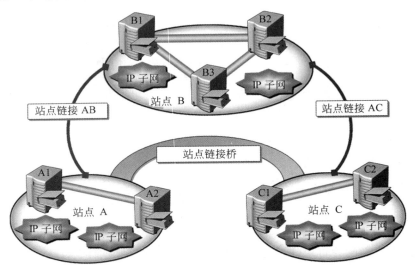

图 9-5　站点链接桥接

用户可以修改默认的站点链接桥接配置，修改方式是先禁用站点链接桥接，然后只为那些应该有传递式关系的站点链接配置站点链接桥接。

**1. 更改站点链接桥接配置的原因**

当没有完全路由的网络时，也就是说，并非网络的所有网段都始终可用时（例如，有一个网络位置的连接是拨号连接或者预定需求量拨号连接），关闭站点链接的传递性质可能很有用。如果公司有多个连接到快速主干的站点，同时有多个小站点使用慢速网络连接到每一个更大的中心，那么在这种情况下，可以使用站点链接桥来配置复制，它能更有效地管理复制流量流。

**2. 配置站点链接桥接**

用户可以在【Active Directory 站点和服务】管理工具中禁用站点链接桥接。当禁用此功能时，整个组织中的所有站点链接都将成为非传递。

在禁用站点链接桥接后，可以创建新的站点链接桥。创建新对象后，必须定义哪些站点链接作为桥的一部分。添加到站点链接桥中的任何站点链接都视为相互传递式衔接，但是未包含在站点链接桥中的站点链接不是传递式的。此时可以创建多个站点链接桥将不同的站点链接组桥接起来。

# 9.2　项目设计及准备

## 9.2.1　项目设计

未名公司在全国有多家办事处。为了优化客户端登录流量并管理 AD DS 复制，企业管理员为配置 AD DS 站点以及配置站点间复制创建了新的设计。你需要根据企业管理员的设计创建 AD DS 站点，并根据设计配置复制。还需要监视站点复制，并确保复制所需要的所有组件的功能都正常。

　　未名公司的当前站点设计尚未修改，仍然是默认状态。除了默认站点之外，没有配置任何 AD DS 站点或站点链接，如图 9-6 所示。

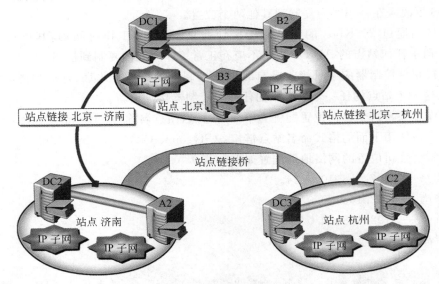

图 9-6　创建站点拓扑图

本实训部署到 long.com 域中，用到 4 台虚拟机。

1）DC1 虚拟机（站点北京的桥头服务器）

　　角色：域控制器及 DNS 服务器；主机名：dc1.long.com；IP 地址：192.168.10.1/24；默认网关：192.168.10.254/24；DNS：192.168.10.1。

2）DC2 虚拟机（站点济南的桥头服务器）

　　角色：域控制器及 DNS 服务器；主机名：dc2.long.com；IP 地址：192.168.20.1/24；默认网关：192.168.20.254/24；首选 DNS：192.168.10.1；备用 DNS：127.0.0.1。

3）DC3 虚拟机（站点杭州的桥头服务器，RODC 服务器）

　　角色：RODC 域控制器及 DNS 服务器；主机名：dc3.long.com；IP 地址：192.168.30.1/24；默认网关：192.168.30.254/24；首选 DNS：192.168.10.1；备用 DNS：127.0.0.1。

4）GateWay-Server（MS1）虚拟机（各站点间的网关服务器）

　　角色：网关服务器（软路由）；主机名：ms1.long.com；IP 地址：192.168.10.254/24，192.168.20.254/24，192.168.30.254/24；首选 DNS：192.168.10.1。

提示　　建议利用 VMWare Workstation 或 Windows Server 2012 R2 Hyper-V 等提供虚拟环境的软件来搭建图中的网络环境。若复制（克隆）现有虚拟机，记得要执行 sysprep.exe 并选中【通用】选项。

## 9.2.2　项目准备

企业管理员创建了以下站点设计。

（1）北京到济南之间有 1.544Mbps 的广域网(WAN)连接,可用带宽有 50%。北京和青岛之间也是 1.544 Mbps 的 WAN 连接,可用带宽也是 50%。这 3 个位置中任何位置的任何 AD DS 更改应在一小时内复制到其他两个位置。

（2）杭州通过 256Kbps 的 WAN 连接到北京,在正常工作时间内,其可用带宽不到 20%。公司中任何站点的 AD DS 更改不应在正常工作时间内复制到杭州。

（3）杭州域控制器应该只接收来自北京域控制器的更新。北京、青岛和济南的域控制器可以从这 3 个站点的任一个站点中的任何域控制器接收更新。

（4）你应该将每个公司位置配置为单独的站点,站点名称为 CityName-Site。

（5）应该使用下面的格式命名站点链接:CityName-CityName-Site-Link。

（6）每个公司位置的网络地址配置如下:

- 北京——192.168.10.0/24。
- 济南——192.168.20.0/24。
- 杭州——192.168.30.0/24。
- 青岛——192.168.40.0/24。

由于虚拟实验的限制,虽然你创建了 4 个站点和 4 个子网,但将只为北京、济南和杭州位置配置站点。

（7）下面的实验需要 4 台虚拟机同时运行。建议读者每台计算机配置 1GB 的 RAM(总共 4GB),以提高本实训中的虚拟机性能。

（8）GATEWAY-SERVER 虚拟机担当 3 个站点的路由器功能。

# 9.3　项目实施

## 9.3.1　任务 1　配置 AD DS 站点和子网

### 1. 在 MS1 上启用【LAN 路由】(参考 1.4.4 小节的相关内容)

STEP 1　以 Administrator 身份登录到 MS1(GATEWAY -SERVER),密码为 Pa $ $ w0rd4。确保 MS1 服务器上安装有 3 块网卡:192.168.10.254/24、192.168.20.254/24、192.168.30.254/24。

STEP 2　在【网关服务器】的【服务器管理器】主窗口下,单击【添加角色和功能】,在【选择服务器角色】中选中【远程访问】复选框,在【选择服务角色】中选中【路由】复选框并添加其所需要的功能。

STEP 3　在【服务器管理器】主窗口下单击【工具】,选择【路由和远程访问】,在弹出的【路由和远程访问】界面中右击,在弹出的快捷菜单中选择【配置并启用路由和远程访问】命令。

**STEP 4** 在弹出的【路由和远程访问服务器安装向导】对话框中选择【自定义】并选中【LAN
路由】复选框及【启动服务】。

**2. 验证当前站点配置和复制拓扑**

具体操作步骤如下。

**STEP 1** 以 Administrator 身份登录到 DC1,密码为 Pa＄＄w0rd1。

**STEP 2** 以 Administrator 身份登录到 DC2,密码为 Pa＄＄w0rd1。

**STEP 3** 以 Administrator 身份登录到 DC3,密码为 Pa＄＄w0rd1。

**STEP 4** 在 DC1 上,单击【开始】→【管理工具】,然后单击【Active Directory 站点和服务】。

**STEP 5** 依次展开 Sites、Default-First-Site-Name、Servers 和 DC1,单击 NTDS Settings,右
击 NTDS Settings,然后单击【属性】命令。

**STEP 6** 在【NTDS Settings 属性】对话框中的【连接】选项卡上,记下你的计算机的复制伙
伴(本例入站(复制自)复制伙伴 DC2,出站(复制到)复制伙伴 DC2、DC3),然后单
击【取消】按钮,如图 9-7 所示。

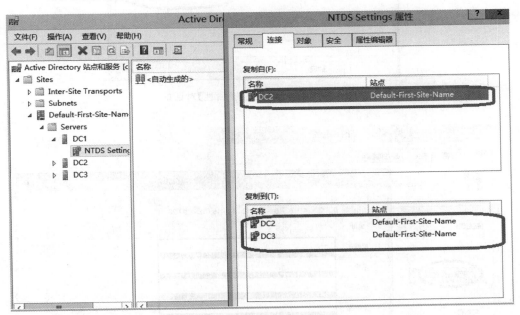

图 9-7 选中【连接】选项卡

**STEP 7** 在【详细信息】窗格中,右击列出的某个连接对象,然后单击【属性】命令。

**STEP 8** 在【"自动生成的"属性】对话框中的【常规】选项卡上记下复制的名称上下文,如
图 9-8 所示。

**STEP 9** 单击【更改计划】按钮,记下复制计划,然后单击【取消】按钮两次。每小时一次的
计划意味着,如果域控制器未从复制伙伴收到任何更改通知,那么它将每隔一小
时检查一次更新,如图 9-9 所示(在此读者可以自行修改复制计划)。

**STEP 10** 展开 DC3,单击 NTDS Settings,右击 NTDS Settings,然后单击【属性】命令。

**STEP 11** 在【NTDS Settings 属性】对话框中的【连接】选项卡上,验证只读域控制器
(RODC)有入站(复制自)复制伙伴,并且没有出站(复制到)复制伙伴。单击【取

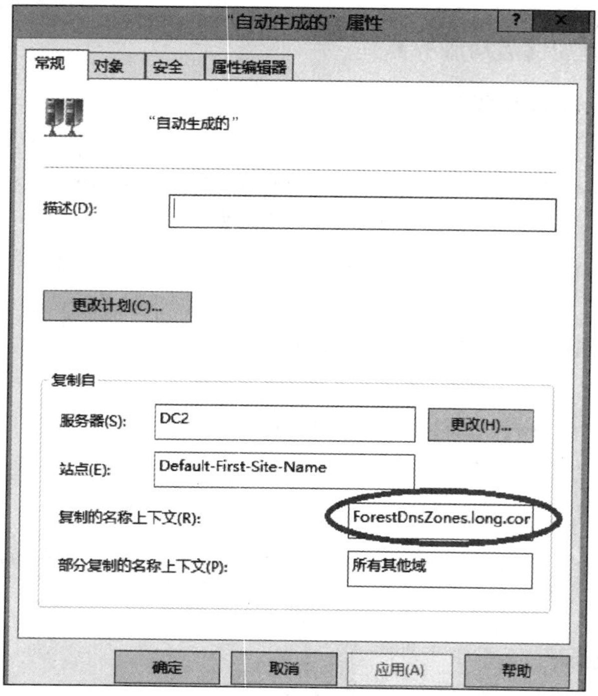

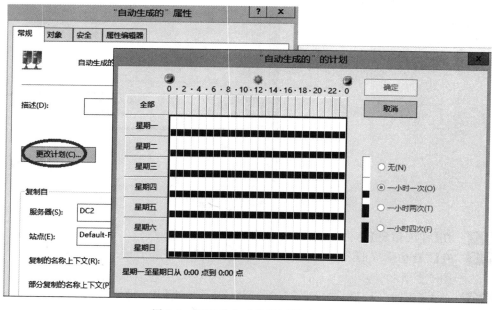

图 9-8 【"自动生成的"属性】对话框

图 9-9 【"自动生成的"计划】对话框

消】按钮，如图 9-10 所示。

### 3. 创建 AD DS 站点

STEP 1 在【Active Directory 站点和服务】中，右击 Default-First-Site-Name，然后单击【重

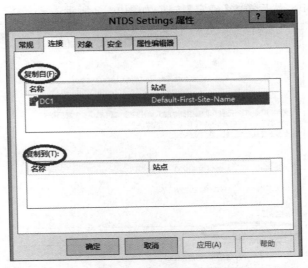

图 9-10 【NTDS Settings 属性】对话框的【连接】选项卡

命名】命令。

**STEP 2** 输入 Beijing-Site,然后按 Enter 键。

**STEP 3** 右击 Sites,然后单击【新站点】命令。

**STEP 4** 在【新建对象-站点】对话框中的【名称】字段中输入 Hangzhou-Site,单击 DEFAULTIPSITELINK,然后单击【确定】按钮,如图 9-11 所示。

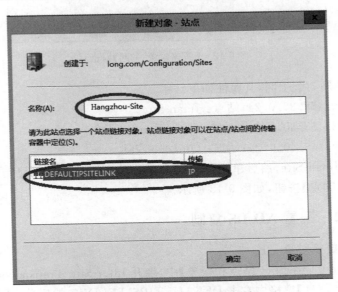

图 9-11 【新建对象-站点】对话框

**STEP 5** 在【Active Directory 域服务】对话框中,单击【确定】按钮。

**STEP 6** 再次创建两个站点,站点名称为 Qingdao-Site 和 Jinan-Site。

**STEP 7** 右击 Subnets,然后单击【新建子网】命令。

**STEP 8** 在【新建对象-子网】对话框中的【前缀】文本框中输入 192.168.10.0/24。单击

Beijing-Site，然后单击【确定】按钮，如图 9-12 所示。

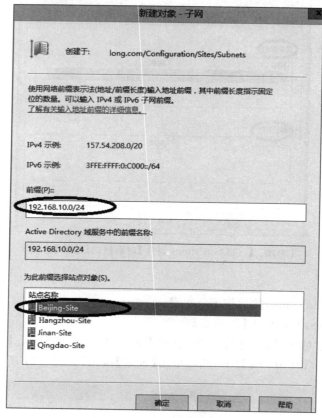

图 9-12 【新建对象-子网】对话框

**STEP 9** 创建另外 3 个子网，其属性如下。
- 前缀：192.168.20.0/24；站点：Jinan-Site。
- 前缀：192.168.30.0/24；站点：Hangzhou-Site。
- 前缀：192.168.40.0/24；站点：Qingdao-Site。

**STEP 10** 右击 Jinan-Site，然后单击【属性】命令。验证正确的子网已与此站点关联，然后单击【确定】按钮，如图 9-13 所示。

### 9.3.2 任务 2 配置 AD DS 复制

**1. 创建站点链接对象**

**STEP 1** 在【Active Directory 站点和服务】中，展开 Inter-Site Transports，然后单击 IP。

**STEP 2** 在【详细信息】窗格中右击 DEFAULTIPSITELINK，然后单击【重命名】命令。

**STEP 3** 输入 Beijing-Jinan-Site-Link，然后按 Enter 键。

**STEP 4** 右击 Beijing-Jinan-Site-Link，然后单击【属性】命令。

**STEP 5** 在【常规】选项卡上的在此站点链接中的站点列表中单击 Qingdao-Site，然后单击【删除】按钮。单击 Hangzhou-Site，然后单击【删除】按钮。

**STEP 6** 在【复制频率】字段中输入 30，然后单击【确定】按钮，如图 9-14 所示。

图 9-13　【Jinan-Site 属性】对话框

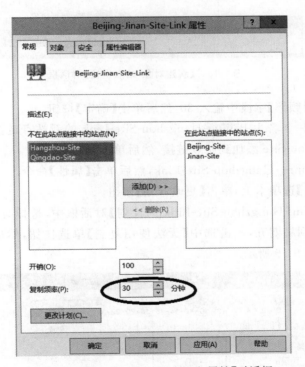

图 9-14　【Beijing-Jinan-Site-Link 属性】对话框

STEP 7　右击 IP,然后单击【新站点链接】命令。

STEP 8　在【新建对象-站点链接】对话框中的【名称】文本框内输入 Beijing-Qingdao-Site-Link。

STEP 9　按住 Ctrl 键,然后在【不在此站点链接中的站点】列表框中单击 Beijing-Site,然后单击【添加】按钮。单击 Qingdao-Site,单击【添加】按钮,然后单击【确定】按钮,如图 9-15 所示。

STEP 10　右击 Beijing-Qingdao-Site-Link,然后单击【属性】命令。

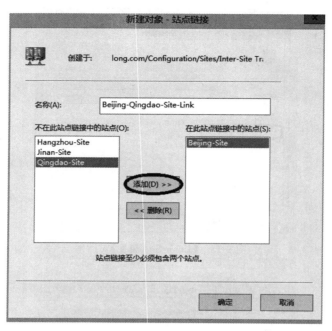

图 9-15　【新建对象-站点链接】对话框

**STEP 11**　在【复制频率】字段中输入 30，然后单击【确定】按钮。

**STEP 12**　创建另一个名为 Beijing-Hangzhou-Site-Link 的新站点链接。将 Beijing-Site 和 Hangzhou-Site 添加到站点链接，然后单击【确定】按钮。

**STEP 13**　右击 Beijing-Hangzhou-Site-Link，然后单击【属性】命令。

**STEP 14**　在【常规】选项卡上，单击【更改计划】按钮。

**STEP 15**　在【Beijing-Hangzhou-Site-Link 的计划】对话框中，选择时间从 7：00 到 17：00，星期一到星期五，单击选中【无法使用复制】单选按钮，然后单击【确定】按钮两次，如图 9-16 所示。

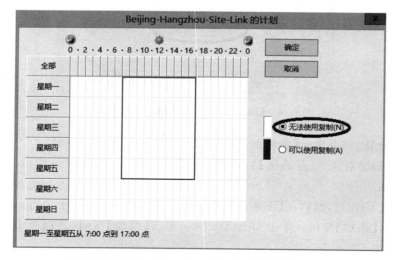

图 9-16　【Beijing-Hangzhou-Site-Link 的计划】对话框

**2. 配置站点链接桥接**

**STEP 1** 在【Active Directory 站点和服务】中右击 IP,然后单击【属性】命令。

**STEP 2** 在【IP 属性】对话框中取消选中【为所有站点链接搭桥】复选框,然后单击【确定】按钮,如图 9-17 所示。

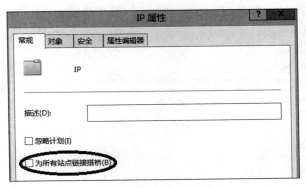

图 9-17 【IP 属性】对话框

**STEP 3** 右击 IP,然后单击【新站点链接桥】命令。

**STEP 4** 在【新建对象-站点链接桥】对话框中的【名称】文本框内输入 Beijing-Jinan-Hangzhou-Site-Link-Bridge。

**STEP 5** 按住 Ctrl 键,然后在【在此站点链接桥中的站点链接】列表框中单击 Beijing-Jinan-Site-Link 和 Beijing-Hangzhou-Site-Link,单击【添加】按钮,然后单击【确定】按钮,如图 9-18 所示。

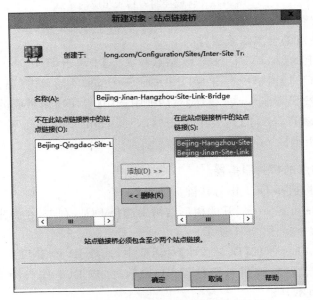

图 9-18 【新建对象-站点链接桥】对话框

**3. 将域控制器移入相应的站点**

STEP 1　在 DC1 上的【Active Directory 站点和服务】中，在 Beijing-Site 下单击 Servers。

STEP 2　在【详细信息】窗格中右击 DC2，然后单击【移动】命令。

STEP 3　在【移动服务器】对话框中单击 Jinan-Site，然后单击【确定】按钮。

STEP 4　将 DC3（RODC）移至 Hangzhou-Site，如图 9-19 所示。

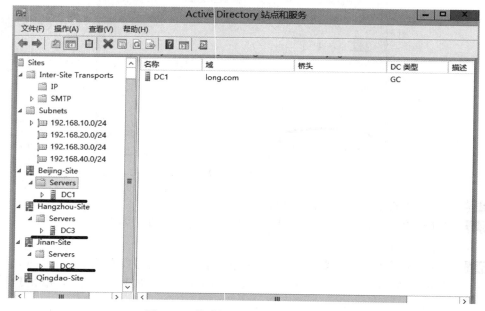

图 9-19　将域控制器移入相应的站点

**4. 配置杭州站点的全局编录缓存**

STEP 1　在 DC1 上的【Active Directory 站点和服务】中单击 Hangzhou-Site。

STEP 2　在【详细信息】窗格中右击 NTDS Site Settings，然后单击【属性】命令。

STEP 3　在【NTDS Site Settings 属性】对话框中选中【启用通用组成员身份缓存】复选框。

STEP 4　在【刷新缓存，来自】列表中单击"CN ＝ Beijing-Site"，然后单击【确定】按钮，如图 9-20 所示。

**5. 配置北京站点的桥头服务器**

假设北京站点将选择 DC1 作为其桥头服务器。

STEP 1　在站点 Beijing-Site 展开的树形结构中选择 DC1，右击，在弹出的快捷菜单中选择【属性】命令，如图 9-21 所示。

STEP 2　在如图 9-21 所示的【DC1 属性】对话框中，选择 IP 和 SMTP，并添加到【此服务器是下列传输的首选桥头服务器（B）：】中，完成 DC1 作为桥头服务器的设置，如图 9-22 所示。

STEP 3　其他站点的桥头服务器设置可通过相同操作来完成。

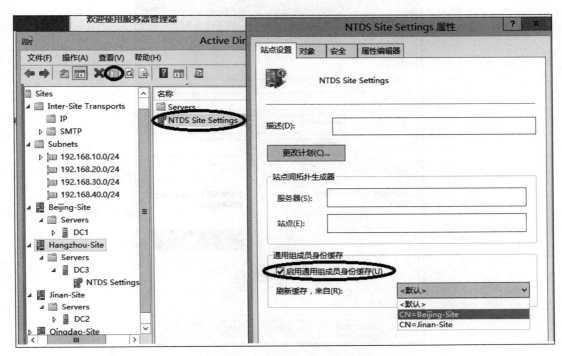

图 9-20  【NTDS Site Settings 属性】对话框

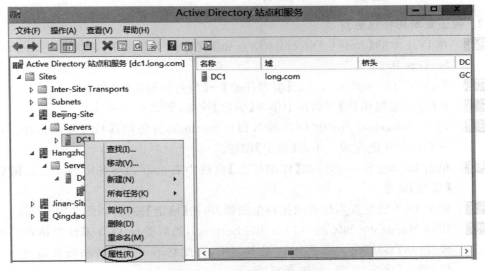

图 9-21  右击 DC1 弹出的快捷菜单

图 9-22　设置 DC1 为 Beijing-Site 站点的桥头服务器

### 9.3.3　任务 3　监视 AD DS 复制

**1. 验证复制拓扑已更新**

STEP 1　在 DC1 上的【Active Directory 站点和服务】中，如果需要，依次展开 Beijing-Site、Servers 和 DC1。

STEP 2　右击 NTDS Settings，单击【所有任务】→【检查复制拓扑】命令。

STEP 3　在【检查复制拓扑】对话框中单击【确定】按钮，如图 9-23 所示。

STEP 4　访问 Hangzhou-Site 中 DC3 的 NTDS Settings，并强制其检查复制拓扑。这需要一些时间才能完成。单击【确定】按钮。

STEP 5　单击 Beijing-Site，然后在【详细信息】窗格中右击 NTDS Site Settings，随后单击【属性】命令。

STEP 6　验证 DC1 已配置为站点间拓扑生成器，单击【确定】按钮，如图 9-24 所示。

STEP 7　访问 Hangzhou-Site 的 NTDS Site Settings，然后验证 DC3 未作为站点间拓扑生成器（ISTG）列出。由于 DC3 是 RODC，因此它不可作为桥头服务器或 ISTG 工作，单击【确定】按钮，如图 9-25 所示。

**2. 验证复制正在站点间正常进行**

STEP 1　在 DC1 上的【Active Directory 站点和服务】中依次展开 Beijing-Site、Servers 和 DC1，然后单击 NTDS Settings。

STEP 2　在【详细信息】窗格中，验证在 DC1 和 DC2 之间已经创建了连接对象。

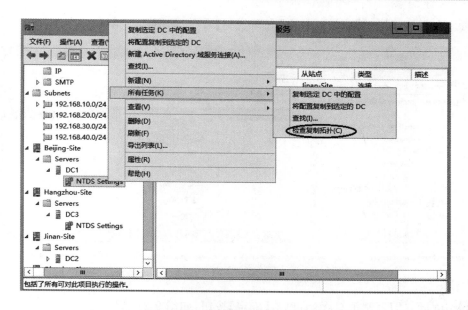

图 9-23　【检查复制拓扑】对话框

图 9-24　验证 DC1 已配置为站点间拓扑生成器　　　图 9-25　验证 DC3 未配置为站点间拓扑生成器

**STEP 3** 右击该连接对象，然后单击【立即复制】命令，如图 9-26 所示。

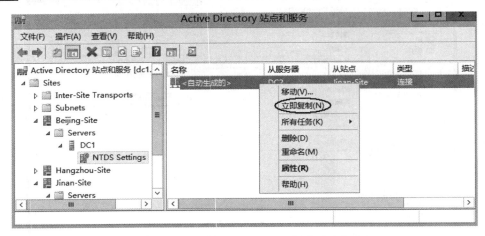

图 9-26　在 DC1 和 DC2 之间已经创建了连接对象

**STEP 4** 阅读立即复制消息，然后单击【确定】按钮，如图 9-27 所示。

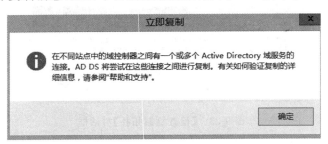

图 9-27　【立即复制】对话框

**STEP 5** 在 DC2 上打开【Active Directory 站点和服务】。依次展开 Sites、Jinan-Site、Servers 和 DC2，然后单击 NTDS Settings。

**STEP 6** 右击 DC2 上配置的 DC2 和 DC1 之间的连接对象，然后单击【立即复制】命令。

① 此处可能出现服务器拒绝复制的错误，如果发生这个错误，那么应在 DC2 上运行以下两条命令：

```
Repadmin /options DC2 -DISABLE_INBOUND_REPL
Repadmin /options DC2 -DISABLE_OUTBOUND_REPL
```

② 之后再次在 DC2 上打开【Active Directory 站点和服务】。依次展开 Sites、Jinan-Site、Servers 和 DC2，然后单击 NTDS Settings。右击 DC2 上配置的 DC2 和 DC1 之间的连接对象，然后单击【立即复制】命令。

**STEP 7** 在 DC1 上打开【Active Directory 用户和计算机】，然后展开 long.com。

**STEP 8** 右击 Users 容器，选择【新建】→【用户】命令，创建一个名字和登录名都为 testuser 的新用户，并且密码为 Pa$$w0rd。

**STEP 9**　在【Active Directory 站点和服务】中单击 Hangzhou-Site,展开 DC3,然后单击 NTDS Settings。右击 DC1 和 DC3 之间的连接对象,然后单击【立即复制】命令,单击【确定】按钮关闭【立即复制】对话框。

 **注 意**　如果在该连接对象上强制复制时收到错误消息,那么在 DC3 下,右击 NTDS Settings,选择【所有任务】→【检查复制拓扑】命令。展开 DC1,右击 NTDS Settings,选择【所有任务】→【检查复制拓扑】命令。等待一分钟,然后重试步骤 9。

**STEP 10**　在【Active Directory 用户和计算机】中,右击 long.com,然后单击【更改域控制器】。

**STEP 11**　在【更改目录服务器】对话框中单击 dc3.long.com,如图 9-28 所示。然后单击【确定】按钮。

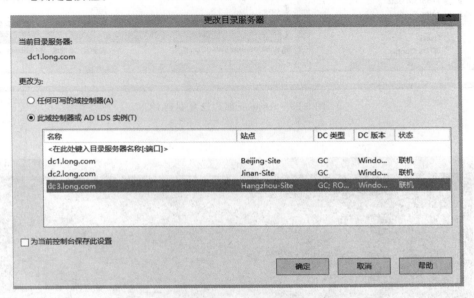

图 9-28　【更改目录服务器】对话框

**STEP 12**　在【Active Directory 域】服务消息中单击【确定】按钮。

**STEP 13**　展开 long.com,然后单击 Users。验证 testuser 账户已复制到 DC3,如图 9-29 所示。

**STEP 14**　关闭【Active Directory 用户和计算机】。

**3. 使用 DCDiag 命令验证复制拓扑**

**STEP 1**　在 DC1 上打开命令提示符。

**STEP 2**　在命令提示符下,输入 dcdiag /test:replications,然后按 Enter 键。

**STEP 3**　验证 DC1 已通过连接测试,如图 9-30 所示。

**4. 使用 Repadmin 命令验证复制成功**

**STEP 1**　在 DC1 上的命令提示符下输入 repadmin /showrepl,然后按 Enter 键。验证在上次复制更新期间,与 DC2 之间的复制成功,如图 9-31 所示。

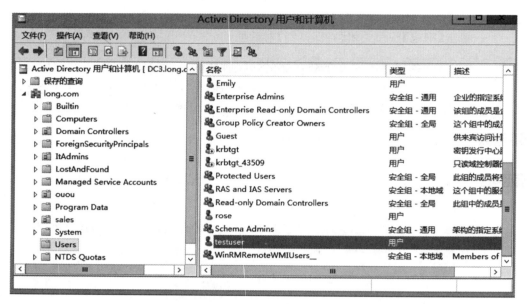

图 9-29　testuser 账户已复制到 DC3

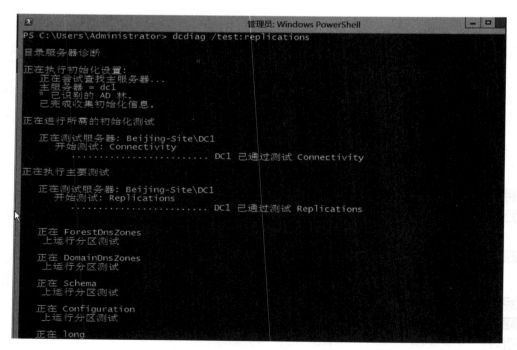

图 9-30　使用 DCDiag 命令验证复制拓扑

图 9-31 DC1 与 DC2 之间复制成功

**STEP 2** 在命令提示符下输入 repadmin /showrepl dc3. long. com,然后按 Enter 键。验证在上次复制更新期间,所有目录分区都更新成功。

**STEP 3** 在命令提示符下输入 repadmin /bridgeheads,然后按 Enter 键,验证 DC1 和 DC2 已作为其各自站点的桥头服务器列出,如图 9-32 所示。

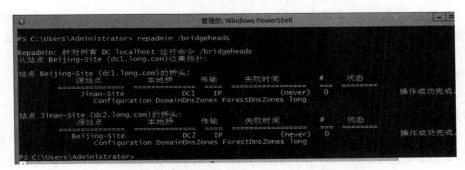

图 9-32 DC1 和 DC2 已作为其各自站点的桥头服务器列出

**STEP 4** 在命令提示符下输入 repadmin /replsummary,然后按 Enter 键。

**STEP 5** 查看复制摘要,如图 9-33 所示。然后关闭命令提示符,关闭所有虚拟机。

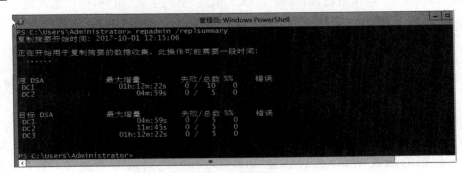

图 9-33 查看复制摘要

## 9.4　习题

**一、填空题**

1. 站点(Site)由_____所组成。

2. 一般来说,将一个 LAN 规划为_____,而将 WAN 中的各个 LAN 分别规划为_____。

3. AD DS 内大部分数据是利用_____来实现数据复制的。

4. AD DS 数据库被逻辑地分为下面几个目录分区:_____、_____、_____和_____。

5. 域控制器之间复制 AD DS 数据使用的复制协议有两种:_____和_____。

6. 默认情况下,所有 AD DS 站点链接都是_____,或者说是_____。

**二、选择题**

1. 公司有一个分部,该分部配置为单独的 Active Directory 站点,并且有一个 Active Directory 域控制器。该 Active Directory 站点需要本地全局编录服务器来支持某个新的应用程序。你需要将该域控制器配置为全局编录服务器,应该使用哪个工具?(　　)

　　A. Dcpromo.exe 实用工具　　　　　　B.【服务器管理器】控制台

　　C.【计算机管理】控制台　　　　　　D.【Active Directory 站点和服务】控制台

　　E.【Active Directory 域和信任】控制台

2. 公司有一个总部和 3 个分部。每一个总部和分部都配置为一个单独的 Active Directory 站点,且每个站点都有各自的域控制器。你禁用了某个拥有管理权限的账户。要将被禁用账户的信息立即复制到所有站点,可实现此目标的两种的方式是什么?(每个正确答案表示一个完整的解决方法。请选择两个正确答案。)(　　)

　　A. 使用 Dsmod.exe 将所有域控制器配置为全局编录服务器

　　B. 使用 Repadmin.exe 在站点连接对象之间强制进行复制

　　C. 从【Active Directory 站点和服务】控制台中选择现有的连接对象,并强制复制

　　D. 从【Active Directory 站点和服务】控制台中将所有域控制器配置为全局编录服务器

3. 公司有一个 Active Directory 域。公司有两台域控制器,分别名为 DC1 和 DC2,DC1 承载着架构主机角色。DC1 出现故障,你使用管理员账户登录到 Active Directory。因无法传送"架构主机"操作角色,需要确保 DC2 承载"架构主机"角色,你该怎么做?(　　)

　　A. 注册 schmmgmt.dll,启动"Active Directory 架构"管理单元

　　B. 将 DC2 配置为桥头服务器

　　C. 在 DC2 上获取"架构主机"角色

　　D. 先注销,然后隶属于 Schema Administrators 组的账户再次登录到 Active Directory,启动"Active Directory 架构"管理单元

4. 你有一个名为 site1 的现有 Active Directory 站点。已创建了一个新的 Active Directory 站点,并将其命名为 site2。要配置 site1 和 site2 之间的 Active Directory 复制,已安装了一台新的域控制器,然后创建 site1 和 site2 之间的站点链接,接下来该做什

么?(     )

A. 使用【Active Directory 站点和服务】控制台配置新的站点链接桥对象

B. 使用【Active Directory 站点和服务】控制台降低 site1 和 site2 之间的站点链接开销

C. 使用【Active Directory 站点和服务】控制台为 site2 分配一个新的 IP 子网。将新的域控制器对象移至 site2

D. 使用【Active Directory 站点和服务】控制台将新的域控制器配置为 site1 的首选桥头服务器

### 三、简答题

1. 如果站点中的单台域控制器出现故障,那么这会对 AD DS 管理员和用户有什么影响?

2. 如果同一个站点的同一个域内有 3 台域控制器,并且你在其中一台域控制器上创建了一个新用户,那么新用户在其他域控制器上出现需要多长时间?

3. 在什么情况下,压缩复制流量会有益处?

4. 默认情况下,AD DS 中创建了哪些应用程序分区?

5. 公司在一个站点的同一个域里有 3 台域控制器,另有 5 台域控制器属于同站点的另一个域。其中 4 台域控制器(每个站点各两台)配置为全局编录服务器。在该场景下,可以创建的连接对象最少数量是多少?

6. 创建多个站点有何利弊?

7. 如果将域控制器从一个站点移到另一个站点,那么复制拓扑会发生什么情况?

8. 你使用【Active Directory 站点和服务】将域控制器移到新站点,6 小时后,确定该域控制器与任何其他域控制器之间未发生复制,你应进行哪些检查?

9. 公司有两个站点和一个域,是否可以使用 SMTP 作为两个站点间的复制协议?

10. 在同一个域中部署了 9 台域控制器,其中的 5 台位于一个站点,另外 4 台位于另一个站点。没有修改站点内和站点间复制的默认复制频率,你在一台域控制器上创建一个用户账户,该用户账户复制到所有域控制器最多需要多少时间?

11. 你将一个新域控制器添加到林中的现有域,添加后,哪些 AD DS 分区将被修改?

12. 公司有一个域,域中有 3 个站点:一个总部站点和两个分部站点。分部站点中的域控制器可与总部的域控制器通信,但是由于防火墙的限制,不能与另一个分部的域控制器直接通信。如何在 AD DS 中配置站点链接体系结构以集成防火墙,并确保 KCC 不会在分部站点之间自动创建连接?

13. 公司有一个总部和 20 个分部。总部和每一个分部都配置为一个单独站点。总部部署了 3 台域控制器,其中一台域控制器的处理器比其他两台更快,内存也更大。要确保 AD DS 复制工作负荷分配到性能更强大的计算机上,你该怎么做?

# 实训项目   配置 AD DS 站点与复制

### 一、实训目的

• 掌握 AD DS 站点与子网的配置。

• 掌握配置 AD DS 复制。

- 掌握监视 AD DS 复制。

## 二、项目环境

参照图 9-5 所示。

## 三、项目要求

- 配置 AD DS 站点与子网。
- 配置 AD DS 复制。
- 监视 AD DS 复制。

## 四、实训指导

参照项目 9.3 完成本项目的实训,检查学习效果。

**项目背景**

　　在 AD DS 内有一些数据的维护与管理是由操作主机(Operations Master)来负责的,身为系统管理员的你必须彻底了解它们,才能够充分控制与维持域的正常运行。

**项目目标**

- 操作主机的知识。
- 操作主机的放置优化。
- 找出扮演操作主机角色的域控制器。
- 转移操作主机角色。
- 夺取操作主机角色。

## 10.1　相关知识

　　AD DS 数据库内绝大部分数据的复制是采用多主机复制模式,也就是可以直接更新任何一台域控制器内绝大部分的 AD DS 对象,之后这个对象会被自动复制到其他域控制器。

　　然而只有少部分数据的复制是采用单主机复制模式。在此模式下,当提出更改对象的请求时,只会由其中一台被称为操作主机的域控制器负责接收与处理此请求,也就是说该对象先被更新在这台操作主机内,再由它将其复制到其他域控制器。

　　Active Directory 域服务(AD DS)内总共有 5 个操作主机角色。

- 架构操作主机(Schema Operations Master)
- 域命名操作主机(Domain Naming Operations Master)
- RID 操作主机(RID,Relative Identifier Operations Master)
- PDC 模拟器操作主机(PDC Emulator Operations Master)
- 基础结构操作主机(Infrastructure Operations Master)

　　一个林中只有一台架构操作主机与一台域命名操作主机,这两个林级别的角色默认都由林根域内的第一台域控制器所扮演。而每一个域拥有自己的 RID 操作主机、PDC 模拟器操作主机与基础结构操作主机，这 3 个域级别的角色默认由该域内的第一台域控制器所扮演。

注意

①操作主机角色（Operations Master Roles）也被称为 Flexible Single Master Operations（FSMO）roles。②只读域控制器（RODC）无法扮演操作主机的角色。

## 10.1.1 架构操作主机

扮演架构操作主机角色的域控制器，负责更新与修改架构（schema）内的对象种类与属性数据。隶属于 Schema Admins 组内的用户才有权利修改架构。一个林中只能有一台架构操作主机。

## 10.1.2 域命名操作主机

扮演域命名操作主机角色的域控制器，负责林内域目录分区的新建与删除，即负责林内的域添加与删除工作。它也负责应用程序目录分区的新建与删除。一个林中只能有一台域命名操作主机。

## 10.1.3 RID 操作主机

每一个域内只能有一台域控制器来扮演 RID 操作主机角色，而其主要的工作是发放 RID（Relative ID）给其域内的所有域控制器。RID 有何用途呢？当域控制器内新建了一个用户、组或计算机等对象时，域控制器需指派一个唯一的安全标识符（SID）给这个对象，此对象的 SID 是由域 SID 与 RID 所组成的，也就是说"对象 SID＝域 SID＋RID"，而 RID 并不是由每台域控制器自己产生的，它是由 RID 操作主机来统一发放给其域内的所有域控制器。每台域控制器需要 RID 时，它会向 RID 操作主机索取一些 RID，RID 用完后再向 RID 操作主机索取。

由于是由 RID 操作主机来统一发放 RID，因此不会有 RID 重复的情况发生，也就是说每一台域控制器所获得的 RID 都是唯一的，因此对象的 SID 也是唯一的。如果是由每一台域控制器各自产生 RID，则不同的域控制器可能会产生相同的 RID，因而会有对象 SID 重复的情况发生。

## 10.1.4 PDC 模拟器操作主机

每一个域内只可以有一台域控制器来扮演 PDC 模拟器操作主机角色，而它所负责的工作包括支持旧客户端计算机、减少因为密码复制延迟所造成的问题和负责整个域时间的同步。

### 1. 支持旧客户端计算机

用户在域内的旧客户端计算机（如 Windows NT Server 4.0）上修改密码时，这个密码数据会被更新在 PDC（Primary Domain Controller，主域控制器）上，而 AD DS 通过 PDC 模拟器操作主机来扮演 PDC 的角色。

另外，若域内有 Windows NT Server 4.0 BDC（Backup Domain Controller，备份域控制

器），它会要求从 Windows NT Server 4.0 BDC 来复制用户账户与密码等数据，而 AD DS 通过 PDC 模拟器操作主机来扮演 BDC 的角色。

### 2. 减少因为密码复制延迟所造成的问题

当用户的密码变更后，需要一段时间这个密码才会被复制到其他所有的域控制器。若在这个密码还没有被复制到其他所有域控制器之前，用户利用新密码登录，则可能会因为负责检查用户密码的域控制器内还没有用户的新密码数据，而无法登录成功。

AD DS 采用下面的方法来减少这个问题发生的概率：当用户的密码变更后，这个密码会优先被复制到 PDC 模拟器操作主机，而其他域控制器仍然依照标准复制程序，也就是需要等一段时间后才会收到这个最新的密码。如果用户登录时，负责验证用户身份的域控制器发现密码不对，它会将验证身份的工作转发给拥有新密码的 PDC 模拟器操作主机，以便让用户可以登录成功。

### 3. 负责整个域时间的同步

域用户登录时，若其计算机时间与域控制器不一致，将无法登录，而 PDC 模拟器操作主机就负责整个域内所有计算机时间的同步工作。

- 结合前面的林结构，林根域 long.com 的 PDC 模拟器操作主机 DC1 默认使用本地计算机时间，也可以将其设置为与外部的时间服务器同步。
- 所有其他域的 PDC 模拟器操作主机的计算机时间会自动与林根域 long.com 内的 PDC 模拟器操作主机同步。
- 各域内的其他域控制器都会自动与该域的 PDC 模拟器操作主机时间同步。
- 域内的成员计算机会与验证其身份的域控制器同步。

由于林根域 long.com 内的 PDC 模拟器操作主机的计算机时间会影响到林内所有计算机的时间，因此请确保此台 PDC 模拟器操作主机时间的正确性。

我们可以利用“w32tm /query/configuration”命令来查看时间同步的设置，例如，林根域 long.com 的 PDC 模拟器操作机 DC1 默认使用本地计算机时间，如图 10-1 所示是 Local CMOS Clock（主板上的 CMOS 定时器）。

图 10-1　Local CMOS Clock（主板上的 CMOS 定时器）

若要将其改为与外部时间服务器同步，可执行下面命令（见图 10-2），重启计算机后生效。

```
w32tm /config /manualpeerlist:"time.windows.com time.nist.gov time-nw.nist.gov" /
syncfromflags:manual /reliable:yes /update
```

```
PS C:\Users\Administrator> w32tm /config /manualpeerlist:"time.windows.com time.nist.gov time-nw.nist.gov" /syncfromflag
s:manual /reliable:yes /update
成功地执行了命令。
PS C:\Users\Administrator> w32tm /query /source
time.nist.gov
PS C:\Users\Administrator>
```

图 10-2　改为与外部时间服务器同步

此命令被设置成可与 3 台时间服务器（time. windows. com、time. nist. gov 与 time-nw. nist. gov）同步，服务器的 DNS 主机名之间使用空格来隔开，同时利用""符号将这些服务器括起来。

**思考**：其他计算机如果要和 dc1. long. com 域控制器时间同步，该如何做？

w32tm /config /manualpeerlist:"dc1. long. com" /syncfromflags:manual /reliable:yes /update

客户端计算机也可以通过 w32tm /query /configuration 命令来查看时间同步的设置，而我们可以从此命令的结果界面（见图 10-3）的 Type 字段来判断此客户端计算机时间的同步方式，未加入域的客户端计算机可能需要先启动 Windows Time 服务，再来执行上述程序，而且必须以系统管理员的身份来运行此程序。

图 10-3　客户端计算机时间的同步方式

- NoSync：表示客户端不会同步时间。
- NTP：表示客户端会从外部的时间服务器来同步，而所同步的服务器会显示在图 10-3 中的 NtpServer 字段中，例如，图 10-3 中的 time. windows. com。
- NT5DS：表示客户端是通过图 10-1 的域架构方式来同步时间的。
- AIISync：表示客户端会选择所有可用的同步机制，包含外部时间服务器与域架构方式。

## 10.1.5　基础结构操作主机

每一个域内只能有一台域控制器来扮演基础结构操作主机的角色。如果域内有对象引用到其他域的对象时，基础结构操作主机会负责更新这些引用对象的数据，例如，本域内有一个组的成员包含另外一个域的用户账户，当这个用户账户有变动时，基础结构操作主机便会负责来更新这个组的成员信息，并将其复制到同一个域内的其他域控制器。

基础结构操作主机通过全局编录服务器来得到这些引用数据的最新版本，因为全局编录服务器会收到由每一个域所复制来的最新变动数据。

## 10.1.6　操作主机的放置建议

默认情况：架构操作主机和域命名操作主机在根域的第一台 DC 上，其他 3 台主机（RID 操作主机、PDC 模拟器操作主机、基础结构操作主机）角色在各自域的第一台 DC 上。

需要关注的两个问题如下。

（1）基础结构主控和 GC 的冲突。基础结构主控应该关闭 GC 功能，避免冲突（域控制器非唯一）。

（2）域运行的性能考虑。如果存在大量的域用户和客户机，并且部署了多台额外域控制器，那么可以考虑将域的角色转移一些到其他的额外域控制器上以分担部分工作。

# 10.2　项目设计及准备

## 10.2.1　项目设计

未名公司基于 AD 管理用户和计算机，为提高客户登录和访问域控制器效率，公司安装了多台额外域控制器，并启用全局编录。

在 AD 运营一段时间后，随着公司用户和计算机数量的增加，公司发现用户 AD 主域控制器 CPU 经常处于繁忙状态，而额外域控制器则只有不到 5%。公司希望额外域控制器能适当分担主域控制器的负载。

某次意外，突然导致主域控制器崩溃，并无法修复，公司希望能通过额外域控制器修复域功能，保证公司的生产环境能够正常运行。公司拓扑如图 10-4 所示。

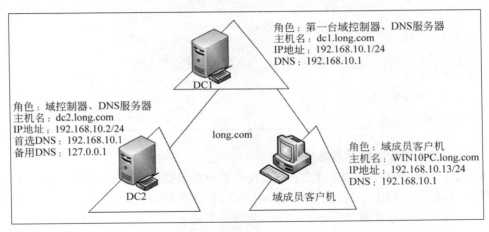

图 10-4　管理操作主机示意图

## 10.2.2　项目准备

（1）AD 额外域控制器启用全局编录后，用户可以选择最近的 GC 查询相关对象信息，并且它还可以让域用户和计算机找到最近的域控制器并完成用户的身份验证等工作，这样可以减轻主域控制器的工作负载量。

（2）AD 域控制器存在 5 种角色，如果没有将角色转移到其他域控制器上，则主域控制器会非常繁忙，所以通常将这 5 种角色"转移"一部分到其他额外域控制器上，这样各域控制器的 CPU 负担就相对均等，起到负载均衡作用。

（3）额外域控制器和主域控制器数据完全一致，具有 AD 备份作用，如果主域控制器崩溃，可以将主域控制器的角色"强占"到额外域控制器，让额外域控制器自动成为主域控制器。

（4）如果后期主域控制器修复，那么可以再将角色"转移"至原主域控制器上。

根据本项目背景,我们将从以下 3 种操作来知道域管理员完成角色管理的相关工作。

① 在域控制器都正常运行情况下,使用图形界面将主域控制器(DC1)的角色转移至额外域控制器(DC2)。

② 在域控制器都正常运行情况下,使用 ntdsutil 命令将额外域控制器(DC2)的角色转移至主域控制器(DC1)。

③ 关闭主域控制器(模拟主域控制器故障),使用 ntdsutil 命令将主域控制器(DC1)的角色强占至额外域控制器(DC2)。

# 10.3 项目实施

## 10.3.1 任务 1 使用图形界面转移操作主机角色

不同的操作主机角色可以利用不同的 Active Directory 管理控制台来检查,如表 10-1 所示。

表 10-1 主机角色及对应的管理控制台

| 角 色 | 管理控制台 |
|---|---|
| 架构操作主机 | Active Directory 架构 |
| 域命名操作主机 | Active Directory 域及信任 |
| RID 操作主机 | Active Directory 用户和计算机 |
| PDC 模拟器操作主机 | Active Directory 用户和计算机 |
| 基础结构操作主机 | Active Directory 用户和计算机 |

**1. 找出架构操作主机并转移至 DC2**

利用【Active Directory 架构】控制台来找出当前扮演架构操作主机角色的域控制器。

**STEP.1** 到域控制器上登录、注册 schmmgmt.dll,才可使用【Active Directory 架构】控制台。若尚未注册 schmmgmt.dll,先执行下面命令:

```
regsvr32 schmmgmt.dll
```

并在出现注册成功界面后,再继续下面的步骤。

**STEP 2** 在【开始】菜单打开的【运行】对话框中输入 MMC 后单击【确定】按钮。选择【文件】→【添加/删除管理单元】命令,在图 10-5 中选择【Active Directory 架构】,单击【添加】按钮,再单击【确定】按钮。

**STEP 3** 如图 10-6 所示,选中【Active Directory 架构】并右击,然后选择【操作主机】命令。

**STEP 4** 从图 10-7 中可知,架构操作主机为 dc1.long.com。

**STEP 5** 在图 10-6 的【Active Directory 架构】控制台中,选中【Active Directory 架构】并右击,选中【更改 Active Directory 域控制器】命令。单击【确定】按钮,修改当前目录服务器为 dc2.long.com,如图 10-8 所示。

**STEP 6** 单击【确定】按钮回到【Active Directory 架构】控制台中,选中【Active Directory 架构】(dc2.long.com)并右击,选择【操作主机】命令。如图 10-9 所示,单击【更改】按钮,

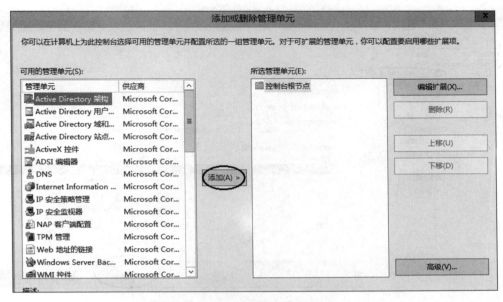

图 10-5　添加或删除管理单元

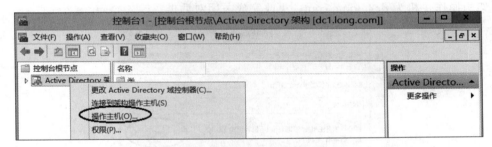

图 10-6　【Active Directory 架构】控制台

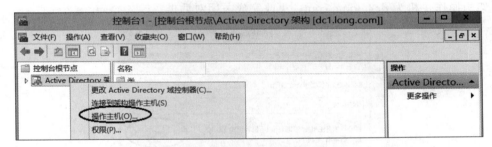

图 10-7　【更改架构主机】对话框

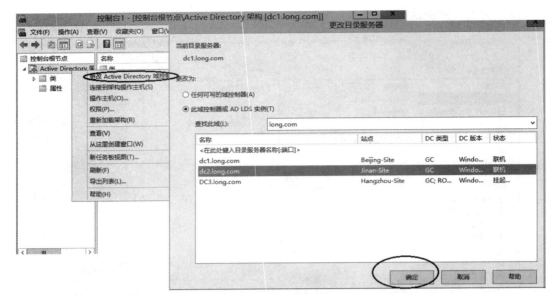

图 10-8　更改 Active Directory 域控制器

修改架构操作主机为 dc2.long.com。更改完成关闭对话框。

图 10-9　再次更改架构主机

### 2. 找出域命名操作主机并转移至 DC2

**STEP 1**　找出当前扮演域命名操作主机角色的域控制器的方法：依次选择【开始】→【管理工具】→【Active Directory 域和信任关系】命令，如图 10-10 所示，选中【Active Directory 域和信任关系】并右击，选择【操作主机】命令，在打开的对话框中将【域命名操作主机】设置为 dc1.long.com。

**STEP 2**　更改当前的目录服务器为 dc2。依次选择【开始】→【管理工具】→【Active Directory 域和信任关系】命令。如图 10-11 所示，选中【Active Directory 域和信任关系】并右击，选择【更改 Active Directory 域控制器】。更改完成回到【Active Directory 域和信任关系】控制台。

图 10-10　将域命名操作主机设为 dc1. long. com

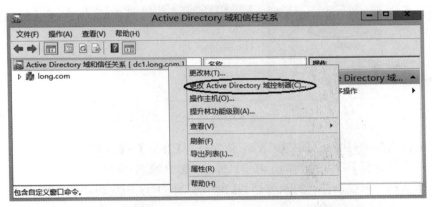

图 10-11　【更改 Active Directory 域控制器】命令

**STEP 3**　选中【Active Directory 域和信任关系】并右击,选择【操作主机】命令,打开【操作主机】对话框,如图 10-12 所示,单击【更改】按钮,修改域命名操作主机为 dc2. long. com。更改完后关闭对话框。

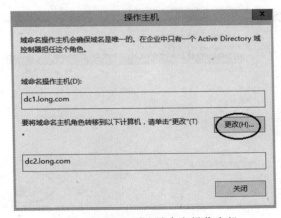

图 10-12　继续更改域命名操作主机

### 3．找出 RID、PDC 与【基础结构】选项卡的操作主机

**STEP 1** 找出当前扮演这 3 台操作主机角色的域控制器的方法：依次选择【开始】→【管理工具】→【Active Directory 用户和计算机】命令。如图 10-13 所示，选中域名（long. com）并右击，选择【操作主机】命令，在打开对话框的 RID 选项卡中将【操作主机】改为 dc1. long. com，还可以从 PDC 与【基础结构】选项卡中得知扮演这两个角色的域控制器。

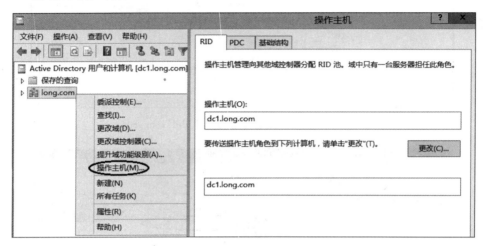

图 10-13　在 RID 选项卡中的操作主机

**STEP 2** 更改当前的目录服务器为 DC2：依次选择【开始】→【管理工具】→【Active Directory 用户和计算机】命令，如图 10-14 所示，选中域名（long. com）并右击，更改 Active Directory 域控制器。更改完回到【Active Directory 用户和计算机】控制台。

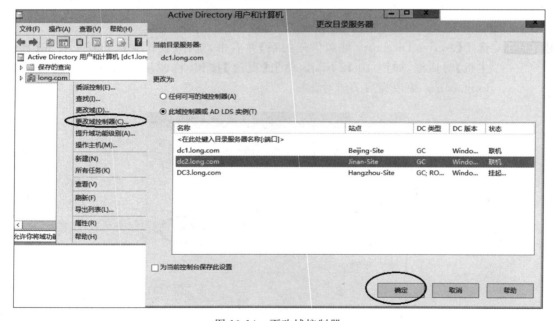

图 10-14　更改域控制器

**STEP 3** 选中【Active Directory 用户和计算机】并右击,选择【操作主机】命令。如图 10-15 所示,单击【更改】按钮,修改 RID 选项卡中的操作主机为 dc2. long. com。更改完成后关闭对话框。

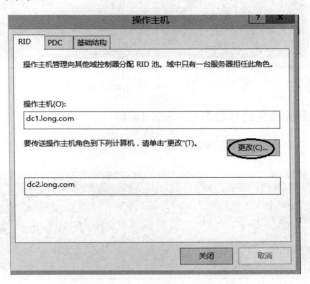

图 10-15　更改 RID 选项卡中的操作主机

**STEP 4** 在图 10-15 中,分别选中 PDC 和【基础结构】选项卡,用同样的方式可以更改 PDC 和【基础结构】选项卡中的操作主机为 dc2. long. com,如图 10-16 所示。

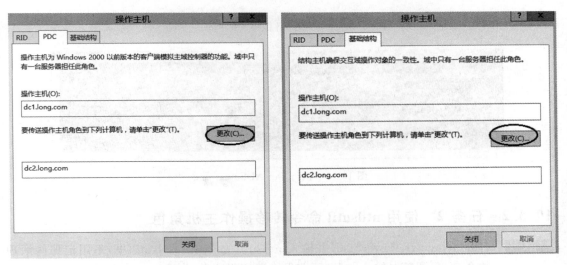

图 10-16　更改 PDC 和【基础结构】选项卡中的操作主机

**4. 利用命令找出扮演操作主机角色的域控制器**

(1) 可以打开命令提示符或 Windows PowerShell 窗口,然后通过执行 netdom query fsmo 命令来查看扮演操作主机角色的域控制器,如图 10-17 所示。

(2) 也可以在 Windows PowerShell 窗口内通过执行下面的 Get-ADDomain 命令来查

图 10-17　执行 netdom query fsmo 命令

看扮演域级别操作主机角色的域控制器（见图 10-18）。

Get-ADDomain　long.com | FT　PDCEmulator,RIDMaster,InfrastructureMaster

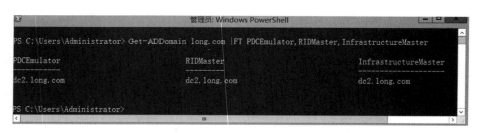

图 10-18　执行 Get-ADDomain 命令

（3）或是通过执行下面的 Get-ADForest 命令来查看扮演林级别操作主机角色的域控制器（见图 10-19）。

Get-ADForest　long.com | FT SchemaMaster,DomainNamingMaster

图 10-19　执行 Get-ADForest 命令

## 10.3.2　任务 2　使用 ntdsutil 命令转移操作主机角色

**STEP 1**　打开 Windows PowerShell 并输入 ntdsutil 命令，在 ntdsutil 里，不用记那些烦琐的命令，只要随时输入"?"即可获得中文解释信息，如图 10-20 所示。

**STEP 2**　Roles 命令可以管理 NTDS 角色所有者令牌，输入 roles 命令进入 roles 状态下，我们首先要使用 connections 命令来连接到操作主机转移的目标域控制器，这里要将额外域控制器（DC2）的角色转移至主域控制器（DC1），所以应该输入"connect to server dc1.long.com"，如图 10-21 和图 10-22 所示。

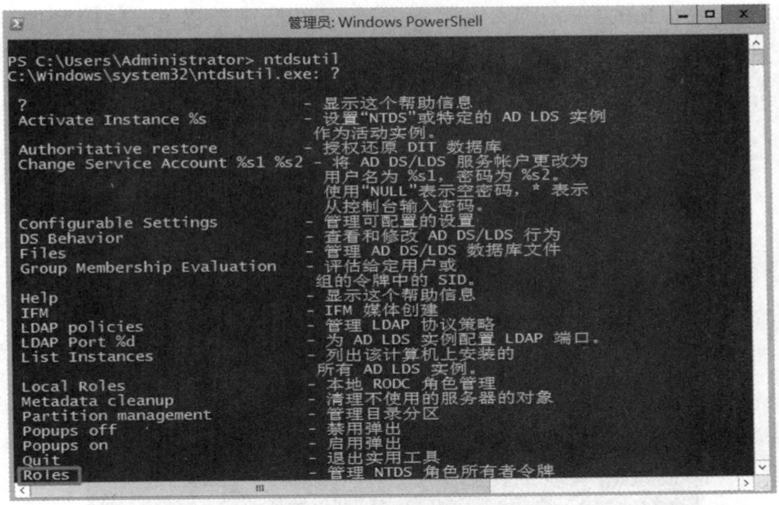

图 10-20　ntdsutil 命令

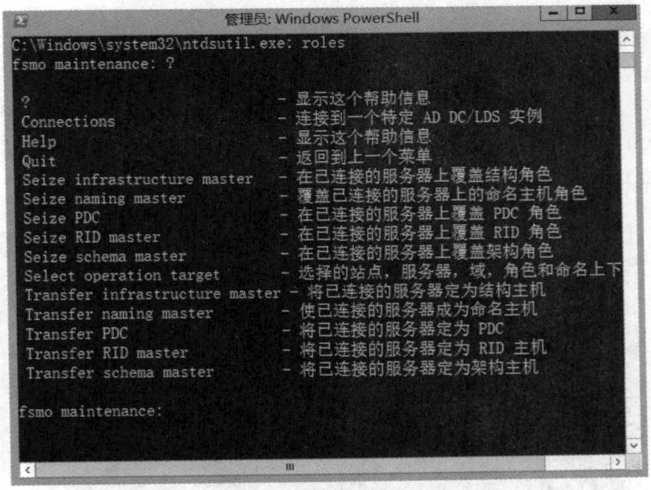

图 10-21　进入 roles 状态

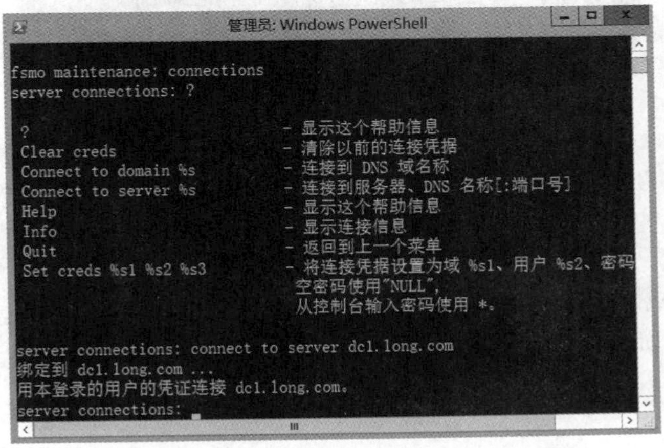

图 10-22　连接目标域控制器

**STEP 3** 连接到 dc1.long.com 后，使用 quit 命令返回上级菜单，使用"?"命令列出当前状态下的所有可执行指令，可以发现转移 5 种操作主机角色只需简单执行 5 条命令即可，如图 10-23 所示。

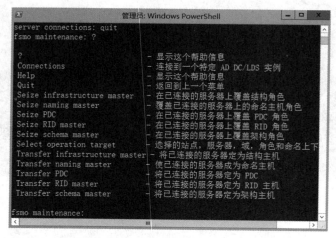

图 10-23　转移操作主机命令

**STEP 4** 在 Windows PowerShell 里用【复制】和【粘贴】命令将 5 个角色都转移至 dc1.long.com 中，转换过程会出现【角色传送确认】对话框，单击【是】按钮确认传送即可，如图 10-24 所示。

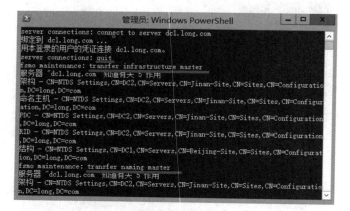

图 10-24　转移操作主机

**提示** 　　5 种角色的转移命令为 transfer infrastructure master、transfer naming master、transfer PDC、transfer RID master、transfer schema master。

**STEP 5** 转移完成之后，用两次 quit 命令，然后使用 netdom query fsmo 命令查看操作主机的信息，如图 10-25 所示。

图 10-25　查看操作主机

## 10.3.3　任务 3　使用 ntdsutil 命令强占操作主机角色

**STEP 1**　将主域控制器（DC1）的网卡禁用，模拟主域控制器出现故障，在额外域控制器（DC2）测试能否 ping 通 DC1，如图 10-26 所示。

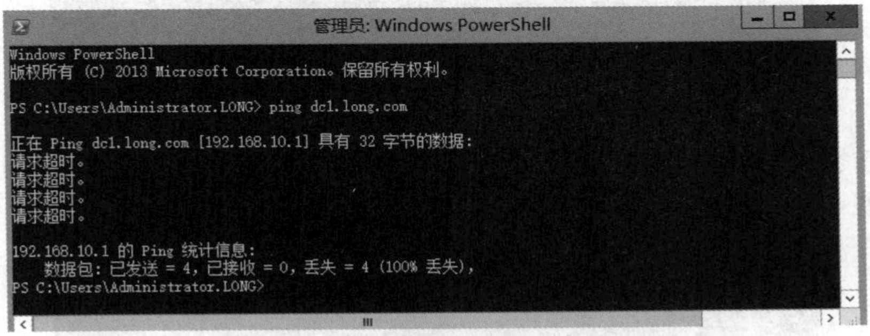

图 10-26　测试能否 ping 通 DC1

**STEP 2**　在额外域控制器（DC2）上打开 Windows PowerShell 并输入 ntdsutil 命令，再输入 roles 命令进入 roles 状态下，这里我们连接额外域控制器（DC2），所以应该输入 connect to server dc2.long.com，如图 10-27 所示。

图 10-27　连接额外域控制器

**STEP 3**　首先使用安全的转移方法来传送，会报错，因为已经无法和 dc1.long.com 通信了，也就不能在安全情况下进行转移了，如图 10-28 所示。

**STEP 4**　不能正常转移操作主机，那只能进行强占操作主机，同样输入"?"命令可以看到以下 5 条强占操作主机的命令，如图 10-29 所示。

**STEP 5**　先进行架构操作主机的占用，在 Windows PowerShell 里输入 seize infrastructure master，在弹出的角色占用确认对话框中单击【是】按钮，确认强占即可。强占之

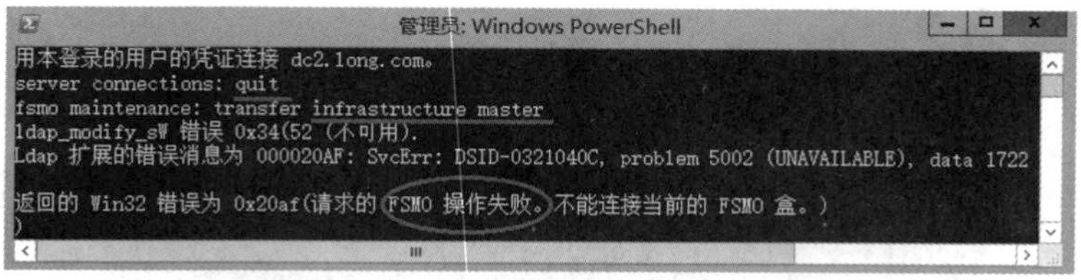

图 10-28　安全转移操作主机失败

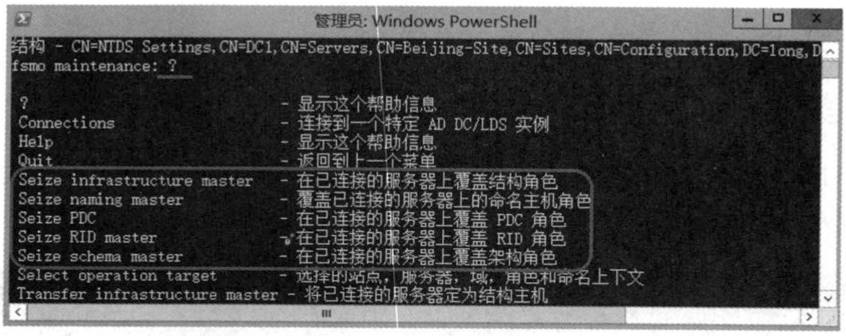

图 10-29　强占操作主机的命令

前会尝试安全传送，如果安全传送失败，就进行强占，整个过程时间稍微长了一些，大概 2 分钟，如图 10-30 所示。

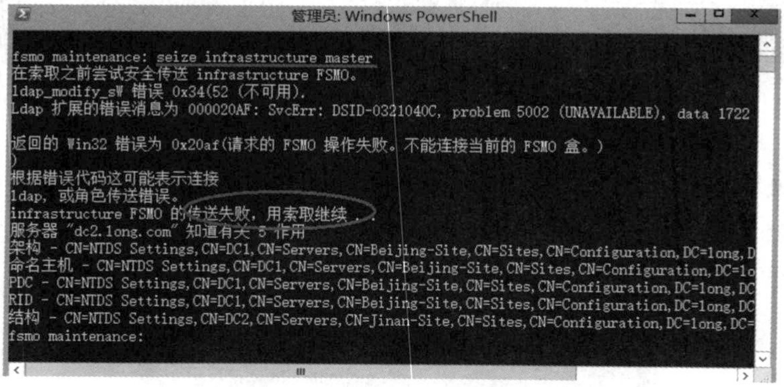

图 10-30　强占操作主机

**STEP 6**　使用同样的方式将其他 4 台操作主机进行强占，强占完成之后，使用 netdom query fsmo 查看操作主机的信息，如图 10-31 所示。

图 10-31　查看操作主机

## 10.4　习题

### 一、填空题

1. AD DS 数据库内绝大部分数据的复制是采用_____,只有少部分数据的复制是采用_____。

2. Active Directory 域服务(AD DS)内总共有 5 种操作主机角色:_____、_____、_____、_____和_____。

3. 一个林中只有一台_____与一台_____,这两个林级别的角色默认都由_____所扮演。而每一个域拥有自己的_____、_____与_____,这 3 个域级别的角色默认由_____所扮演。

4. 注册 schmmgmt. dll,要执行命令_____。

5. 使用_____命令转移操作主机角色。roles 命令可以_____,使用_____命令来连接到操作主机转移的目标域的域控制器,要将额外域控制器(DC2)的角色转移至主域控制器(DC1),应该输入_____。5 种角色的转移命令如下:_____、_____、_____、_____、_____。

6. 使用_____命令可以查看操作主机的信息。

7. 架构操作主机的占用,需要在 Windows PowerShell 里输入_____命令。

### 二、简答题

1. AD 中有多少种操作主控角色?它们的功能和作用分别是什么?

2. 为什么基础结构主控不能启用 GC 功能?

3. 操作主机的放置如何优化?

# 实训项目　管理操作主机

### 一、实训目的
- 找出扮演操作主机角色的域控制器。
- 转移操作主机角色。
- 强占操作主机角色。

### 二、项目环境
参照图 10-4 所示。

### 三、项目要求
- 使用图形界面转移操作主机角色。
- 使用 ntdsutil 命令转移操作主机角色。
- 使用 ntdsutil 命令强占操作主机角色。

### 四、实训指导
参照项目 10 完成项目的实训,检查学习效果。

# 项目 11
# 维护 AD DS

## 项目背景

　　为了维持域环境的正常运行,因此应该定期备份 AD DS(Active Directory 域服务)的相关数据。同时为了保持 AD DS 的运行效率,因此也应该充分了解 AD DS 数据库。

## 项目目标

- 系统状态概述。
- 备份 AD DS。
- 还原 AD DS。
- 移动 AD DS 数据库。
- 重组 AD DS 数据。
- 重设"目录服务还原模式"的系统管理员密码。

# 11.1　相关知识

## 11.1.1　系统状态概述

　　Windows Server 2012 R2 服务器的系统状态内所包含的数据,因服务器所安装的角色种类的不同而有所不同,如其中可能包含下面的数据。

- 注册值;
- COM+类别注册数据库(Class Registration database);
- 启动文件(boot files);
- Active Directory 证书服务(AD CS)数据库;
- AD DS 数据库(ntds.dit);
- SYSVOL 文件夹;
- 群集服务信息;
- Microsoft Internet Information Services(IIS)元信息目录;
- 受 Windows Resource Protection 保护的系统文件。

## 11.1.2　AD DS 数据库

AD DS 内的组件主要有 AD DS 数据库文件与 SYSVOL 文件夹,其中 AD DS 数据库文件默认位于%systemroot%\NTDS 文件夹内,如图 11-1 所示。

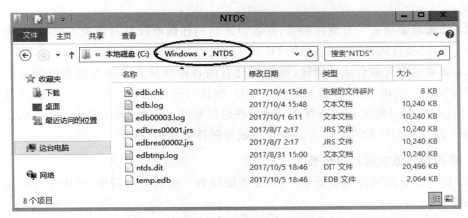

图 11-1　AD DS 数据库

- ntds.dit:AD DS 数据库文件,存储着此台域控制器的 AD DS 内的对象。
- edb.log:它是 AD DS 事务日志(扩展名.log 默认会被隐藏),容量大小为 10 MB。当要更改 AD DS 内的对象时,系统会先将变更数据写入内存(RAM)中,然后等系统空闲或关机时,再根据内存中的记录将更新数据写入 AD DS 数据库(ntds.dit)。这种先在内存中处理的方式,可提高 AD DS 工作效率。系统也会将内存中数据的变化过程写入事务日志内(edb.log)。若系统不正常关机(如断电),以至于内存中尚未被写入 AD DS 数据库的更新数据遗失时,系统就可以根据事务日志来推算出不正常关机前在内存中的更新记录,并将这些记录写入 AD DS 数据库。如果事务日志填满了数据,则系统会将其改名,例如 edb00001.log、edb00002.log……并重新建立一个事务日志。
- edb.chk:它是检查点(checkpoint)文件。每一次系统将内存中的更新记录写入 AD DS 数据库时,都会一并更新 edb.chk。它会记载事务日志的检查点。如果系统不正常关机,以至于内存中尚未被写入 AD DS 数据库的更新记录遗失,则下一次开机时,系统便可以根据 edb.chk 来得知需要从事务日志内的哪一个变动过程开始,来推算出不正常关机前内存中的更新记录,并将它们写入 AD DS 数据库。
- edbres00001.jrs 与 edbres00002.jrs:这两个是预留文件,未来如果硬盘的空间不够时可以使用这两个文件,每个文件都是 10MB。

## 11.1.3　SYSVOL 文件夹

SYSVOL 文件夹位于%systemroot%内,此文件夹内存储着下列数据:脚本文件(scripts)、NETLOGON 共享文件夹、SYSVOL 共享文件夹与组策略相关设置。

活动目录的备份一般使用微软自带的备份工具 Windows Server Backup 进行备份,活动目录有两种恢复模式:非授权还原和授权还原。

### 11.1.4　非授权还原

**1. 非授权还原**

非授权还原可以恢复活动目录到它备份时的状态,执行非授权还原后,有以下两种情况。

(1)如果域中只有一台域控制器,在备份之后的任何修改都将丢失。例如,备份后添加了一个 OU,则执行还原后,新添加的 OU 不存在。

(2)如果域中有多台域控制器,则恢复已有的备份并从其他域控制器复制活动目录对象的当前状态。例如,备份后添加了一个 OU,则执行还原后,新添加的 OU 会从其他域控制器上复制过来,因此该 OU 还存在。如果备份后删除了一个 OU,则执行还原后也不会恢复该 OU,因为该 OU 的删除状态会从其他域控制器上复制过来。

**2. 非授权还原实际应用场景**

(1)如果企业的域控制器正常,只是想要还原到之前的一个备份,使用非授权还原可以轻易完成。

(2)如果企业的域控制器出现崩溃且无法修复时,可以将服务器重新安装系统并升级为域控制器(IP 地址和计算机名不变),然后通过目录服务还原模式并利用之前备份的系统状态进行还原。

### 11.1.5　授权还原

当企业部署了额外域控制器时,如果主域控制器的内容和额外域控制器的内容不相同时,它们怎样进行数据同步呢?

**1. 域控制器数据同步**

当域控制器发现 Active Directory 的内容不一致时,它们会通过比较 AD 的优先级来决定使用哪台 DC 的内容。Active Directory 的优先级比较主要考虑以下 3 个方面的因素。

(1)版本号:版本号指的是 Active Directory 对象修改时增加的值,版本号高者优先。例如,域中有两台域控制器 DC1 和 DC2,当 DC1 创建了一个用户,版本号会随之增加,所以 DC2 会和 DC1 进行版本号比较,发现 DC1 的版本号要高些,所以 DC2 就会向 DC1 同步 Active Directory 内容。

(2)时间:如果 DC1 和 DC2 两台域控制器同时对同一对象进行操作,由于操作间隔相对很小,系统还来不及同步数据,因此它的版本号就是相同的。这种情况下两台域控制器就要比较时间因素,看哪台域控制器完成修改的时间靠后,时间靠后者优先。

(3)GUID:如果 DC1 和 DC2 两台域控制器的版本号和时间都完全一致,这时就要比较两台域控制器的 GUID 了,显然这完全是个随机的结果。一般情况下,时间完全相同的非常罕见,因此 GUID 这个因素只是一种备选方案。

授权还原就是通过增加时间版本,使得 AD1 授权恢复的数据变得更新而实现将误操作的数据推送给其他 AD,而还原点时间之后新增加的操作由于并不在备份文件中,会从其他 DC 重新写入 AD1 中。

## 2. 授权还原实际应用场景

当企业部署了多台域控制器时,如果想通过还原来恢复之前被误删的对象时,可以使用授权还原。

如果企业有多台域控制器,将一台域控制器还原至一个旧的还原点时,之前的误删对象会暂时被还原,但是因为这台域控制器被还原到了一个旧的还原点,当接入域网络时,便会和其他域控制器进行版本比较,发现自己的版本较低便会同步其他域控制器的 AD 内容,将还原回来的对象再次删除,这样便无法还原被误删的对象。如果可以通过授权还原,也就是通过更改需要还原的对象的版本号,将其值增加 10 万,使得它的版本号非常高,当接入网络时,其他的 AD 域将会因为版本低而同步这个对象,从而实现误删对象的还原。

## 3. 授权还原实例描述

若域内只有一台域控制器,则只需执行非授权还原即可。但是若域内有多台域控制器,则可能还需执行授权还原。

例如,域内有两台域控制器 DC1 与 DC2,而且你曾经备份域控制器 DC2 的系统状态,可是今天不小心利用【Active Directory 管理中心】控制台将用户账户 test_user2 删除了,之后这个变更数据会通过 AD DS 复制机制被复制到域控制器 DC1,因此在域控制器 DC1 内的 MIKE 账户也会被删除。

当将用户账户删除后,此账户并不会立刻从 AD DS 数据库内删除,而是被移动到 AD DS 数据库内一个名称为 Deleted Objects 的容器内,同时这个用户账户的版本号会被加 1。

若要找回被不小心删除的 test_user2 账户,可能会在域控制器 DC2 上利用标准的非授权还原来将之前已经备份的旧 test_user2 账户恢复,可是虽然在域控制器 DC2 内的 test_user2 账户已经被恢复,但是在域控制器 DC1 内的 test_user2 却是被标记为已删除的账户,请问下一次 DC1 与 DC2 之间执行 Active Directory 复制程序时,将会有什么样的结果呢?

答案是在 DC2 内刚被恢复的 test_user2 账户会被删除,因为对系统来说,DC1 内被标记为已删除的 test_user2 的版本号较高,而 DC2 内刚复原的 test_user2 是旧的数据,其版本号较低。两个对象有冲突时,系统会以戳记(stamp)来作为解决冲突的依据,因此版本号较高的对象会覆盖掉版本号较低的对象。

若要避免上述现象发生,需要另外再执行授权还原。当在 DC2 上针对 test_user2 账户另外执行授权还原后,这个被恢复的旧 test_user2 账户的版本号将被增加,而且是从备份当天开始到执行授权还原为止,每天增加 100000,因此当 DC1 与 DC2 开始执行复制工作时,由于位于 DC2 的旧 test_user2 账户的版本号会比较高,所以这个旧 test_user2 会被复制到 DC1,将 DC1 内被标记为已删除的 test_user2 覆盖掉,也就是说旧 test_user2 被恢复了。

## 11.2  项目设计及准备

### 11.2.1  项目设计

未名公司基于 Windows Server 2012 活动目录管理公司员工和计算机。活动目录的域控制器负责维护域服务，如果活动目录的域控制器由于硬件或软件方面原因不能正常工作时，用户将不能访问所需的资源或者登录到网络上，更为重要的是，这将导致公司网络中所有与 AD 相关的业务系统、生产系统等都会停滞。通过定期对 AD DS 进行备份，当 AD 出现故障或问题时，就可以通过备份文件进行还原，修复故障或解决问题。因此，公司希望管理员定期备份 AD 活动目录服务。公司拓扑如图 11-2 所示（注意：DC1 和 DC2 位于同一站点）。

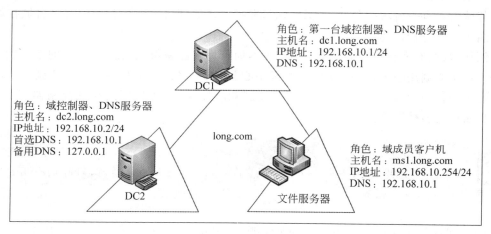

角色：第一台域控制器、DNS服务器
主机名：dc1.long.com
IP地址：192.168.10.1/24
DNS：192.168.10.1

DC1

角色：域控制器、DNS服务器
主机名：dc2.long.com
IP地址：192.168.10.2/24
首选DNS：192.168.10.1
备用DNS：127.0.0.1

DC2

long.com

角色：域成员客户机
主机名：ms1.long.com
IP地址：192.168.10.254/24
DNS：192.168.10.1

文件服务器

图 11-2  公司拓扑图

### 11.2.2  项目准备

根据企业项目需求，下面通过以下操作模拟企业 AD 的备份与还原过程。

（1）在技术部 OU 中创建两个用户 test_user1 和 test_user2，并对域控制器进行备份。

（2）在部署单台域控制器环境中使用非授权还原被误删的技术部 OU 中的 test_user1 用户。

（3）在部署多台域控制器环境中使用授权还原被误删的技术部 OU 中的 test_user2 用户。

（4）移动与重组 AD DS 数据库。

（5）重设"目录服务还原模式"的系统管理员密码。

（6）配置 Active Directory 回收站。

# 11.3 项目实施

## 11.3.1 任务 1 备份 AD DS(dc1.long.com)

你应该定期备份域控制器的系统状态,以便当域控制器的 AD DS 损坏时,可以通过备份数据来恢复域控制器。

**STEP 1** 首先需要添加 Windows Server Backup 功能。打开【服务器管理器】主窗口,单击【添加角色和功能】选项,持续单击【下一步】按钮,直到出现如图 11-3 所示的界面时,选中 Windows Server Backup,单击【下一步】按钮和【安装】按钮。

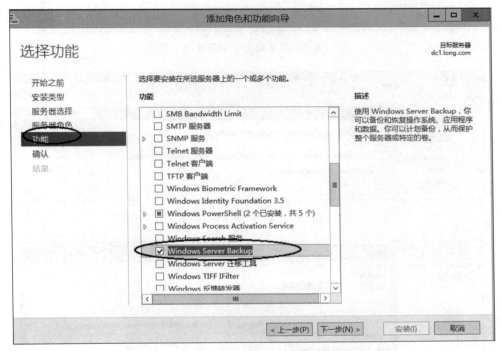

图 11-3 添加 Windows Server Backup 功能

**STEP 2** 在文件服务器(192.168.10.254)中创建一个名为 backup 的共享。

**STEP 3** 在 DC1 上的技术部 OU 下新建两个用户,分别为 test_user1 和 test_user2,如图 11-4 所示。

**STEP 4** 在 DC1 的【服务器管理器】主窗口下单击【工具】下的 Windows Server Backup,在打开的对话框中右击【本地备份】,在弹出的快捷菜单中选择【一次性备份】选项,如图 11-5 所示。

**STEP 5** 在弹出的【一次性备份向导】对话框中的【备份选项】中选择【其他选项】命令并进入下一步,在【选择备份配置】中选择【自定义】命令并进入下一步,在【选择要备份的项】中选择【添加项目】命令,在弹出的【选择项】对话框中选中【系统状态】复选框,如图 11-6 所示。

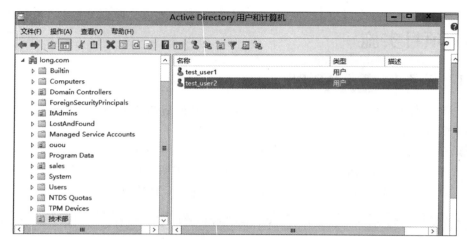

图 11-4　在技术部 OU 下新建两个用户

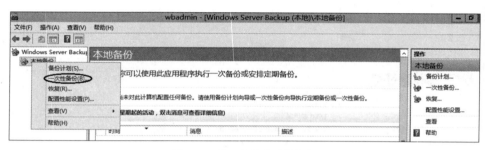

图 11-5　【一次性备份】命令

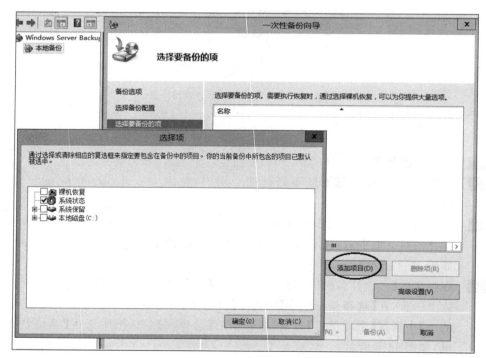

图 11-6　备份系统状态

**STEP 6**    在【指定目标类型】中选择【远程共享文件夹】命令并进入下一步,在【指定远程文件夹】中的位置输入"\\192.168.10.254\backup"并单击【下一步】按钮,确认后单击【备份】按钮进行备份,如图 11-7 所示。

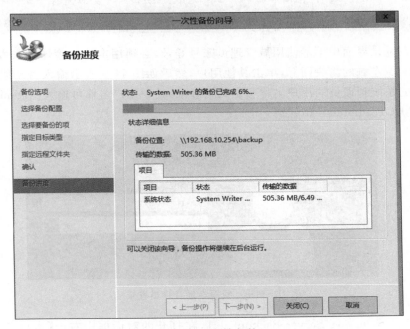

图 11-7    开始备份

## 11.3.2    任务 2    非授权还原(恢复 DC1 系统状态)

**STEP 1**    在 dc1.long.com 上将技术部 OU 下 test_user1 用户删除。

**STEP 2**    重启域控制器 DC1,按 F8 键进入高级启动选项,选择【目录服务修复模式】选项,如图 11-8 所示。

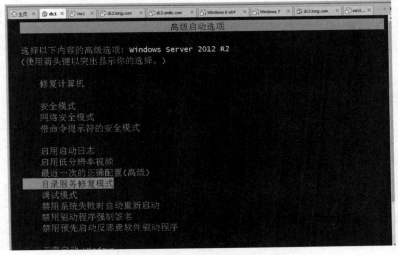

图 11-8    选择【目录服务修复模式】选项

①若要使用虚拟机，按 F8 键前先确认焦点是在虚拟机上。②也可以执行 bcdedit /set safeboot dsrepair 命令，不过以后每次启动计算机时，都会进入目录服务修复模式的登录界面，因此在完成 AD DS 恢复程序后，可执行 bcdedit / deletevalue safeboot 命令，以便之后启动计算机时重新以常规模式来启动系统。

**STEP 3** 在登录界面中不能使用域管理员账号登录，必须用本地的管理员账号登录。单击人像左侧的箭头图标，单击其他用户，然后如图 11-9 所示输入目录服务还原模式的系统管理员的用户名称与密码来登录，其中用户名称可输入"\administrator"或"DC1\administrator"。

图 11-9　使用本地管理员登录

**STEP 4** 打开 Windows Server Backup 工具，在打开的对话框中右击【本地备份】，在弹出的快捷菜单中选择【恢复】命令，如图 11-10 所示。

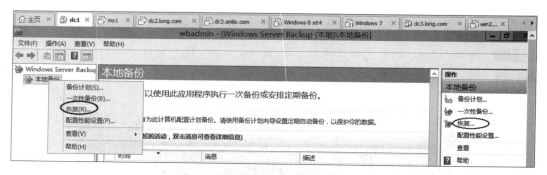

图 11-10　【恢复】备份

**STEP 5** 在弹出的【恢复向导】中的【要用于恢复的备份存储在哪个位置？】中选择【在其他位置存储备份】命令并进入下一步，在【指定位置类型】中选择【远程共享文件夹】命令并进入下一步，在【指定远程文件夹】中输入"\\192.168.10.254\backup"并进入下一步，在弹出的【Windows 安全】中输入有权限访问共享的凭据，本例中输入的是文件服务器 MS1 的管理员账户和密码，如图 11-11 所示。

**STEP 6** 在【选择备份日期】中选择要还原的备份日期并单击【下一步】按钮，在【选择恢复类型】中选择【系统状态】命令并进入下一步，在【选择系统状态恢复的位置】中选择【原始位置】命令并进入下一步，在弹出的提示中单击【确定】按钮，如图 11-12 所示。

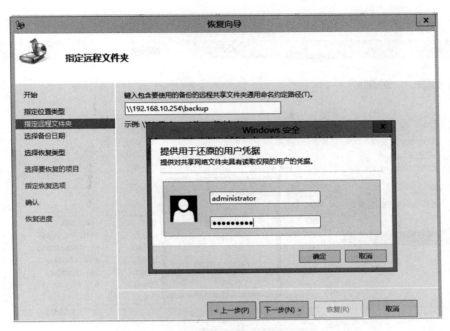

图 11-11　【指定远程文件夹】及凭据

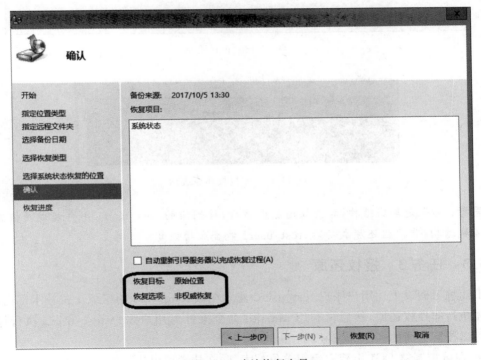

图 11-12　确认恢复向导

STEP 7　核对恢复设置正确之后,单击【恢复】按钮开始还原,过程将持续 15~30 分钟,还原完成之后,会提示重新启动系统,如图 11-13 所示。

STEP 8　重启计算机完成后,使用域管理员账号登录,登录后出现如图 11-14 所示界面,表示恢复已经成功。

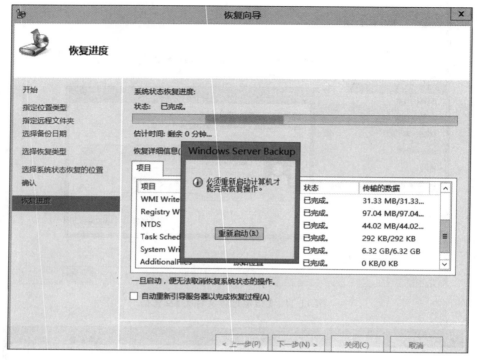

图 11-13　正在还原

图 11-14　非授权还原成功

**思考：** 如果是单域结构，非授权还原成功后，被删除的 test_user1 用户能成功恢复。如果是多域结构，非授权还原成功后，test_user1 能否成功恢复？

### 11.3.3　任务 3　授权还原

下面练习假设上述用户账户 test_user2 建立在域 long.com 的组织单位技术部内，我们需要先执行非授权还原，然后再利用 ntdsutil 命令来针对用户账户 test_user2 执行授权还原。可以按照下面的顺序来练习。

- 在域控制器 DC1 上建立组织单位技术部，在技术部内建立用户账户 test_user2。
- 等组织单位技术部、用户账户 test_user2 被复制到域控制器 DC2 中。
- 在域控制器 DC1 上备份系统状态。
- 在域控制器 DC1 上将用户账户 test_user2 删除（此账户会被移动到 Deleted Objects 容器内）。

- 等这个被删除的 test_user2 账户被复制到域控制器 DC2 中，也就是等 DC2 内的 test_user2 也被删除（默认等 15 秒）。
- 在 DC1 上先执行非授权还原，然后再执行授权还原，它便会将被删除的 test_user2 账户恢复。

下面仅说明最后一个步骤，也就是先执行非授权还原，然后再执行授权还原。

**STEP 1**　在主域控制器（DC1）下将技术部 OU 下 test_user2 用户删除，稍等片刻，到额外域控制器下（DC2）上查看技术部 OU 下的用户，发现 DC2 上也只有用户 test_user1，test_user2 用户已经被删除。

**STEP 2**　重复前面 11.3.2 小节中的步骤 2～步骤 7。注意不要执行步骤 8，也就是完成恢复后，不要重新启动计算机。

**STEP 3**　继续在 Windows PowerShell 或命令提示符窗口下依次执行命令 ntdsutil。

**STEP 4**　在 ntdsutil 提示符下执行下面的命令：

```
activate  instance  ntds      //表示要将域控制器的 AD DS 数据库设置为使用中。
```

**STEP 5**　在 ntdsutil 提示符下执行下面的命令：

```
authoritative  restore
```

**STEP 6**　在 authoritative restore 提示符下，针对域 long.com 的组织单位技术部内的用户 test_user2 执行授权还原，其命令如下：

```
restore  subtree  CN=test_user2,ou=技术部,DC=long,DC=com
```

　　若要针对整个 AD DS 数据库执行授权还原，执行 restore database 命令；若要针对组织单位技术部执行授权还原，执行下面命令（可输入"?"命令来查询命令的语法）：restore subtree OU=技术部,DC=long,DC=com。

**STEP 7**　在图 11-15 中单击【是(Y)】按钮。

**STEP 8**　图 11-16 为前面几个步骤的完整操作过程。

**STEP 9**　在 authoritative restore 提示符下执行 quit 命令。

**STEP 10**　在 ntdsutil 提示符下执行 quit 命令。

**STEP 11**　利用常规模式重新启动系统。

**STEP 12**　等域控制器之间的 AD DS 自动同步完成，或利用 Active Directory 站点和服务手动同步，或执行下面命令来手动同步：

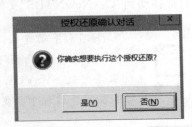

图 11-15　授权还原确认

```
repadmin  /syncall dc1.long.com  /e  /d  /A  /P
```

其中/e 表示包含所有站点内的域控制器；/d 表示信息中以 Distinguished Name(DN)来识别服务器；/A 表示同步此域控制器内的所有目录分区；/P 表示同步方向是将此域控制器（dc1.long.com）的变动数据传送给其他域控制器。

完成同步工作后，可利用【Active Directory 管理中心】或者【Active Directory 用户和计算机】来验证组织单位技术部内的用户账户 test_user2 是否已经被恢复。

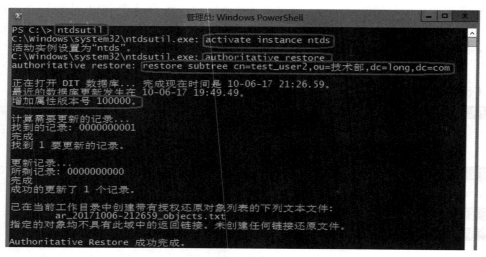

图 11-16　授权还原的部分操作过程

## 11.3.4　任务 4　移动 AD DS 数据库

AD DS 数据库与事务日志的存储位置默认在 % systemroot % \NTDS 文件夹内，然而一段时间以后，若硬盘存储空间不够或为了提高运行效率，有可能需要将 AD DS 数据库移动到其他位置。

在此我们不采用进入目录服务还原模式的方式，而是利用将 AD DS 服务停止的方式来进行 AD DS 数据库文件的移动工作，此时必须是隶属于 Administrators 组的成员才有权限进行下面的操作。

我们需要利用 ntdsuti. exe 来移动 AD DS 数据库与事务日志。下面的练习假设要将它们都移动到"C:\NewNTDS"文件夹中。

①不需手动建立此文件夹，因为 ntdsutil. exe 会自动建立。若要事先建立此文件夹，请确认 SYSTEM 与 Administrators 对此文件夹拥有完全控制的权限。
②若要修改 SYSVOL 文件夹的存储位置，建议方法：删除 AD DS，重新安装 AD DS，在安装过程中指定新的存储位置。

**STEP 1**　打开命令提示符或 Windows PowerShell 窗口。执行下面的命令来停止 AD DS 服务：

```
net  stop  ntds
```

**STEP 2**　接着输入 Y 后按 Enter 键。它也会将其他相关服务一起停止。

**STEP 3**　在命令提示符下执行命令 ntdsutil。在 ntdsutil 提示符下执行命令 activate instance ntds，表示要将域控制器的 AD DS 数据库设置为"使用中"。

**STEP 4**　在 ntdsutil 提示符下执行命令 files，在 file maintenance 提示符下执行命令 info。

它可以检查 AD DS 数据库与事务日志当前的存储位置，由图 11-17 下方可知道它们目前都位于"C:\Windows\NTDS"文件夹内。

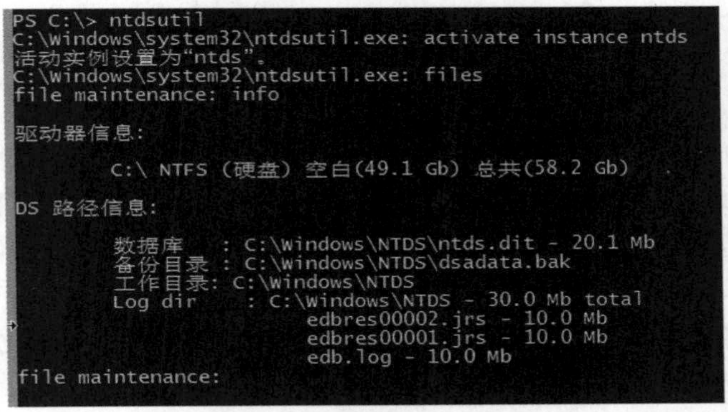

图 11-17　AD DS 数据库所在文件夹

**STEP 5**　在 file maintenance 提示符下执行下面的命令,以便将数据库文件移动到"C:\ NewNTDS"文件夹中:move db to C:\NewNTDS;在 file maintenance 提示符下执行下面的命令,以便将事务日志文件也移动到"C:\NewNTDS"文件夹中: move logs to C:\NewNTDS。

**STEP 6**　在 file maintenance 提示符下执行下面的命令,以便执行数据库的完整性检查: integrity。在 file maintenance 提示符下执行下面的命令:quit。

　　若完整性检查成功,可跳到步骤 13,否则请继续下面的步骤。

**STEP 7**　在 ntdsutil 提示符下执行下面的命令进行数据库语法分析(见图 11-18):

　　semantic database analysis

**STEP 8**　在 semantic checker 提示符下执行下面的命令,以便启用详细信息模式:verbose on。在 semantic checker 提示符下执行下面的命令,以便执行语义数据库分析工作:go fixup。

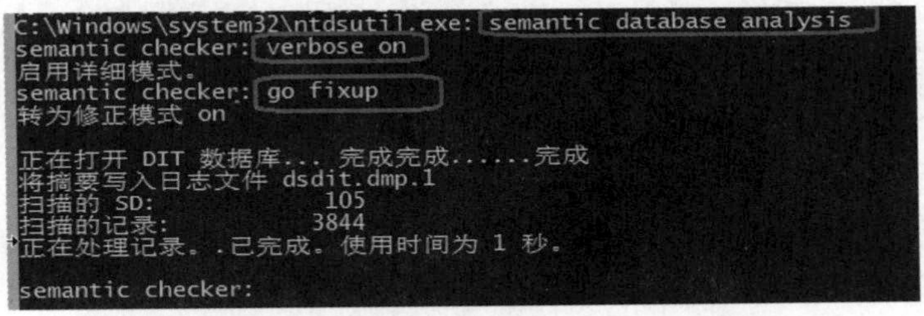

图 11-18　数据库语法分析

**STEP 9**　在 semantic checker 提示符下执行命令 quit,若语义数据库分析没有错误,可跳到步骤 13,否则继续下面的步骤。

**STEP 10**　在 ntdsutil 提示符下执行命令(见图 11-18)files。

**STEP 11**　在 file maintenance 提示符下执行 recover 命令,以便修复数据库。

**STEP 12**　在 file maintenance 提示符下执行 quit 命令。

**STEP 13**　在 ntdsutil 提示符下执行 quit 命令。

**STEP 14**　回到命令提示符下执行下面的命令,以便重新启动 AD DS 服务:

```
net start ntds
```

## 11.3.5　任务 5　重组 AD DS 数据库

AD DS 数据库的重组操作(defragmentation)会将数据库内的数据排列得更整齐,让数据的读取速度更快,可以提高 AD DS 的工作效率。AD DS 数据库的重组如下。

- 在线重组:每一台域控制器会每隔 12 小时自动执行所谓的垃圾收集程序,它会重组 AD DS 数据库。在线重组无法减少 AD DS 数据库文件(ntds.dit)的大小,而只是将数据有效地重新整理、排列。由于此时 AD DS 还在工作中,因此这个重组操作被称为在线重组。

另外,一个被删除的对象并不会立刻从 AD DS 数据库内删除,而是会被移动到一个名为 Deleted Objects 的容器内,这个对象在 180 天以后才会被自动清除,而这个清除操作也是由垃圾收集程序所负责的。虽然对象已被清除,不过腾出的空间并不会还给操作系统,也就是数据库文件的大小并不会减少。当建立新对象时,该对象就会腾出可用空间。

- 脱机重组:脱机重组必须在 AD DS 服务停止或目录服务还原模式中手动进行,脱机重组会建立一个全新的、整齐的数据库文件,并会将已删除的对象所占用空间还给操作系统,因此可以腾出可用的硬盘空间给操作系统或其他应用程序来使用。

下面将介绍如何来执行脱机重组的步骤。请确认当前存储 AD DS 数据库的磁盘内有足够可用空间来存储脱机重组所需的缓存,至少保留数据库文件大小的 15% 可用空间。还有重组后的新文件的存储位置,也需保留至少与原数据库文件大小的可用空间。下面假设原数据库文件位于 C:\Windows\NTDS 文件夹,而我们要将重组后的新文件存储到 C:\ntdstemp 文件夹。

①不需手动建立 C:\NTDSTemp 文件夹,ntdsutil.exe 会自动建立。②若要将重组后的新文件存储到网络共享文件夹,请开放 Administrators 组有权限来访问此共享文件夹,并先利用网络驱动器来连接到此共享文件夹。

**STEP 1**　打开 Windows PowerShell 窗口。执行 net stop ntds 命令,输入 Y 后按 Enter 键来停止 AD DS 服务(它也会将其他相关服务停止)。

**STEP 2**　在命令提示符下执行 ntdsutil 命令;在 ntdsutil 提示符下执行 activate 命令 instance ntds,表示要将域控制器的 AD DS 数据库设置为使用中;在 ntdsutil 提示符下执行 files 命令;在 file maintenance 提示符下执行 info 命令,它可以检查 AD DS 数据库与事务日志当前的存储位置,默认都位于 C:\Windows\NTDS 文件夹内。

**STEP 3**　在 file maintenance 提示符下(见图 11-19)执行下面的命令,以便重组数据库文件,并将所产生的新数据库文件放到 C:\NTDSTemp 文件夹内(新文件的名称还是 ntds.dit):compact　to　C:\NTDSTemp。

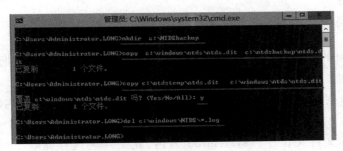

图 11-19　重组数据库文件

　　　①若路径中有空格符,请在路径前后加上双引号,如"C:\New Folder"。②若要将新文件存储到网络驱动器,如"K:",请利用"compact to K:\"命令。

**STEP 4**　暂时不要离开 ntdsutil 程序,打开文件资源管理器后执行下面 3 个步骤。

　　① 将原数据库文件"C:\Windows\NTDS\ntds. dit"备份起来,以备不时之需。

　　② 将重组后的新数据库文件"C:\NTDSTemp\ntds. dit"复制到"C:\Windows\NTDS"文件夹中,并覆盖原数据库文件。

　　③ 将原事务日志"C:\Windows\NTDS\ * . log"删除。

　　这 3 项内容可以在命令提示符下完成(见图 11-20),Windows PowerShell 窗口仍继续保持:

```
mkdir  C:\NTDSbackup                          //创建备份用的文件夹
copy  C:\Windows\NTDS\ntds.dit  C:\NTDSbackup\ntds.dit  //备份 NTDS 数据库文件
copy  C:\NTDSTemp\ntds.dit  C:\Windows\NTDS\ntds.dit    //重组数据库
del  C:\Windows\NTDS\ * .log                  //删除事务日志文件
```

图 11-20　在命令提示符下运行 DOS 命令

**STEP 5**　回到 Windows PowerShell 窗口,继续在 ntdsutil 程序的 file maintenance 提示符下执行 integrity 命令,以便执行数据库的完整性检查,由 integrity check successful 可知完整性检查成功。

**STEP 6**　在 file maintenance 提示符下执行 quit 命令,在 ntdsutil 提示符下也执行 quit

命令。

**STEP 7** 回到命令提示符下执行下面命令，以便重新启动 AD DS 服务：net start ntds。若无法启动 AD DS 服务，试着采用下面的方法来解决问题。

- 利用事件查看器来查看目录记录文件，若有事件标识符为 1046 或 1168 的事件记录，请利用备份来复原 AD DS。
- 再执行数据库完整性检查（integrity），若检查失败，将之前备份的数据库文件 ntds. dit 复制回原数据库存储位置，然后重复数据库重组操作。若这个操作中的数据库完整性检查还是失败，执行语义数据库分析工作（semantic database analysis），若仍失败，执行修复数据库的操作（recover）。

### 11.3.6 任务 6 重设"目录服务还原模式"的系统管理员密码

若忘记了目录服务还原模式的系统管理员密码，以至于无法进入目录服务还原模式该怎么办呢？此时可以在常规模式下，利用 ntdsutil 程序来重置目录服务还原模式的系统管理员密码，步骤如下。

**STEP 1** 请到域内的任何一台成员计算机上利用域系统管理员账户登录。

**STEP 2** 打开命令提示符或 Windows PowerShell 窗口，执行 ntdsutil 命令。

**STEP 3** 在 ntdsutil 提示符下执行命令：set DSRM password；在"重置 DSRM 管理员密码"提示符下执行命令：

```
reset password on server dc2.long.com
```

**注意** 以上命令假设要重设域控制器 dc2.long.com 的目录服务还原模式的系统管理员密码。要被重置密码的域控制器，其 AD DS 服务必须处于启动中。

**STEP 4** 输入并确认新密码。连续输入 quit 命令以便离开 ntdsutil 程序。

## 11.4 习题

**一、填空题**

1. AD DS 内的组件主要有_____与_____，其中 AD DS 数据库文件默认位于_____文件夹内。

2. AD DS 数据库文件是_____，存储着此台域控制器的 AD DS 内的对象；AD DS 事务日志文件是_____；检查点（checkpoint）文件是_____。

3. SYSVOL 文件夹位于%systemroot%内，此文件夹内存储着下面数据：脚本文件（scripts）、_____、_____与_____。

4. 活动目录有两种恢复模式：_____和_____。授权还原用到命令_____。

5. AD 的优先级比较主要考虑以下 3 个因素：_____、_____与_____。

**二、简答题**

1. 简述非授权还原和授权还原的应用场景。

2. 为什么要重组 AD DS 数据库？

3. 如何实施授权还原？

4. 如何重设"目录服务还原模式"的系统管理员密码？

# 实训项目　维护 AD DS

### 一、实训目的

* 掌握备份与还原 AD DS 的方法。
* 掌握移动与重组 AD DS 数据库的方法。
* 掌握重设"目录服务还原模式"的系统管理员密码的方法。

### 二、项目环境

参照图 11-1 所示。

### 三、项目要求

* 备份 AD DS。
* 非授权还原 AD DS。
* 授权还原 AD DS。
* 移动与重组 AD DS。
* 重设"目录服务还原模式"的系统管理员密码。

### 四、实训指导

参照项目 11 完成实训，检查学习效果。

将资源发布到 Active Directory 域服务(AD DS)后,域用户便能够很方便地找到这些资源。被发布的资源可以包含用户账户、计算机账户、共享文件夹、共享打印机与网络服务等,其中有的是在建立对象时就会自动被发布,如用户与计算机账户;有的需要手动发布,如共享文件夹。

- 将共享文件夹发布到 AD DS 中。
- 查找 AD DS 内的资源。
- 将共享打印机发布到 AD DS 中。

## 12.1 相关知识

活动目录中有很多对象,如用户、组、共享打印机、共享文件夹等。如果活动目录中的用户要访问这些活动目录中的资源,就必须让用户在活动目录中看到这些对象。有些活动目录对象如用户、组和计算机账号默认就在活动目录中,用户可以直接利用活动目录工具来访问这些对象。而有些活动目录对象,如共享打印机和共享文件夹,默认是不在活动目录中的,如果想让用户能够在活动目录中访问到这些资源,就必须把它们加入活动目录中。我们把默认没有在活动目录中的对象加入活动目录中的过程称为"发布"。

一旦资源被发布到活动目录中,活动目录用户就可以利用活动目录搜索工具来查找并访问该资源,而无须知道该资源具体的物理位置。

活动目录允许让计算机作为容器,并在计算机上添加共享打印机、共享目录等对象,通过将共享打印机、共享目录发布到活动目录上,用户可以方便地通过 AD 工具快速查找到共享打印机、共享目录。

## 12.2　项目设计及准备

**1. 项目设计**

未名公司的市场部在成员服务器 MS1 上新安装了一台打印机,为方便部门员工打印文件,公司决定将该打印机共享,并让部门员工可以通过 AD 搜索工具搜索到该打印机。

另外,成员服务器 MS1 还共享了一个目录"技术部文档"供市场部员工上传和下载部门的常用文档,公司也希望让员工在 AD 中能直接搜索到该共享目录。

**2. 解决方案**

将打印机、文件共享添加到对应计算机上(发布到 AD 中),员工通过 AD 搜索工具就可以快速查找到这些资源。

## 12.3　项目实施

### 12.3.1　任务 1　将共享文件夹发布到 AD DS 中

将共享文件夹发布到 Active Directory 域服务(AD DS)后,域用户便能够很容易地通过 AD DS 找到并访问此共享文件夹。需为 Domain Admins 或 Enterprise Admins 组内的用户,或被委派权限者,才可以执行发布共享文件夹的工作。

下面假设要将服务器 MS1 内的共享文件夹"C:\技术部文档",通过组织单位"技术部"来发布。先利用文件资源管理器将此文件夹设置为共享文件夹,同时假设其共享名为"技术部文档"。

**1. 利用【Active Directory 用户和计算机】控制台**

**STEP 1**　依次单击【开始】→【管理工具】→【Active Directory 用户和计算机】按钮,如图 12-1 所示,选中组织单位"技术部"并右击,选择【新建】→【共享文件夹】命令。

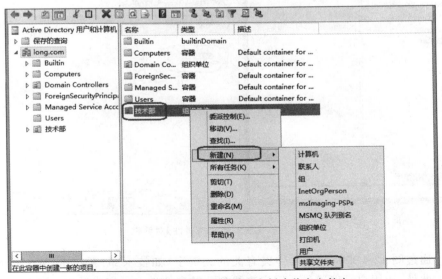

图 12-1　在组织单位"技术部"中创建共享文件夹

**STEP 2** 在图 12-2 中的【名称】处为此共享文件夹设置名称，在【网络路径】处输入此共享文件夹所在的路径"\\ms1\技术部文档"，单击【确定】按钮。

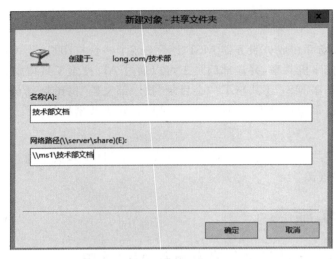

图 12-2 【新建对象-共享文件夹】对话框

**STEP 3** 双击刚才所建立的对象"技术部文档"共享文件夹，在弹出的窗口中单击【关键字】按钮，如图 12-3 所示。

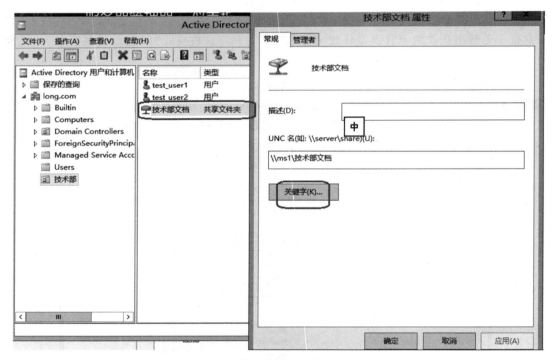

图 12-3 【技术部文档属性】对话框

**STEP 4** 通过图 12-4 来将与此文件夹有关的关键字（如技术部、新技术、Word 等）添加到此处，让用户可以通过关键字来找到此共享文件夹。完成后单击【确定】按钮。

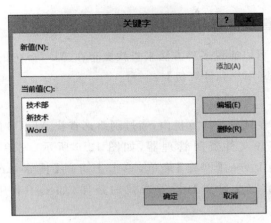

图 12-4　设置【技术部文档】搜索关键字

### 2．利用计算机管理控制台

STEP 1　到共享文件夹所在的计算机（MS1）上依次单击【开始】→【管理工具】→【计算机管理】按钮。

STEP 2　展开【系统工具】→【共享文件夹】→【共享】，双击中间的共享文件夹【技术部文档】。

STEP 3　选择【发布】选项卡。选中将这个共享在 Active Directory 中发布。单击【确定】按钮。也可通过【编辑】按钮来添加关键字，如图 12-5 所示。

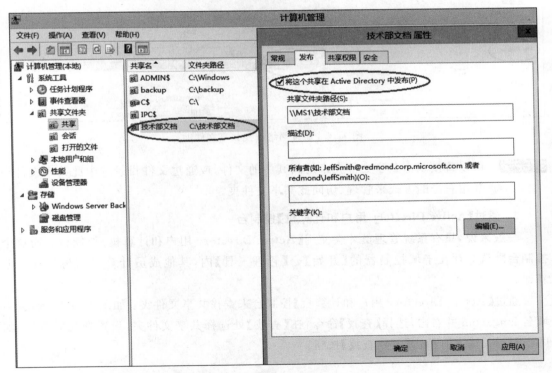

图 12-5　利用计算机管理控制台发布共享文件夹

## 12.3.2　任务 2　查找 AD DS 内的资源

系统管理员或用户可以通过多种方法来查找发布在 AD DS 内的资源，如他们可以使用网络或【Active Directory 用户和计算机】控制台。

### 1. 通过网络

下面分别说明如何在域成员计算机内，通过网络来查找 AD DS 内的共享文件夹。

**STEP 1**　在 MS1 上打开文件资源管理器，如图 12-6 所示，先单击左下角的【网络】按钮，再单击最上方的【网络】菜单，单击上方的【搜索 Active Directory】，在【查找】处选择【共享文件夹】，设置查找的条件（如图中利用关键字），单击【开始查找】按钮。

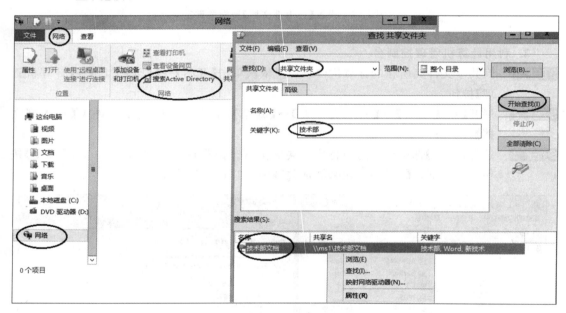

图 12-6　通过网络查找共享文件夹

**STEP 2**　可以直接双击共享文件夹来访问其中的文件，或通过文件目录选中此共享文件夹并用右击的方式来管理、访问此共享文件夹。

### 2. 通过【Active Directory 用户和计算机】控制台

一般来说，只有系统管理员才会使用【Active Directory 用户和计算机】控制台。而这个控制台默认只存在于域控制器的【开始】→【管理工具】内，其他成员计算机需另外安装或新建。

通过【Active Directory 用户和计算机】控制台来查找共享文件夹：如图 12-7 所示，选中域名 long.com 并右击，选择【查找】命令，在【查找】处选择共享文件夹，设置查找的条件（如图中利用关键字），单击【开始查找】按钮。

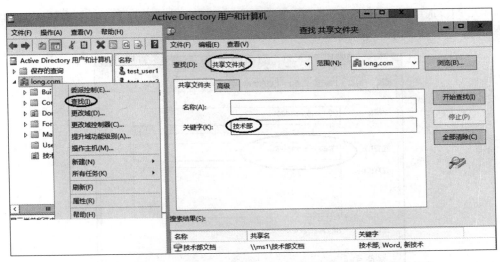

图 12-7　通过【Active Directory 用户和计算机】控制台查找共享文件夹

### 12.3.3　任务3　将共享打印机发布到 AD DS 中

当将共享打印机发布到 Active Directory 域服务(AD DS)后,便可以让域用户很容易地通过 AD DS 找到与使用这台打印机。域内的 Windows 成员计算机,有的默认会自动将共享打印机发布到 AD DS,有的默认需要手动发布。

**STEP 1**　在 DC1 上选择【开始】→【控制面板】→【硬件】→【设备和打印机】命令,选中共享打印机并右击,选择【打印机属性】命令。

**STEP 2**　接下来如图 12-8 所示(此为 Windows Server 2012 R2 的界面)。单击【共享】选项

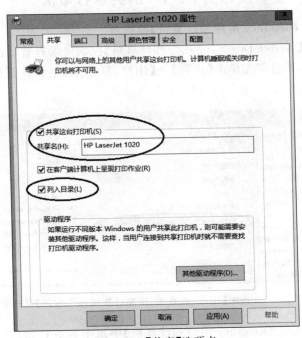

图 12-8　【共享】选项卡

卡,选中【列入目录】复选框,单击【确定】按钮。在【常规】选项卡中输入打印机位置信息,如图 12-9 所示。

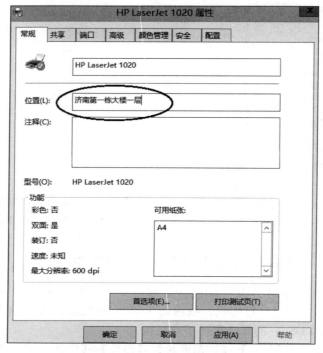

图 12-9　【常规】选项卡

## 12.3.4　任务 4　查看发布到 AD DS 的共享打印机

### 1. 通过【Active Directory 用户和计算机】控制台

**STEP 1**　可以通过【Active Directory 用户和计算机】控制台来查看已被发布到 AD DS 的共享打印机,不过需先单击【查看】→【用户、联系人、组和计算机作为容器】命令,如图 12-10 所示。

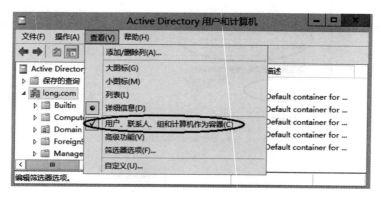

图 12-10　选中【用户、联系人、组和计算机作为容器】复选框

**STEP 2**　接着在【Active Directory 用户和计算机】中单击拥有打印机的计算机后就可以看

到被发布的打印机,如图 12-11 所示。图中的打印机对象名称由计算机名称与打印机名称组成,可以自行修改此名称。

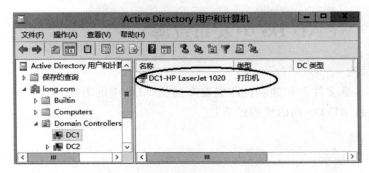

图 12-11　查看被发布的打印机

**2. 通过 AD DS 查找共享打印机**

系统管理员或用户利用 AD DS 来查找打印机的方法,与查找共享文件夹的方法类似,参考 12.3.2 小节中的说明。通过添加位置信息的查找过程如图 12-12 所示。

图 12-12　通过 AD DS 查找共享打印机

## 12.4　习题

1. 简述在 AD DS 中发布资源的主要作用。
2. 在 AD DS 中除了能发布共享打印机和共享文件夹外,还能发布什么?

3. 能否将非域环境里的资料发布到 AD 中?

4. AD DS 中发布的资源在非域环境下能否访问?

# 实训项目　在 AD DS 中发布资源

### 一、实训目的

• 掌握将共享文件夹和共享打印机发布到 AD DS 中的方法。

• 掌握查找 AD DS 内的资源的方法。

### 二、项目环境

参照图 12-13 所示。

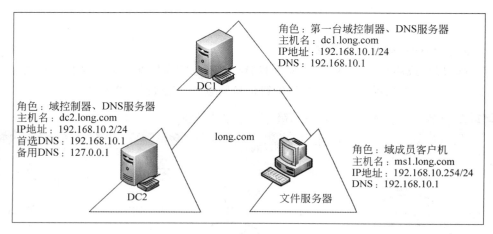

角色：第一台域控制器、DNS服务器
主机名：dc1.long.com
IP地址：192.168.10.1/24
DNS：192.168.10.1

DC1

角色：域控制器、DNS服务器
主机名：dc2.long.com
IP地址：192.168.10.2/24
首选DNS：192.168.10.1
备用DNS：127.0.0.1

long.com

角色：域成员客户机
主机名：ms1.long.com
IP地址：192.168.10.254/24
DNS：192.168.10.1

DC2　　　　　　文件服务器

图 12-13　项目网络环境拓扑图

### 三、项目要求

在 AD 中发布打印机和共享目录,在客户机上访问成员服务器的共享打印机。在域控制器上查看共享目录,并截取实验结果。

# 参 考 文 献

[1] 杨云. Windows Server 2012 网络操作系统项目教程[M]. 4 版. 北京：人民邮电出版社,2016.

[2] 杨云. Windows Server 2008 组网技术与实训[M]. 3 版. 北京：人民邮电出版社,2015.

[3] 杨云. 网络服务器配置与管理项目教程(Windows & Linux)[M]. 北京：清华大学出版社,2015.

[4] 杨云. 网络服务器搭建、配置与管理——Windows Server[M]. 2 版. 北京：清华大学出版社,2015.

[5] 黄君羡. Windows Server 2012 活动目录项目式教程[M]. 北京：人民邮电出版社,2015.

[6] 戴有炜. Windows Server 2012 R2 Active Directory 配置指南[M]. 北京：清华大学出版社,2014.

[7] 戴有炜. Windows Server 2012 R2 网络管理与架站[M]. 北京：清华大学出版社,2017.

[8] 微软公司. Windows Server 2008 活动目录服务的实现与管理[M]. 北京：人民邮电出版社,2011.

[9] 韩立刚,韩立辉. 掌握 Windows Server 2008 活动目录[M]. 北京：清华大学出版社,2010.